U0166218

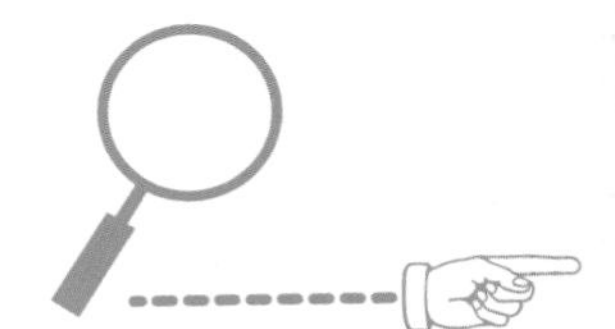

审 图 号：GS京（2023）0939号

FIELD GUIDE TO
WILD PLANTS OF CHINA

中国常见植物
野外识别手册

Jilin

吉林册

商务印书馆
创于1897
The Commercial Press

图书在版编目(CIP)数据

中国常见植物野外识别手册. 吉林册/马克平,刘冰主编;周繇本册主编. —北京:商务印书馆,2023
ISBN 978-7-100-22220-4

Ⅰ. ①中… Ⅱ. ①马…②刘…③周… Ⅲ. ①植物—识别—中国—手册②植物—识别—吉林—手册 Ⅳ. ①Q949-62

中国国家版本馆 CIP 数据核字(2023)第 052034 号

中国常见植物野外识别手册. 吉林册
主编 马克平 刘冰
本册主编 周繇

商 务 印 书 馆 出 版
(北京王府井大街36号 邮政编码100710)
商 务 印 书 馆 发 行
南京爱德印刷有限公司印刷
ISBN 978-7-100-22220-4

2023 年 9 月第 1 版 开本 787×1092 1/32
2023 年 9 月第 1 次印刷 印张 13⅝

定价:88.00 元

序 Foreword

历经四代人之不懈努力，浸汇三百余位学者毕生心血，述及植物三万余种、卷及126册的巨著《中国植物志》已落笔完工。然当今已不是“腹中贮书一万卷，不肯低头在草莽”的时代，如何将中国植物学的知识普及芸芸众生，如何用中国植物学知识造福社会民众，如何保护当前环境中岌岌可危的濒危物种，将是后《中国植物志》时代的一项伟大工程。念及国人每每旅及欧美，常携一图文并茂的 *Field Guide*（《野外工作手册》），甚是方便；而国人及外宾畅游华夏，却只能搬一块大部头的 *Flora*（《植物志》），实乃吾辈之遗憾。由中国科学院植物研究所马克平所长主持编撰的这套《中国常见植物野外识别手册》丛书的问世，当是填补空白之举，令人眼前一亮，颇觉欢喜，欣然为序。

丛书的作者主要是全国各地中青年植物分类学骨干，既受过系统的专业训练，又熟悉当下的新技术和时尚。由他们编写的植物识别手册已兼具严谨和活泼的特色，再经过植物分类学专家的审订，益添其精准之长。这套丛书可与《中国植物志》《中国高等植物图鉴》《中国高等植物》等学术专著相得益彰，满足普通植物学爱好者及植物学研究专家不同层次的需求。更可喜的是，这种老中青三代植物学家精诚合作的工作方式，亦让我辈看到了中国植物学发展新的希望。

“一花独放不是春，百花齐放春满园”。相信本系列丛书的出版，定能唤起更多的植物分类学工作者对科学传播、环保宣传事业的关注；能够指导民众遍地识花，感受植物世界之魅力独具。

谨此为序，祝其有成。

王文采

2009年3月31日

前言 Preface

自然界丰富多彩，充满神奇。植物如同一个个可爱的精灵，遍布世界的各个角落：或在茫茫的戈壁滩上，或在漫漫的海岸线边，或在高高的山峰，或在深深的峡谷，或形成广袤的草地，或构筑茂密的丛林。这些精灵一天到晚忙碌着，成全了世界的五彩缤纷，也为人类制造赖以生存的氧气并满足人们衣食住行中林林总总的需求。中国是世界上植物种类最多的国家之一。全世界已知的30多万种高等植物中，中国拥有十分之一的物种。当前，随着人类经济社会的发展，人与环境的矛盾日益突出：一方面，人类社会在不断地向植物世界索要更多的资源并破坏其栖息环境，致使许多植物濒临灭绝；另一方面，又希望植物资源能可持续地长久利用，有更多的森林和绿地为人类提供良好的居住环境和新鲜的空气。

如何让更多的人认识、了解和分享植物世界的妙趣，从而激发他们合理利用和有效保护植物的热情？近年来，在科技部和中国科学院的支持下，我们组织全国20多家标本馆建设了中国数字植物标本馆（Chinese Virtual Herbarium，CVH）、中国自然植物标本馆（Chinese Field Herbarium，CFH）等植物信息共享平台，收集整理了包括超过1000万张植物彩色照片和近20套植物志书的数字化植物资料并实现了网络共享。这些平台虽然给植物学研究者和爱好者提供了方便，却无法顾及野外考察、实习和旅游的便利性和实用性，可谓美中不足。这次我们邀请全国各地的植物分类学专家，特别是青年学者，编撰一套常见植物野外识别手册的口袋书，每册包括具有区系代表性的地区、生境或类群中的500～700种常见植物，是这方面的一次尝试。

记得1994年我第一次去美国时见到*Peterson Field Guide*（《野外工作手册》），立刻被这种小巧玲珑且图文并茂的形式所吸引。近年来，一直想组织编写一套适于植物分类爱好者、初学者的口袋书。《中国植物志》等志书专业性非常强，《中国高等植物图鉴》等虽然有大量的图版，但仍然很专业。而且这些专业书籍都是多卷册的大部头，不适于非专业人士使用。有鉴于此，我们力求做一套专业性的科普丛书。专业性主要体现在丛书的文字、内容、照片的科学性，要求作者是专业人员，且内容经过权威性专家审定；普及性即考虑到爱好者的接受能力，注意文字内容的通俗性，以精彩的照片"图说"为主。由此，丛书的编排方式摈弃了传统的学院式排列及检索方式，采用人们易于接受的形式，诸如：按照植物的生活型、叶形叶序、花色等植物性状进行分类；在选择地区或生境类型时，除考虑区系代表性外，还特别重视游人多的自然景点或学生野外实习基地。植物收录范围主要包括某一地区或生境常见、重要或有特色的野生植物种类。植物中文名主要参考《中国植物志》；拉丁学名以"中国生物物种名录"（http://www.sp2000.org.cn/）为主要依据；英文名主要参考美国农业部网站（http://www.usda.gov）和《新编拉汉英种子植物名称》。同时，为了方便外国朋友学习中文名称的发音，特别标注了汉语拼音。

本丛书自2007年初开始筹划，2009年和2013年在高等教育出版社出版了山东册和古田山册，受到读者的好评。2013年9月与商务印书馆教科文中心主任刘雁等协商，达成共识，决定改由商务印书馆出版。感谢商务印书馆的大力支持和耐心细致的工作。特别感谢王文采院士欣然作序热情推荐本丛书；感谢第一届编委会专家对于丛书整体框架的把握。为了适应新的编写任务要求，组建年富力强的编委队伍，新的编委会尽量邀请有志于科学普及工作的第一线植物分类学者进入编委会，为本丛书做出重要贡献的刘冰副研究员作为共同主编。感谢各分册作者辛苦的野外考察和通宵达旦的案头工作；感谢刘冰、肖翠、刘博、严岳鸿、陈彬、刘夙、李敏和孙英宝等诸位年轻朋友的热情和奉献。同时非常感谢科技部平台项目的资助；感谢读者通过亚马逊（http://www.amazon.cn）和豆瓣读书（http://book.douban.com）等对本书的充分肯定和改进建议。

尽管因时间仓促，疏漏之处在所难免，但我们还是衷心希望本丛书的出版能够推动中国植物科学的普及，让人们能够更好地认识、利用和保护祖国大地上的一草一木。

马克平 于北京香山

2022年8月31日

本册简介 Introduction to this book

吉林省位于日本、俄罗斯、朝鲜、韩国、蒙古国与中国东北部组成的东北亚几何中心地带，地跨东经121°38′～131°19′、北纬40°50′～46°19′之间，东西长769.62千米，南北宽606.57千米，土地面积18.74万平方千米，占中国国土面积的2%。北接黑龙江省，南邻辽宁省，西接内蒙古自治区，东与俄罗斯接壤，东南部与朝鲜隔江相望。

吉林省地貌形态差异明显。地势由东南向西北倾斜，呈现出东南高、西北低的特征。以中部大黑山为界，可分为东部山地和中西部平原两大地貌。东部山地分为长白山高山苔原、亚高山草地、中山低山区及低山丘陵区，中西部平原分为中部台地平原区和西部草甸、湖泊、湿地、沙地区；地跨图们江、鸭绿江、辽河、绥芬河、松花江五大水系。

吉林省最高点为长白山白云峰，海拔2691米，最低点为珲春市敬信镇，海拔仅为5米。全省森林覆盖率为42.1%。属于温带大陆性季风气候，四季分明，雨热同季。春季干燥风大，夏季高温多雨，秋季天高气爽，冬季寒冷漫长。从东南向西北由湿润气候过渡到半湿润气候再到半干旱气候。吉林省温度、降水、气象等都有明显的季节变化和地域差异。冬季平均气温在-11℃以下，夏季平原平均气温在23℃以上，无霜期一般为100～160天，日照时数为2259～3016小时。年平均降水量为400～600毫米，但季节和区域差异较大，80%集中在夏季，以东部降雨量最为丰沛，最高可超过1200毫米。

吉林省植被表现出多种类型，水平分布由东部到西部可分为温带红松阔叶林、森林与草原交错的森林草原带，以禾本科、莎草科、豆科、菊科、藜科为主的草原带，还有部分干旱草原和沼泽湿地；特别是长白山区，由高到低垂直分布可分为高山苔原带、亚高山岳桦林带、针叶林带、针阔混交林带及阔叶林带，展示出了从北极到温带的多种植被景观。

据不完全统计，吉林省约有维管植物133科、610属、1654种，其中蕨类植物18科、38属、97种，裸子植物4科、8属、15种，被子植物111科、564属、1542种。其中植物种类多于40种

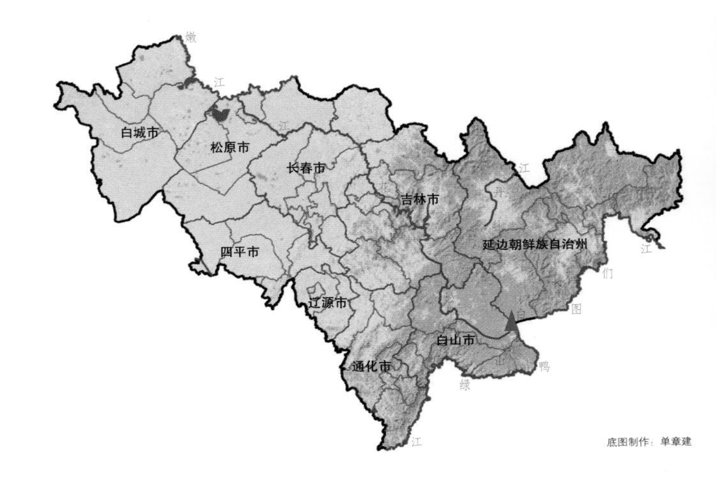

的大科有菊科、禾本科、莎草科、毛茛科、豆科、蔷薇科、百合科、伞形科、唇形科和蓼科；植物种类多于12种的大属有薹草属、蓼属、蒿属、堇菜属、柳属、风毛菊属、乌头属、委陵菜属、毛茛属、鸢尾属、拉拉藤属和早熟禾属。植物区系地理成分主要有世界分布种、泛北极区系成分、古北极植物种、东古北极成分、达乌里—蒙古成分、东亚成分和东北成分。为了有效地保护吉林省野生植物的多样性，指导广大植物爱好者更好地认识、了解和掌握吉林省丰富的植物资源，特从作者本人拍摄的东北植物图像库中筛选出了109科、365属、600种常见的野生经济植物、珍稀濒危植物及长白山特有植物。

书中所载的每种植物一般都配有花、果实、植株照片，所有照片都是从作者历经13年拍摄的30万张照片中精选出来的。种的识别要点绝大多数根据近40年来野外工作经验及实践编写，力争做到简明扼要、言简意赅、重点突出、通俗易懂，便于读者在最短时间内更好地认识、鉴定和甄别常见野生植物。

使用说明 How to use this book

本书的检索系统采用目录树形式的逐级查找方法。先按照植物的生活型分为三大类：木本、藤本和草本。

木本植物按叶形的不同分为三类：叶较窄或较小的为针状或鳞片状叶，叶较宽阔的分为单叶和复叶。藤本植物不再作下级区分。草本植物首先按花色分为七类，由于蕨类植物没有花的结构，禾草状植物没有明显的花色区分，列于最后。每种花色之下按花的对称形式分为辐射对称和两侧对称*。辐射对称之下按花瓣数目再分为二至六；两侧对称之下分为蝶形、唇形、有距、兰形及其他形状；花小而多，不容易区分对称形式的单列，分为穗状花序和头状花序两类。

正文页面内容介绍和形态学术语图解请见后页。

* **注：** 为方便读者理解和检索，本书采用了“辐射对称”与“两侧对称”这种在学术上并不严谨的说法。

花白色

辐射对称

两侧对称

小而多

花紫色（含紫红色、淡紫色、粉红色或蓝色）

辐射对称

两侧对称

小而多

乔木和灌木（人高1.7米）
Tree and shrub (The man is 1.7 m tall)

草本和禾草状草本（书高18厘米）
Herb and grass-like herb (The book is 18 cm tall)

植株高度比例 Scale of plant height

上半页所介绍种的生活型、花特征的描述
Description of habit and flower features of the species placed in the upper half of the page

叶、花、果期（空白处表示落叶）
Leaf, flowering and fruiting stage
(Blank indicates deciduous)

上半页所介绍种的图例
Legend for the species placed in the upper half of the page

在中国的地理分布
Distribution in China

属名 Genus name

科名 Family name

别名 Chinese local name

中文名 Chinese name

拼音 Pinyin

学名（拉丁名） Scientific name

英文名 Common name

主要形态特征的描述
Description of main features

在吉林的分布
Distribution in Jilin

生境
Habitat

在形态上相似的种
（并非在亲缘关系上相近）
Similar species in appearance rather than in relation

识别要点
（识别一个种或区分几个种的关键特征）
Distinctive features
(Key characters to identify or distinguish species)

相似种的叶、花、果期
Leafing, flowering and fruiting period of the similar species

页码 Page number

草本植物 花紫色 两侧对称 有距

堇叶延胡索 东北延胡索 罂粟科 紫堇属
Corydalis fumariifolia
Fumitory-leaf Fumewort | jǐnyèyánhúsuǒ

多年生草本；茎基部以上具1鳞片，不分枝或鳞片腋内具1分枝，上部具2～3叶，叶二至三回三出①。总状花序具5～15花，花淡蓝色或蓝紫色，内花瓣色淡或近白色，外花瓣较宽展，全缘，顶端下凹②，上花瓣稍上弯，两侧常反折；下花瓣直或浅囊状，瓣片基部较宽；距直或末端稍下弯，常呈三角形。蒴果线形，常呈棕红色。

产长白山区、长春。生于杂木林下、坡地、阴湿山沟腐殖质多且含有沙石的土壤中。

相似种：齿瓣延胡索【*Corydalis turtschaninovii*，罂粟科 紫堇属】多年生草本；茎通常不分枝，茎生叶通常2枚。总状花序花期密集，具6～30花③，花蓝色、白色或紫蓝色，外花瓣宽展，边缘常具浅齿④，距直或顶端稍下弯。产长白山区；生于林下、林缘、灌丛及山谷溪流旁。

堇叶延胡索总状花序具5～15花，外花瓣全缘；齿瓣延胡索具6～30花，外花瓣边缘具浅齿。

1 2 3 4 5 6 7 8 9 10 11

1 2 3 4 5 6 7 8 9 10 11

地丁草 布氏地丁 罂粟科 紫堇属
Corydalis bungeana
Bunge's Fumewort | dìdīngcǎo

二年生灰绿色草本；具主根。基生叶多数，叶片二至三回羽状全裂，茎生叶与基生叶同形①。总状花序，多花，先密集，后疏离，果期伸长；苞片叶状，花梗短，萼片宽卵圆形至三角形；花粉红色至淡紫色②，外花瓣顶端多少下凹，具浅鸡冠状突起，内花瓣顶端深紫色③。蒴果椭圆形。

产延边、通化。生于山沟、溪旁、草丛。

相似种：全叶延胡索【*Corydalis repens*，罂粟科 紫堇属】多年生草本；叶二回三出。总状花序具3～14花③；苞片披针形至卵圆形④；花浅蓝色、蓝紫色或紫红色④；外花瓣宽展，具平滑的边缘，顶端下凹；内花瓣具半圆形的伸出顶端的鸡冠状突起。产延边、白山、吉林；生于林缘、林间草地、路旁。

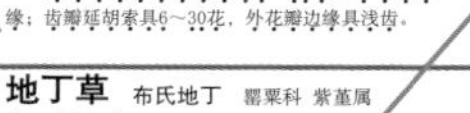

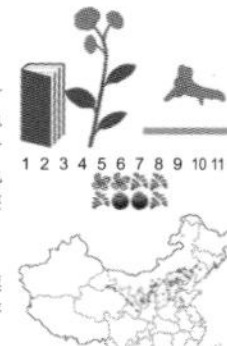

1 2 3 4 5 6 7 8 9 10 11

1 2 3 4 5 6 7 8 9 10 11

地丁草苞片叶状，内花瓣顶端深紫色，外花瓣淡紫色；全叶延胡索苞片披针形至卵圆形，内外花瓣颜色相同。

336 中国常见植物野外识别手册——吉林册

花辐射对称，花瓣二

花两侧对称，蝶形

植株禾草状，花序特化为小穗

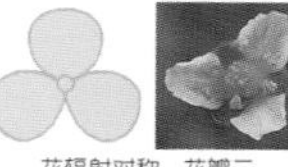

花辐射对称，花瓣三

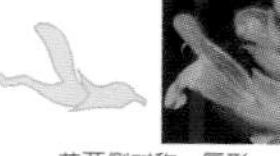

花两侧对称，唇形

花小，或无花被，或花被不明显

花辐射对称，花瓣四

花两侧对称，有距

花小而多，组成穗状花序

花辐射对称，花瓣五

花两侧对称，兰形或其他形状

花小而多，组成头状花序

花辐射对称，花瓣六*

花辐射对称，花瓣多数

* 注：花瓣分离时为花瓣六，花瓣合生时为花冠裂片六，花瓣缺时为萼片六或萼裂片六，正文中不再区分，一律为“花瓣六”；其他数目者亦相同。

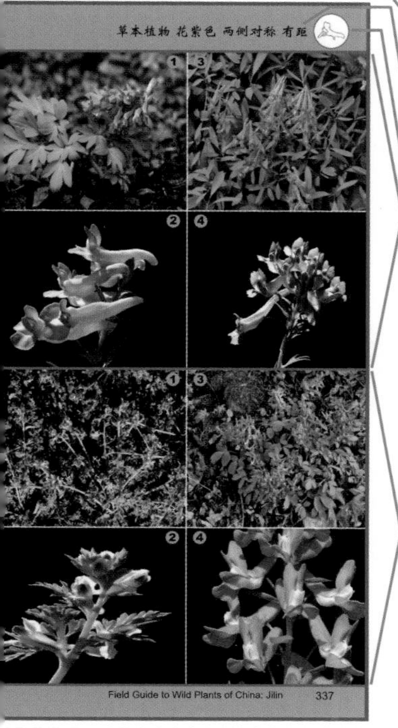

花的大小比例（短线为1厘米）
Scale of flower size (The band is 1 cm long)

下半页所介绍种的生活型、花特征的描述
Description of habit and flower features of the species placed in the lower half of the page

下半页所介绍种的图例
Legend for the species placed in the lower half of the page

上半页所介绍种的图片
Pictures of the species placed in the upper half of the page

图片序号对应左侧文字介绍中的①②③. . .
The numbers of pictures are counterparts of ① ② ③, etc. in left descriptions

下半页所介绍种的图片
Pictures of the species placed in the lower half of the page

术语图解 Illustration of Terminology

叶 Leaf

禾草状植物的叶 Leaf of Grass-like Herb

叶形 Leaf Shapes

针状 acerose
条形 linear

披针形 lanceolate

倒披针形 oblanceolate

卵形 ovate

倒卵形 obovate

鳞片状 scale-like

椭圆形 elliptic

圆形 rounded

箭形 sagittate

心形 cordate

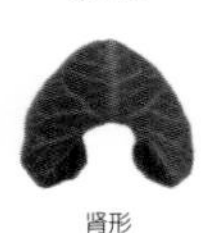
肾形 reniform

叶缘 Leaf Margins

全缘 entire

锯齿 serrate

重锯齿 biserrate

圆齿 crenate

波状 undulate

刺状锯齿 spiny-serrate

叶的分裂方式 Leaf Segmentation

不裂 entire

羽状分裂 pinnatifid

大头羽状分裂 lyrate

二回羽状分裂 bipinnatifid

掌状分裂 palmatifid

鸟足状分裂 pedate

单叶和复叶 Simple Leaf and Compound Leaves

单叶 simple leaf

奇数羽状复叶 odd-pinnately compound leaf

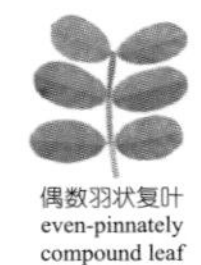
偶数羽状复叶 even-pinnately compound leaf

二回羽状复叶 bipinnately compound leaf

掌状复叶 palmately compound leaf

单身复叶 unifoliate compound leaf

叶序 Leaf Arrangement

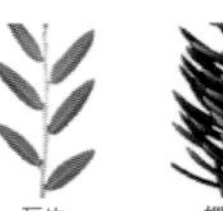
互生 alternate
螺旋状着生 spirally arranged

对生 opposite

轮生 whorled

簇生 fasciculate

基生 basal

花 Flower

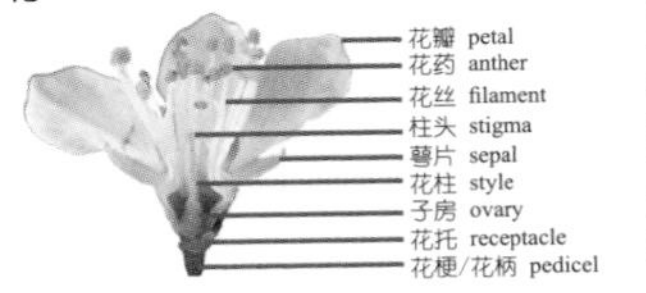

花梗/花柄 pedicel
花托 receptacle
萼片 sepal } 统称 花萼 calyx } 花被 perianth
花瓣 petal } 统称 花冠 corolla
花丝 filament, 花药 anther } 雄蕊 stamen } 统称 雄蕊群 androecium
子房 ovary, 花柱 style, 柱头 stigma } 雌蕊 pistil } 统称 雌蕊群 gynoecium
} 花 flower

花序 Inflorescences

总状花序 raceme

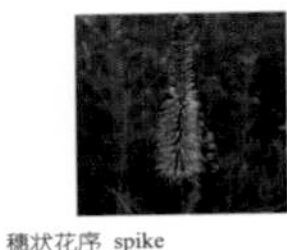
穗状花序 spike

伞形花序 umbel

伞房花序 corymb

柔荑花序 catkin

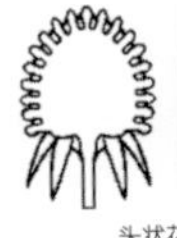

头状花序 head

圆锥花序/复总状花序 panicle

复穗状花序 compound spike

复伞形花序 compound umbel

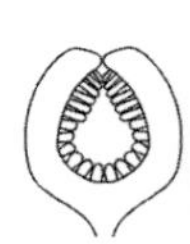
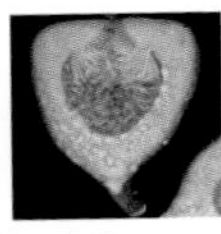
隐头花序 hypanthodium

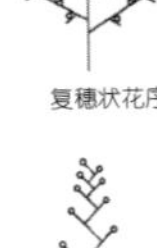

蝎尾状聚伞花序 cincinnus

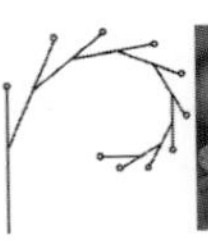

镰状聚伞花序 drepanium

二歧聚伞花序 dichasium

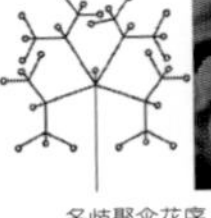
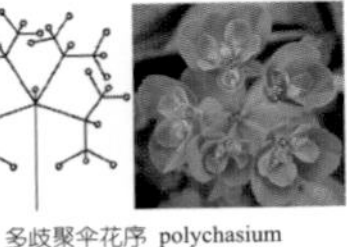
多歧聚伞花序 polychasium

轮状聚伞花序/轮伞花序 verticillaster

果实 Fruits

浆果
berry

核果
drupe

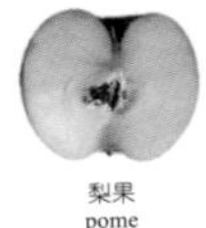
梨果
pome

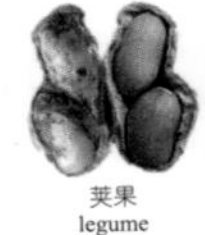
荚果
legume

蓇葖果
follicle

蒴果
capsule

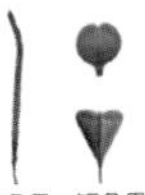
长角果，短角果
silique, silicle

瘦果
achene

翅果
samara

坚果
nut

聚合果
aggregate fruit

聚花果/复果
multiple fruit

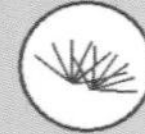

臭冷杉　松科 冷杉属

Abies nephrolepis

Khingan Fir | chòulěngshān

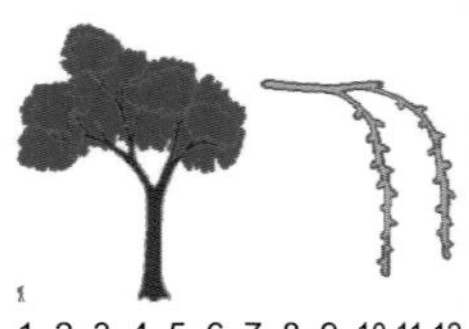

常绿乔木；树冠圆锥形或圆柱状①。一年生枝淡黄褐色或淡灰褐色，树皮常有白色斑块（①右下）。叶条形，直或弯镰状；营养枝上的叶先端有凹缺或2裂。球果卵状圆柱形或圆柱形②，熟时紫褐色或紫黑色；中部种鳞肾形或扇状肾形；苞鳞倒卵形。

产长白山区。生于阴湿缓山坡及排水良好的平湿地。

相似种：杉松【*Abies holophylla*，松科 冷杉属】乔木；叶条形，叶背面有2条白色气孔带③。球果圆柱形，熟前绿色④，成熟时淡黄褐色或淡褐色，近无柄；苞鳞短，不露出，先端有刺尖头。产地同上；适于风景区、公园、庭园及街路等的栽植。

臭冷杉球果熟时紫黑色，苞鳞倒卵形；杉松球果圆柱形，成熟时淡黄褐色或淡褐色，苞鳞短，不露出。

黄花落叶松　松科 落叶松属

Larix olgensis

Olga Bay Larch | huánghuāluòyèsōng

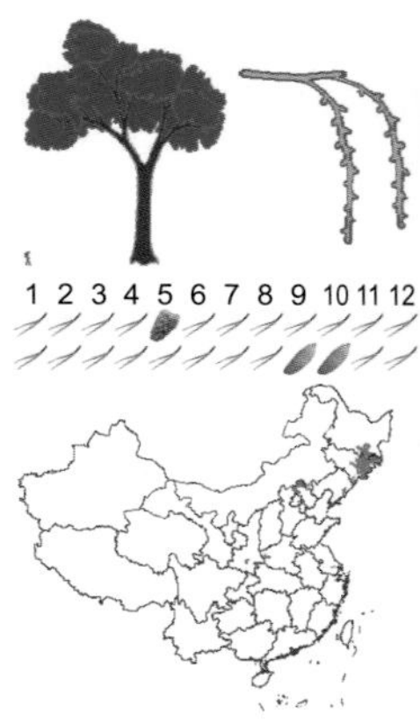

落叶乔木；树皮灰色、暗灰色、灰褐色，纵裂成长鳞片状剥离，易剥落，剥落后呈酱紫红①；枝平展或斜展，树冠塔形；冬芽淡紫褐色，芽鳞膜质③；当年生长枝淡红褐色或淡褐色，短枝深灰色。叶倒披针状条形，先端钝或微尖②。球果成熟前淡红紫色或紫红色，熟时淡褐色，或稍带紫色，长卵圆形，种鳞微张开④。种子近倒卵圆形，淡黄白色或白色，具不规则的紫色斑纹，种翅先端钝尖。

产长白山区。生于水沟边、阴湿的山坡及火山灰质地。

黄花落叶松为落叶乔木，树冠塔形，叶倒披针状条形，球果成熟前紫红色，熟时淡褐色，种子具翅。

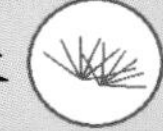

1
2
3
4
1
3
2
4

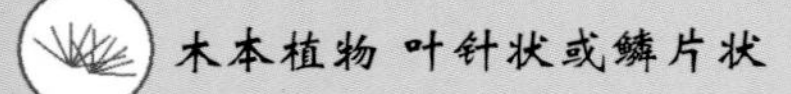

长白鱼鳞云杉　松科 云杉属

Picea jezoensis* var. *komarovii

Komarov's Spruce | chángbáiyúlínyúnshān

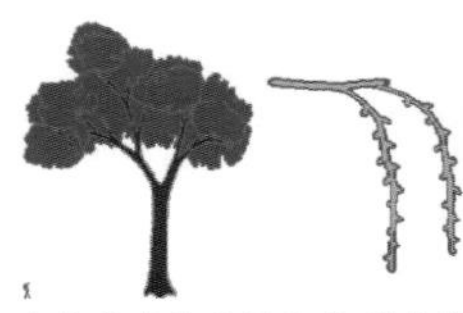

常绿乔木；树皮灰色，裂成鳞状块片，树冠尖塔形①；一年生枝黄色或淡黄色，小枝上面之叶覆瓦状向前伸展，下面及两侧的叶向两边弯伸，条形，直或微弯曲。球果卵圆形或卵状椭圆形，成熟前绿色，熟时淡褐色或褐色②。种鳞薄，排列疏松，中部种鳞菱状卵形；苞鳞卵状矩圆形，先端有短尖头或圆。

产白山、通化、延边。生于阴湿的山坡及平坦地。

相似种：红皮云杉【*Picea koraiensis*，松科 云杉属】常绿乔木；树皮灰褐色或淡红褐色，裂成不规则薄条片脱落；树冠尖塔形。叶四棱状条形，先端急尖。球果卵状圆柱形或长卵状圆柱形④，成熟前绿色，熟时绿黄褐色至褐色③；苞鳞条状。产长白山区；生于河岸、沟谷、林缘、溪流旁及向阳山坡。

长白鱼鳞云杉树皮裂成鳞状块片；红皮云杉树皮裂成不规则薄条片脱落，裂缝常为红褐色。

红松　果松　松科 松属

Pinus koraiensis

Chinese Pinenut | hóngsōng

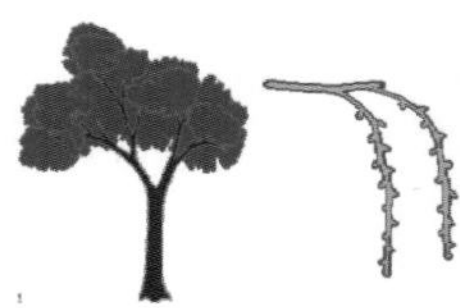

常绿乔木；树皮灰褐色或灰色，纵裂成不规则的长方鳞状块片，树冠圆锥形①；冬芽淡红褐色。针叶5针一束，长6～12厘米，粗硬，直，深绿色，边缘具细锯齿；叶鞘早落。雄球花椭圆状圆柱形，红黄色，多数密集于新枝下部，呈穗状。球果圆锥状卵圆形②，长9～14厘米；种鳞菱形，鳞脐不显著。

产长白山区。生于气候温暖、湿润、棕色森林土地带。

相似种：赤松【*Pinus densiflora*，松科 松属】常绿乔木；枝平展形成伞状树冠③。针叶2针一束。雄球花淡红黄色。球果成熟时淡褐黄色。种鳞张开，卵圆形或卵状圆锥形④。产通化、白山、延边；生于向阳干燥山坡和裸露岩石或石缝中，常形成纯林。

红松叶5针一束，球果成熟时长9～14厘米；赤松叶2针一束，球果成熟时长3～5.5厘米。

1
2
3
4
1
2
3
4

杜松 柏科 刺柏属

Juniperus rigida

Needle Juniper | dùsōng

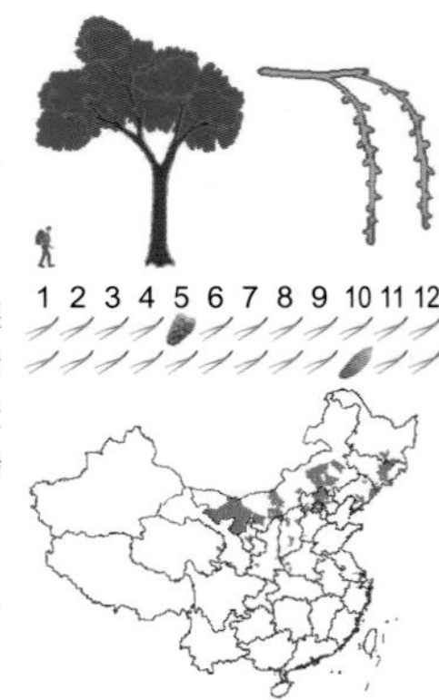

常绿灌木或小乔木；枝条直展，形成塔形或圆柱形的树冠①，树皮褐灰色，纵裂；小枝下垂，幼枝三棱形，无毛。叶三叶轮生，条状刺形②，质厚，坚硬，上部渐窄，先端锐尖，上面凹下成深槽，槽内有1条窄白粉带，下面有明显的纵脊，横切面呈内凹的"V"状三角形。雄球花椭圆状或近球状③，长2～3毫米，药隔三角状宽卵形，先端尖，背面有纵脊。球果圆球形④，成熟前紫褐色，熟时淡褐黑色或蓝黑色，常被白粉。

产白山、通化、吉林、延边。生于阳面沙质山坡石砾地和岩缝间。

杜松为常绿灌木，树冠塔形，树皮褐灰色，小枝下垂，叶三轮生，具一条白粉带，雄球花近球形，球果圆球形，被白粉。

草麻黄 麻黄科 麻黄属

Ephedra sinica

Chinese Ephedra | cǎomáhuáng

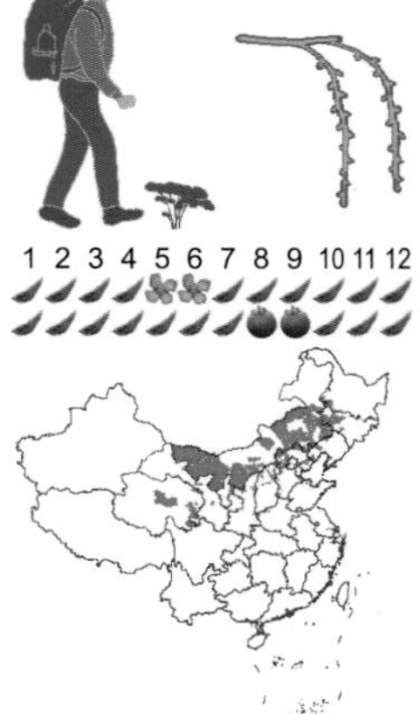

草本状灌木；木质茎短或呈匍匐状。小枝直伸或微曲，表面细纵槽纹常不明显，节间长2.5～5.5厘米，径约2毫米。雄球花多呈复穗状，雄蕊7～8，花丝合生①；雌球花单生，在幼枝上顶生，雌蕊2。果实成熟时肉质红色，矩圆状卵圆形或近圆球形②。

产白城、松原、四平、长春。生于山坡、平原、干燥荒地、河床及草原。

相似种：东北红豆杉【*Taxus cuspidata*，红豆杉科 红豆杉属】常绿乔木；树皮红褐色，有浅裂纹③；枝条平展或斜上直立，密生。叶排成不规则的二列，斜上伸展，条形⑤，上面深绿色，有光泽，下面有两条灰绿色气孔带。雄球花具5～8个花药④。种子紫红色，有光泽，卵圆形⑤。产延边、白山、通化；生于湿润肥沃的河岸、谷地、漫岗。

1 2 3 4 5 6 7 8 9 10 11 12

草麻黄为草本状灌木，叶2裂，有叶鞘；东北红豆杉为常绿乔木，叶条形，有气孔带。

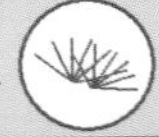

1
2
3
4
1
3
4
2
5

白桦 粉桦 桦木科 桦木属

Betula platyphylla

Asian White Birch | báihuà

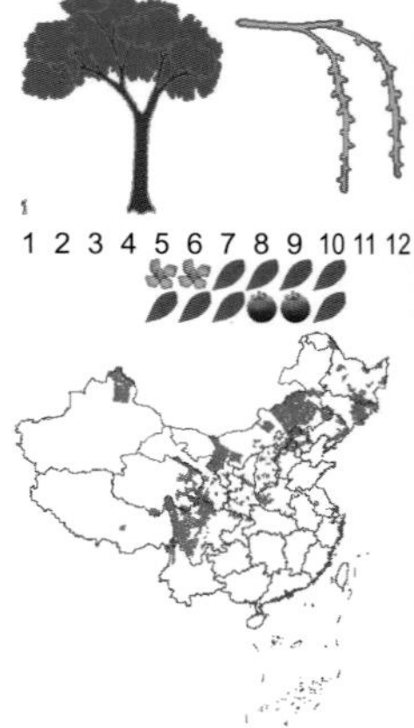

落叶乔木；树皮灰白色，成层剥裂①；小枝暗灰色或褐色，分枝少。叶厚纸质，三角状卵形，边缘具重锯齿②，侧脉5～8对；叶柄细瘦，无毛。果序圆柱形或矩圆状圆柱形，通常下垂②，序梗细瘦，果苞无毛；小坚果狭矩圆形、矩圆形或卵形。

产长白山区。生于向阳或半阴的山坡、湿地、阔叶及针阔混交林中。

相似种：硕桦【*Betula costata*，桦木科 桦木属】树皮黄褐色，层片状剥裂（③左上）；果序矩圆形，序梗疏被短柔毛及树脂腺体③。产省内山区各地；生于阴坡或半阴坡。**岳桦**【*Betula ermanii*，桦木科 桦木属】树皮灰白色，成层、大片剥裂。果序直立，矩圆形，果苞边缘具纤毛④。产延边、白山、通化；生于亚高山林带、高山草地及苔原带的下缘。

1 2 3 4 5 6 7 8 9 10 11 12

1 2 3 4 5 6 7 8 9 10 11 12

硕桦树皮黄褐色，其他二者树皮灰白色；白桦树皮光滑，果序下垂；岳桦树皮粗糙，果序直立。

辽东桤木 水冬瓜 桦木科 桤木属

Alnus hirsuta

Manchurian Alder | liáodōngqīmù

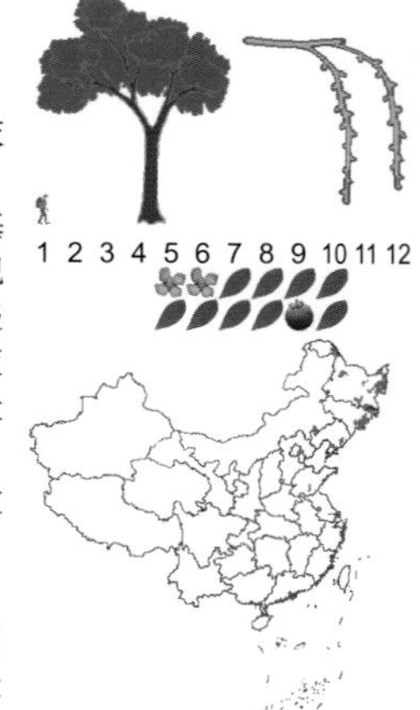

落叶乔木；树皮灰褐色，光滑①；枝条暗灰色，具棱，小枝褐色，密被灰色短柔毛；芽具柄，具2枚疏被长柔毛的芽鳞。叶近圆形，顶端圆，基部圆形或宽楔形，边缘具波状缺刻，缺刻间具不规则的粗锯齿②，上面暗褐色，疏被长柔毛，下面淡绿色或粉绿色，有时脉腋间具簇生的髯毛，密被短柔毛。雄花序为柔荑花序③。果序2～8枚，呈总状或圆锥状排列，近球形或矩圆形，长1～2厘米④，序梗极短，几无梗；果苞木质，顶端微圆，具5枚浅裂片。小坚果宽卵形，果翅厚纸质，极狭。

产长白山区。生于山坡林中或河岸边湿地。

辽东桤木为落叶乔木，树皮灰褐色，叶近圆形，边缘波状缺刻，雄花为柔荑花序，果序圆锥状排列，近球形，序梗极短。

1
2
3
4
1
2
3
4

千金榆 千金鹅耳枥 桦木科 鹅耳枥属

Carpinus cordata

Heart-leaf Hornbeam | qiānjīnyú

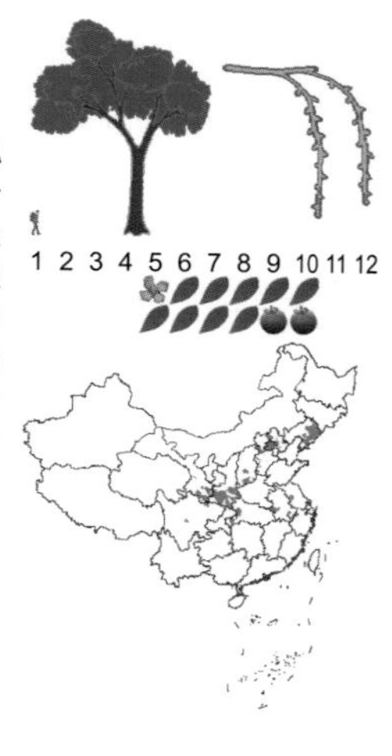

落叶乔木①；树皮灰色，小枝棕色或橘黄色③，具沟槽。叶厚纸质，卵形或矩圆状卵形，较少倒卵形，顶端渐尖②，具刺尖，基部斜心形，边缘具不规则的刺毛状重锯齿，侧脉15～20对，叶柄无毛或疏被长柔毛。雄花单生于每一苞鳞腋间；果序为总状，下垂；果序梗无毛或疏被短柔毛；果苞宽卵状矩圆形，无毛，全部遮盖着小坚果④，中裂片外侧内折，其边缘的上部具疏齿，内侧的边缘具明显的锯齿，顶端锐尖。小坚果矩形，无毛，具不明显细肋。

产长白山区、长春。生于较湿润、肥沃的阴山坡或山谷杂木林中。

千金榆为落叶乔木，叶卵形，顶端具刺尖，雄花单生于每一苞鳞的腋间，果序为总状，下垂，果苞遮盖着小坚果。

榛 平榛 桦木科 榛属

Corylus heterophylla

Siberian Hazelnut | zhēn

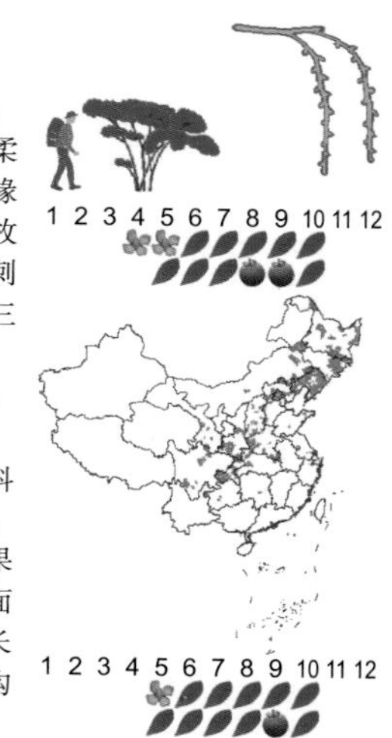

落叶灌木或小乔木；树皮灰色；枝条暗灰色，无毛，小枝黄褐色，密被短柔毛兼被疏生的长柔毛。叶宽倒卵形①，基部心形，两侧不相等，边缘具不规则的重锯齿。雄花序单生。果单生或2～6枚簇生呈头状，果苞钟状②，外面具细条棱，密生刺状腺体，较果长但不超过1倍，上部浅裂，裂片三角形，边缘全缘。

产长白山区。生于向阳较干燥的山坡、岗地、林缘、路旁及灌丛中。

相似种：毛榛【*Corylus mandshurica*，桦木科榛属】灌木；叶宽卵形、矩圆形或倒卵状矩圆形。雄花序2～4枚排成总状；苞鳞密被白色短柔毛。果苞管状③，在坚果上部缢缩，较果长2～3倍，外面密被黄色刚毛兼有白色短柔毛④，上部浅裂。产长白山区；生于山坡阔叶、针叶混交林内，林缘，沟谷及灌丛中。

榛果苞钟状，较果长但不超过1倍；毛榛果苞管状，在坚果上部缢缩，较果长2～3倍。

蒙古栎 柞栎 壳斗科 栎属

Quercus mongolica

Mongolian Oak | měnggǔlì

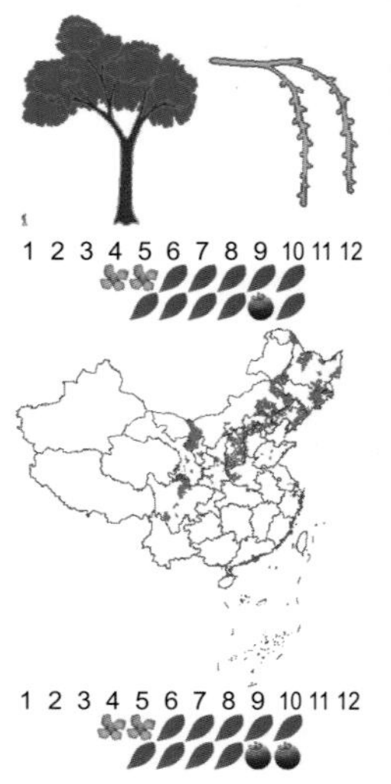

落叶乔木；树皮灰褐色。叶片倒卵形至长倒卵形，顶端短钝尖或短突尖，基部窄圆形或耳形，叶缘7～10对钝齿或粗齿。雄花序生于新枝下部①，花被6～8裂，雄蕊通常8～10；雌花序生于新枝上端叶腋，有花4～5朵，通常只1～2朵发育。壳斗杯形，包着坚果1/3～1/2，坚果卵形至长卵形，鳞片疣状或鳞状，紧贴壳斗②；果脐微突起。

产长白山区。生于向阳干燥山坡及杂木林中。

相似种：槲树【*Quercus dentata*，壳斗科 栎属】落叶乔木；雄花序生于新枝叶腋，花序轴密被淡褐色茸毛，花数朵簇生于花序轴上③。壳斗杯形，包着坚果1/3～1/2；小苞片革质，窄披针形，反卷④；坚果卵形至宽卵形，有宿存花柱。产长白山区；生于向阳干燥山坡的杂木林或松林中。

蒙古栎壳斗鳞片疣状或鳞状，紧贴壳斗；槲树壳斗鳞片线状披针形，反卷。

桑 桑树 桑科 桑属

Morus alba

White Mulberry | sāng

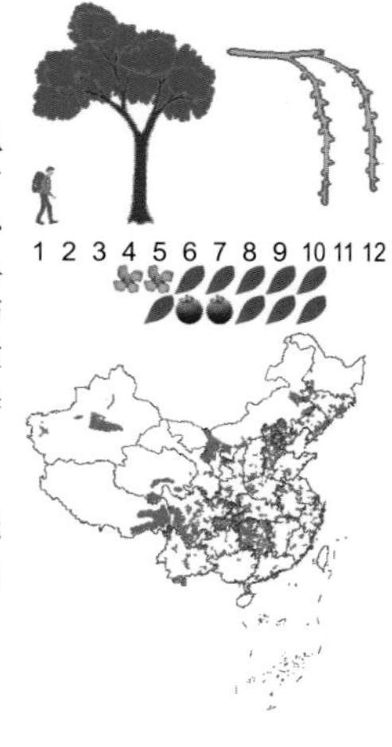

落叶乔木①；树皮厚，灰色，具不规则浅纵裂；冬芽红褐色，卵形，小枝有细毛。叶卵形或广卵形，先端急尖、渐尖或圆钝，基部圆形至浅心形，边缘锯齿粗钝②，有时叶为各种分裂，叶柄具柔毛。花单性，雄花序下垂，密被白色柔毛，花药2室；雌花被片倒卵形，顶端圆钝，外面和边缘被毛，两侧紧抱子房，无花柱，柱头2裂③。聚花果卵状椭圆形，成熟时红色或暗紫色④。

产平原和山区。生于山坡疏林中。

桑为落叶乔木，叶卵形，叶缘单锯齿，先端无芒尖，花单性，雄花序下垂，雌花序柱头2裂，聚花果，熟时红色或暗紫色。

1
2
3
4
1
3
2
4

东北茶藨子 灯笼果 茶藨子科/虎耳草科 茶藨子属

Ribes mandshuricum

Manchurian Currant | dōngběichápāozi

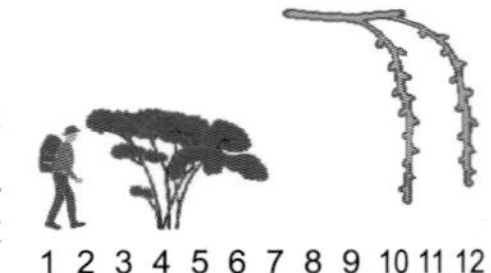

落叶灌木；叶宽大。总状花序，萼筒盆形，萼片倒卵状舌形或近舌形，花瓣近匙形，浅黄绿色②；花柱稍短或几与雄蕊等长，先端2裂。果实球形，红色①，味酸可食。

产长白山区。生于针阔混交林或次生阔叶林下、林缘及灌丛中。

相似种：长白茶藨子【*Ribes komarovii*，茶藨子科/虎耳草科 茶藨子属】叶宽卵圆形，表面无毛③。花单性，雌雄异株。产白山、吉林、通化、延边；生于山坡阔叶林中、林缘、路旁及灌丛中。**尖叶茶藨子**【*Ribes maximowiczianum*，茶藨子科/虎耳草科 茶藨子属】叶宽卵圆形，掌状3裂④。花单性，雌雄异株。产地同长白茶藨子；生于针阔混交林或次生阔叶林下或林缘。

1 2 3 4 5 6 7 8 9 10 11 12

1 2 3 4 5 6 7 8 9 10 11 12

东北茶藨子花两性；长白茶藨子花单性，叶宽卵圆形，表面无毛；尖叶茶藨子花单性，叶掌状，表面有伏毛。

一叶萩 叶底珠 叶下珠科/大戟科 白饭树属

Flueggea suffruticosa

Suffrutescent Bushweeds | yīyèqiū

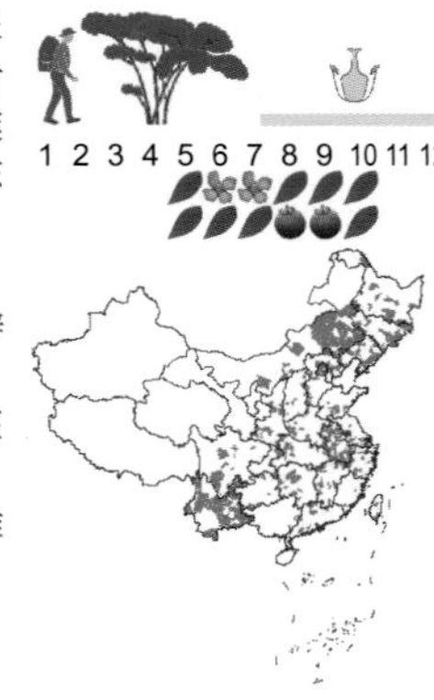

落叶灌木；多分枝①。叶片纸质，椭圆形或长椭圆形，全缘或间中有不整齐的波状齿或细锯齿②；托叶卵状披针形，宿存。雌雄异株，花小，簇生于叶腋；雄花：3～18朵簇生，萼片通常5，雄蕊5，花药卵圆形③；雌花：萼片5，椭圆形至卵形，花盘盘状，全缘或近全缘；子房卵圆形，2～3室，花柱3。蒴果三棱状扁球形，红褐色，有网纹，3瓣裂④。

产全省各地。生于干燥山坡、林缘、沟边及灌丛。

一叶萩为落叶灌木，叶椭圆形，花单性，雌雄异株，萼片5，无花瓣，蒴果扁球形，3瓣裂。

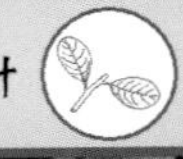

裂叶榆 榆科 榆属

Ulmus laciniata

Dissected Elm | lièyèyú

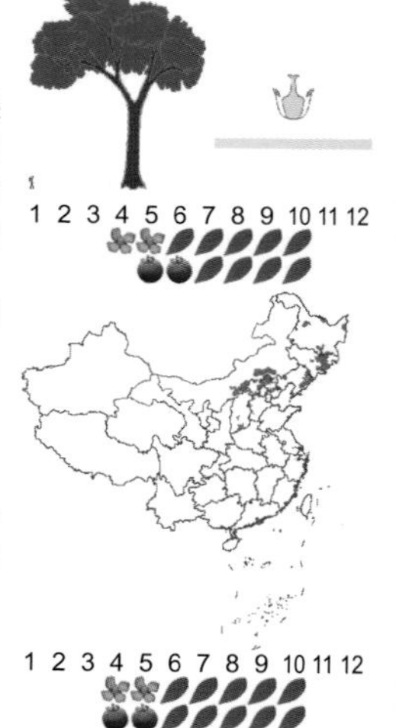

落叶乔木；树皮淡灰褐色或灰色，浅纵裂，裂片较短，常翘起，表面常呈薄片状剥落；冬芽卵圆形或椭圆形。叶倒卵形或倒卵状长圆形，先端通常3～7裂，裂片三角形，渐尖或尾状①，基部明显偏斜，较长的一边常覆盖叶柄，其下端常接触枝条，边缘具较深的重锯齿。花在去年生枝上排成簇状聚伞花序②。翅果椭圆形或长圆状椭圆形。

产长白山区。生于杂木林或混交林中。

相似种：春榆【*Ulmus davidiana* var. *japonica*，榆科 榆属】叶片互生，倒卵状椭圆形或广倒卵形，先端骤尖，基部歪斜形，边缘有重锯齿③。花早春先叶开放，老枝上为束状聚伞花序，深紫色④；花两性。产长白山区；生于杂木林或混交林中及山麓、河谷。

裂叶榆叶倒卵形，先端3～7裂，基部明显偏斜；春榆叶片先端骤尖，不裂，基部歪斜形。

茶条槭 茶条 无患子科/槭科 槭属

Acer tataricum* subsp. *ginnala

Amur Maple | chátiáoqì

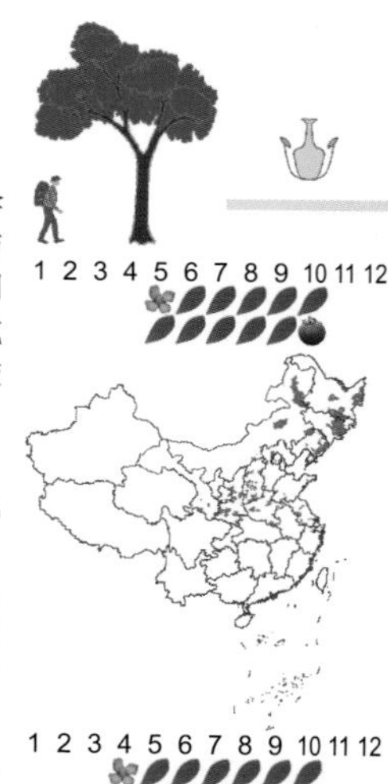

落叶灌木或小乔木；小枝细瘦，皮孔椭圆形。叶长圆卵形或长圆椭圆形，常较深的3～5裂①。伞房花序，具多数的花；花梗细瘦；花杂性，雄花与两性花同株；萼片5，卵形，黄绿色，花瓣5，长圆卵形白色②，较长于萼片，雄蕊8。果实黄绿色或黄褐色，小翅果嫩时被长柔毛，脉纹显著，中段较宽或两侧近于平行，张开近于直角或呈锐角。

产长白山区。生于山坡、路旁及灌丛中。

相似种：髭脉槭【*Acer barbinerve*，无患子科/槭科 槭属】落叶小乔木；叶近于圆形或卵形，5裂，裂片中间的凹缺很狭窄，约呈15度的锐角。花黄绿色③，单性，雌雄异株。翅果淡绿色或黄绿色，翅长圆形，张开呈钝角④，果梗纤细，无毛。产长白山区；生于山坡针阔混交林中及林缘。

茶条槭叶无毛，翅果张开呈锐角或直角；髭脉槭叶背面或沿叶脉密被毛，翅果张开呈钝角。

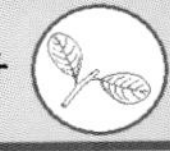

1
3
2
4
1
3
2
4

槲寄生 冬青 檀香科/桑寄生科 槲寄生属

Viscum coloratum

Colored Mistletoe | hújìshēng

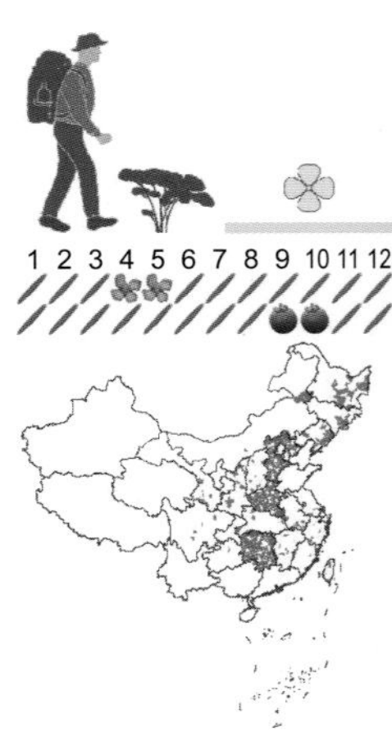

常绿半寄生灌木①；茎、枝均圆柱状，二歧或三歧分枝，节稍膨大②。叶对生，厚革质或革质，长椭圆形至椭圆状披针形，叶柄短。雌雄异株，花序顶生或腋生，雄花序聚伞状，总苞舟形，通常具花3朵；雄花：萼片4枚，卵形，花药椭圆形；雌花序聚伞式穗状，具花3～5朵，顶生的花具2枚苞片或无，苞片阔三角形，雌花：花蕾时长卵球形，花托卵球形，萼片4枚，三角形③，柱头乳头状。果球形，具宿存花柱，成熟时淡黄色或橙红色，果皮平滑④。

产山区各地。寄生于杨属、桦属、柳属、椴属、榆属、李属、梨属等阔叶树的树枝或树干上。

槲寄生为半寄生、常绿灌木，茎枝二歧或三歧分枝，叶对生，雌雄异株，花萼4枚，果球形，成熟时淡黄色或橙红色。

卫矛 鬼箭羽 卫矛科 卫矛属

Euonymus alatus

Burningbush | wèimáo

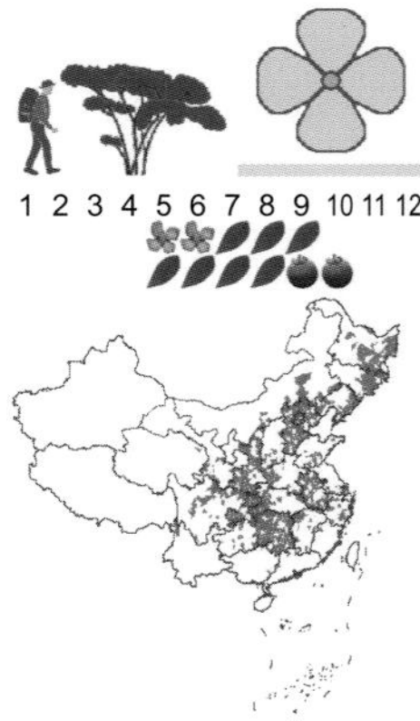

落叶灌木；小枝常具2～4列宽阔木栓翅①，稀无翅。叶卵状椭圆形、窄长椭圆形，边缘具细锯齿。聚伞花序1～3花，花白绿色，萼片半圆形，花瓣近圆形。蒴果1～4深裂，假种皮橙红色②，全包种子。

产长白山区。生于阔叶林及针阔混交林下、林缘、灌丛、沟谷及路旁。

相似种：白杜【*Euonymus maackii*，卫矛科 卫矛属】叶卵状椭圆形，边缘具细锯齿③；聚伞花序3至多花，淡白绿色或黄绿色。产长白山区；生于山坡林缘、路旁、河旁及灌丛。**瘤枝卫矛**【*Euonymus verrucosus*，卫矛科 卫矛属】小枝具多数小黑瘤或黑褐色瘤。聚伞花序腋生1～3花，花梗长3～4厘米，花带紫绿色，膜质④。产长白山区；生于山坡阔叶林或针阔叶混交林中。

卫矛小枝常具宽阔木栓翅；白杜枝上无翅，无小黑瘤；瘤枝卫矛小枝无翅，具多数小黑瘤。

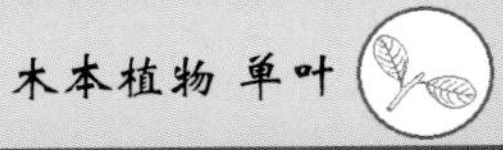

1
3
2
4
1
3
2
4

中国沙棘 醋柳 胡颓子科 沙棘属

Hippophae rhamnoides* subsp. *sinensis

Sea-buckthorn | zhōngguóshājí

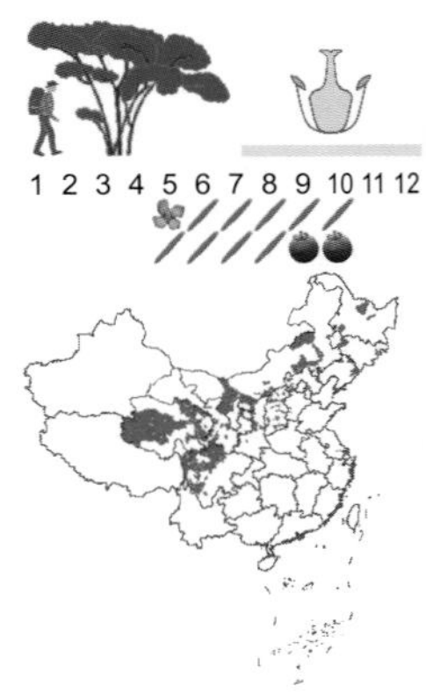

落叶灌木或乔木①；棘刺较多，粗壮，嫩枝褐绿色，密被银白色而带褐色鳞片，老枝灰黑色，粗糙。单叶近对生，与枝条着生相似，纸质，狭披针形或矩圆状披针形，两端钝形，基部最宽，上面绿色，下面银白色或淡白色②，被鳞片，叶柄极短。花先叶开放，雌雄异株，短总状花序腋生于头年枝上，花小，淡黄色③，花被2裂，雄花花序轴常脱落，雄蕊4，雌花比雄花后开放，具短梗，花被筒囊状，顶端2裂。果实圆球形，橙黄色或橘红色④。

产延边、白城、白山。生于山坡、沟谷或多砾沙丘上。

中国沙棘为落叶灌木或乔木，棘刺多，单叶近对生，狭披针形，背面银白色，花小淡黄色，果实圆球形，橙黄或橘红色。

暴马丁香 白丁香 木樨科 丁香属

Syringa reticulata* subsp. *amurensis

Amur Lilac | bàomǎdīngxiāng

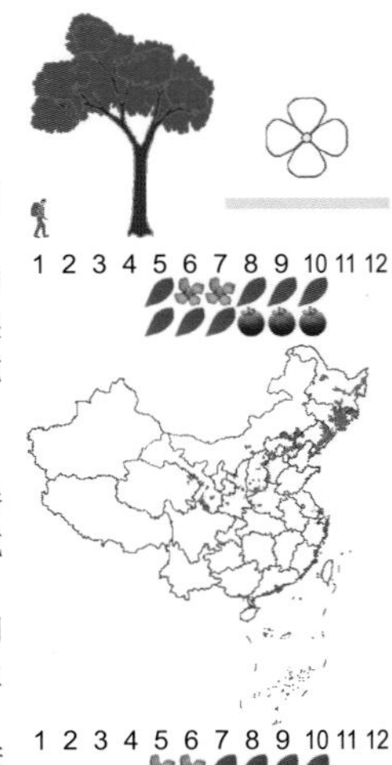

落叶小乔木或大乔木；叶片厚纸质，宽卵形、卵形至椭圆状卵形。圆锥花序由1到多对着生于同一枝条上的侧芽抽生①，花序轴具皮孔，萼齿钝、凸尖或截平；花冠白色，呈辐状，花冠管裂片卵形，先端锐尖，花丝与花冠裂片近等长或长于裂片，花药黄色（①右上）。果长椭圆形，先端常钝②。

产长白山区。生于山地河岸及河谷灌丛中。

相似种：红丁香【*Syringa villosa*，木樨科 丁香属】灌木；圆锥花序直立，由顶芽抽生，长圆形或塔形，花芳香，花萼齿锐尖或钝，花冠淡紫红色、粉红色至白色，花冠管细弱，近圆柱形③。果长圆形，先端凸尖，皮孔不明显④。产通化、白山；生于山坡灌丛、沟边及河旁。

暴马丁香花冠筒与萼近等长，花丝伸出花冠外；红丁香花冠筒明显长于花萼，花丝较短。

越橘　杜鹃花科 越橘属

Vaccinium vitis-idaea

Cowberry | yuèjú

常绿矮小灌木；茎纤细，直立或下部平卧。叶密生，叶片革质，椭圆形或倒卵形。短总状花序生于去年生枝顶，稍下垂，苞片红色，宽卵形；小苞片2，卵形；萼筒无毛，萼片4，宽三角形；花冠白色或淡红色，钟状①，4裂，裂片三角状卵形，直立；雄蕊8；花柱稍超出花冠。浆果球形，紫红色②。

产白山、通化、延边。生于林下、高山苔原或水湿台地。

相似种：笃斯越橘【*Vaccinium uliginosum*，杜鹃花科 越橘属】落叶灌木；叶片纸质，倒卵形，全缘。花下垂，1～3朵着生于去年生枝顶叶腋③。浆果近球形，成熟时蓝紫色，被白粉④。产延边、白山和通化；生于山坡落叶松林下、林缘、沼泽湿地及高山苔原带。

1 2 3 4 5 6 7 8 9 10 11 12

越橘叶缘有齿，果熟时紫红色；笃斯越橘叶全缘，果熟时蓝紫色。

灯台树　山茱萸科 山茱萸属

Cornus controversa

Giant Dogwood | dēngtáishù

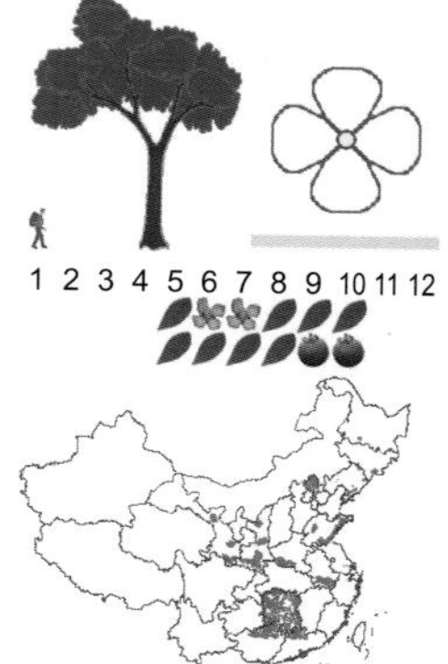

落叶乔木；叶互生，阔卵形，先端突尖，基部圆形或急尖，全缘①，上面黄绿色，下面灰绿色。伞房状聚伞花序顶生，花小，白色（①左上）；花萼裂片4，三角形，花瓣4，长圆披针形，雄蕊4，着生于花盘外侧，与花瓣互生，花丝线形，花药椭圆形，淡黄色。核果球形，直径6～7毫米，成熟时紫红色至蓝黑色②。

产通化、白山。生于阴坡、半阴坡土壤肥沃湿润的杂木林中。

相似种：红瑞木【*Cornus alba*，山茱萸科 山茱萸属】灌木；树皮紫红色。叶对生，椭圆形，先端突尖，基部楔形或阔楔形，边缘全缘或波状反卷。伞房状聚伞花序顶生，花小，白色或淡黄白色③。核果长圆形，微扁，成熟时乳白色或蓝白色，花柱宿存④。产长白山区；生于杂木林、针阔叶混交林及溪边。

1 2 3 4 5 6 7 8 9 10 11 12

灯台树叶互生，果紫红色至蓝黑色，果核顶端有四方形孔；红瑞木叶对生，核果乳白色或蓝白色，果核顶端无孔。

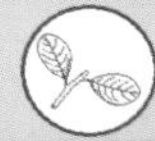

1
3
2
4
1
3
2
4

东北山梅花 辽东山梅花 绣球科/虎耳草科 山梅花属

Philadelphus schrenkii

Mock orange | dōngběishānméihuā

落叶灌木①；叶卵形或椭圆状卵形，生于无花枝上叶较大，花枝上叶较小。总状花序有花5～7朵②；花序轴黄绿色，疏被微柔毛；花梗疏被毛；花萼黄绿色，萼筒外面疏被短柔毛，裂片卵形，顶端急尖，外面无毛，干后脉纹明显；花冠直径2.5～4厘米，花瓣白色，倒卵或长圆状倒卵形③，无毛，雄蕊25～30，花柱从先端分裂至中部以下，柱头槌形，常较花药小。蒴果椭圆形④，长8～9.5毫米，直径3.5～4.5毫米。种子具短尾。

产长白山区。生于山坡、林缘及杂木林中。

东北山梅花为落叶灌木，叶卵形，总状花序，有花5～7朵，花萼黄绿色，花白色，蒴果椭圆形。

光萼溲疏 无毛溲疏 绣球科/虎耳草科 溲疏属

Deutzia glabrata

Glabrous Pride-of-Rochester | guāng'èsōushū

落叶灌木；老枝表皮常脱落。花枝具4～6叶，叶薄纸质，卵形或卵状披针形。伞房花序有花5～30朵①，花序轴无毛；花蕾球形或倒卵形；花萼筒杯状，无毛；花瓣白色，圆形或阔倒卵形，先端圆，基部收狭，两面被细毛，覆瓦状排列；雄蕊长4～5毫米，花丝钻形，基部宽扁；花柱3，约与雄蕊等长。蒴果球形，无毛②。

产延边、通化、白山、吉林。生于山地岩石间或陡山坡林下。

相似种：小花溲疏【*Deutzia parviflora*，绣球科溲疏属】落叶灌木；花序梗被长柔毛和星状毛，花瓣白色③，阔倒卵形或近圆形，两面均被毛，覆瓦状排列，花丝钻形或具齿，齿长不达花药。蒴果球形，有星状毛④。产长白山区；生于山谷林缘中。

光萼溲疏花较大，花及果实无毛，花丝无齿；小花溲疏花较小，花及果实有星状毛，花丝有齿。

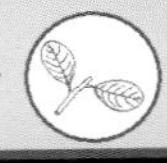

1
3
2
4
1
3
2
4

牛叠肚 山楂叶悬钩子 蔷薇科 悬钩子属

Rubus crataegifolius

Hawthorn-leaf Raspberry | niúdiédǔ

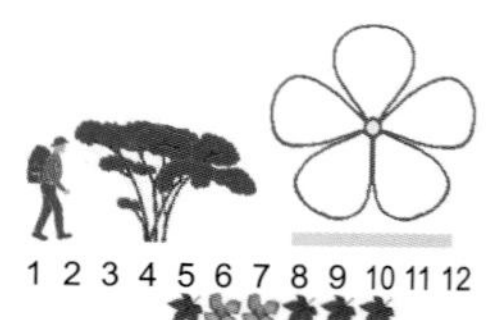

落叶直立灌木；枝幼时被细柔毛，老时有微弯皮刺。单叶，卵形至长卵形，边缘3～5掌状分裂，基部具掌状5脉；叶柄疏生柔毛和小皮刺；托叶线形。总状花序顶生，花梗有柔毛，苞片与托叶相似，萼片卵状三角形或卵形，顶端渐尖，花白色①。果实近球形，暗红色，无毛，有光泽②。

产长白山区。生于向阳山坡灌木丛中或林缘。

相似种：库页悬钩子【*Rubus sachalinensis*，蔷薇科 悬钩子属】灌木；羽状复叶，小叶常3枚③，长圆状卵形，叶背面密被灰白色茸毛，边缘有不规则粗锯齿或缺刻状锯齿。果实卵球形，红色，具茸毛④。产长白山区；生于山坡潮湿地密林下、稀疏杂木林内、林缘、林间草地或干沟石缝中。

牛叠肚为单叶，叶背面无毛；库页悬钩子为羽状复叶，叶背面密被灰白色毛。

山楂 山里红 蔷薇科 山楂属

Crataegus pinnatifida

Chinese Haw | shānzhā

落叶乔木；刺长约1～2厘米，有时无刺。叶片宽卵形或三角状卵形，通常两侧各有3～5羽状深裂片，边缘有锯齿。伞房花序具多花，苞片膜质，线状披针形；萼筒钟状；花瓣倒卵形或近圆形，白色①；雄蕊20，短于花瓣，花药粉红色；花柱3～5，柱头头状。果实近球形或梨形，深红色，有浅色斑点②，萼片宿存，直立。

产山区和半山区各地。生于山坡杂木林缘、灌木丛和干山坡沙质地。

相似种：毛山楂【*Crataegus maximowiczii*，蔷薇科 山楂属】灌木或小乔木；叶片宽卵形或菱状卵形，羽状浅裂。复伞房花序，多花③，总花梗和花梗均被灰白色柔毛；花瓣近圆形，白色。果实球形，红色，萼片宿存，反折④。产白山、延边；生于杂木林中或林边、河岸沟边及亚高山草地。

山楂叶羽状深裂，果实有浅色斑点，萼片宿存，直立；毛山楂叶羽状浅裂，果实无斑点，萼片宿存，反折。

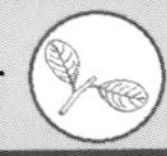

1
3
2
4
1
3
2
4

山荆子 山定子 蔷薇科 苹果属

Malus baccata

Siberian Crabapple | shānjīngzi

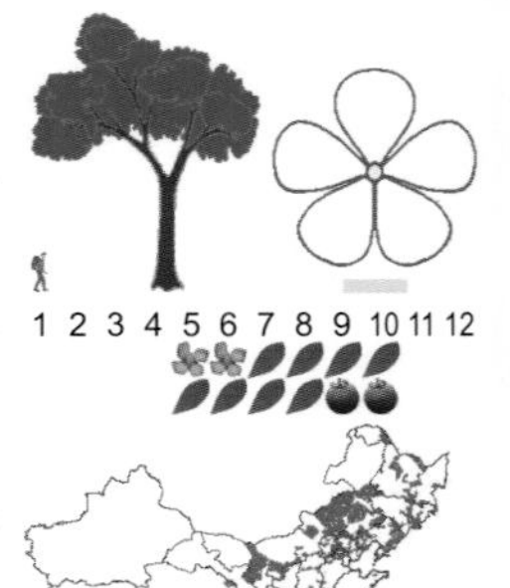

落叶乔木；叶片椭圆形或卵形，边缘有细锐锯齿。伞形花序，具花4～6朵①，花梗细长，无毛；苞片膜质，线状披针形；萼片披针形，先端渐尖，全缘，长于萼筒；花瓣倒卵形，先端圆钝，基部有短爪，白色；雄蕊15～20，长短不齐；花柱5或4。果实近球形，红色或黄色，萼片脱落②。

产长白山区。生于山坡杂木中、山谷灌丛间及亚高山草地上。

相似种：水榆花楸【*Sorbus alnifolia*，蔷薇科 花楸属】乔木；叶片卵形至椭圆卵形，边缘具锐重锯齿③。复伞房花序较疏松，花瓣卵形或近圆形，先端圆钝，白色。果实椭圆形或卵形，红色或黄色④。产长白山区；生于山坡、山沟或山顶混交林或灌木丛中。

山荆子叶边缘有细锐锯齿，果序下垂；水榆花楸叶片具锐重锯齿，果序直立。

稠李 臭李子 蔷薇科 稠李属

Padus avium

European Bird Cherry | chóulǐ

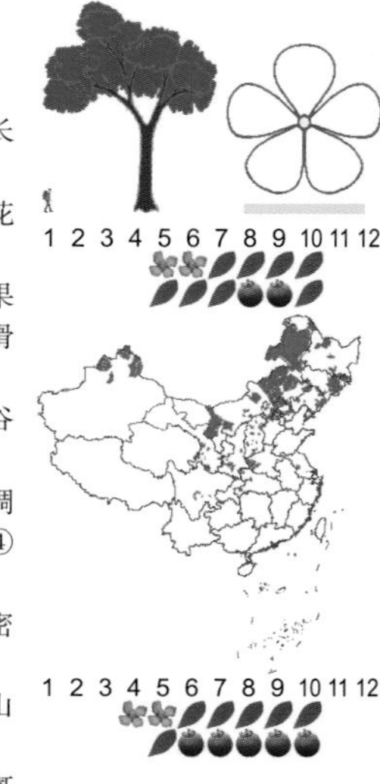

落叶乔木；树皮糙而多斑纹。叶片椭圆形、长圆形或长圆倒卵形①，叶柄顶端两侧各具1腺体，托叶膜质，线形。总状花序具多花，萼筒钟状，花瓣白色，长圆形，先端波状，基部楔形，有短爪，比雄蕊长近1倍，雄蕊多数，花丝长短不等。核果卵球形，直径8～10毫米，红褐色至黑色，光滑②。

产长白山区。生于山地杂木林中、河边、沟谷及路旁低湿处。

相似种：斑叶稠李【*Padus maackii*，蔷薇科 稠李属】落叶小乔木；树皮光滑，呈片状剥落（④右下）。叶片椭圆形，叶边有不规则带腺锐锯齿，沿中脉被短柔毛，被紫褐色腺体。总状花序多花密集③，花瓣白色，长圆状倒卵形，花丝长短不等。核果近球形，直径5～7毫米，紫褐色④。产长白山区；生于阳坡疏林中、溪边及路旁。

稠李树皮粗糙而多斑纹，果实稍大、稀疏；斑叶稠李树皮光滑，呈片状剥落，果实稍小、紧密。

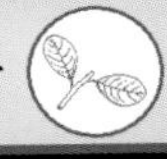

1
3
2
4
1
3
2
4

秋子梨 花盖梨 蔷薇科 梨属

Pyrus ussuriensis

Chinese Pear | qiūzilí

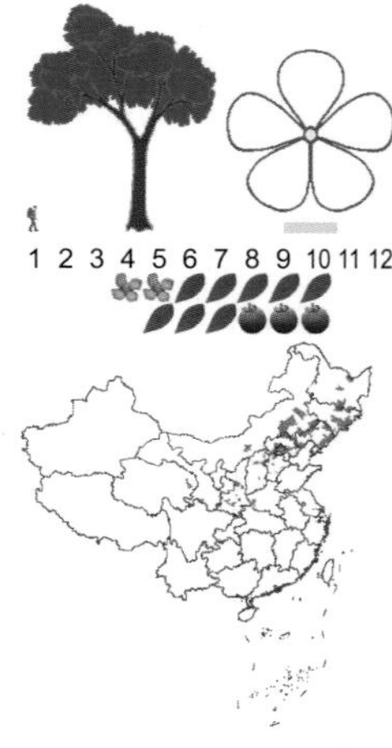

落叶乔木；树冠宽广①。叶片卵形至宽卵形，叶缘锯齿尖锐，刺芒状，托叶线状披针形，早落。花序密集，有花5～7朵②，苞片膜质，线状披针形，先端渐尖，全缘；萼筒外面无毛或微具茸毛，萼片三角披针形，先端渐尖，边缘有腺齿，外面无毛，内面密被茸毛；花瓣倒卵形或广卵形，先端圆钝，基部具短爪，无毛，白色；雄蕊20，短于花瓣，花药紫色③；花柱5，离生，近基部有稀疏柔毛。果实近球形，黄绿色或带红晕，萼片宿存④，基部微下陷，具短果梗。

产长白山区。生于河流两旁或土质肥沃的山坡上。

秋子梨为落叶乔木，叶缘锯齿尖锐，刺芒状，花序密集，果黄绿色或带红晕，萼片宿存，具短果梗。

绣线菊 蔷薇科 绣线菊属

Spiraea salicifolia

Willowleaf Spiraea | xiùxiànjú

落叶直立灌木；枝条密集。叶片长圆披针形至披针形，边缘密生锐锯齿。花序为金字塔形的圆锥花序①，被细短柔毛，花朵密集；萼筒钟状，萼片三角形；花瓣卵形，先端圆钝，粉红色；雄蕊50，约长于花瓣2倍②；花盘圆环形，裂片呈细圆锯齿状。蓇葖果直立，无毛或沿腹缝有短柔毛。

产长白山区。生于河岸、湿草地、河谷及林缘沼泽地。

相似种：土庄绣线菊【*Spiraea pubescens*，蔷薇科 绣线菊属】灌木；叶片菱状卵形至椭圆形，边缘自中部以上有锯齿，有时3裂，上面有稀疏柔毛，下面被灰色短柔毛。伞形花序具总梗，有花15～20朵③，花白色④。蓇葖果开张，仅在腹缝微被短柔毛。产长白山区；生于干燥多岩石山坡、杂木林内、林缘及灌丛中。

绣线菊叶披针形，圆锥花序，花粉红色；土庄绣线菊叶椭圆形，伞形花序，花白色。

1
3
2
4
1
3
2
4

东北瑞香 瑞香科 瑞香属

Daphne pseudomezereum

False Paradise Plant | dōngběiruìxiāng

落叶灌木；叶互生，常簇生于当年生枝顶部，披针形至长圆状披针形或倒披针形①，中脉在上面扁平或稍隆起，下面隆起，侧脉8～12对，近边缘1/4处分叉而互相网结，纤细，不规则分叉，在两面稍隆起，小脉网状，纤细，两面均明显可见；叶柄短，两侧翼状。花黄绿色，侧生于小枝顶端或侧生于当年生小枝下部，通常数花簇生②，无苞片，花萼筒筒状，下轮雄蕊着生于花萼筒的中部，上轮雄蕊着生于花萼筒的喉部，花盘环状。果实肉质，卵形，无毛，幼时绿色，成熟时红色③。种子褐色，光滑④。

产白山、延边。生于针阔叶混交林下阴湿的藓褥上。

东北瑞香为落叶小灌木，叶互生，披针形，通常数花簇生，花黄绿色，花萼筒状，果实肉质卵形，成熟时红色。

鸡树条 天目琼花 五福花科/忍冬科 荚蒾属

Viburnum opulus* subsp. *calvescens

Sargent's European Cranberry | jīshùtiáo

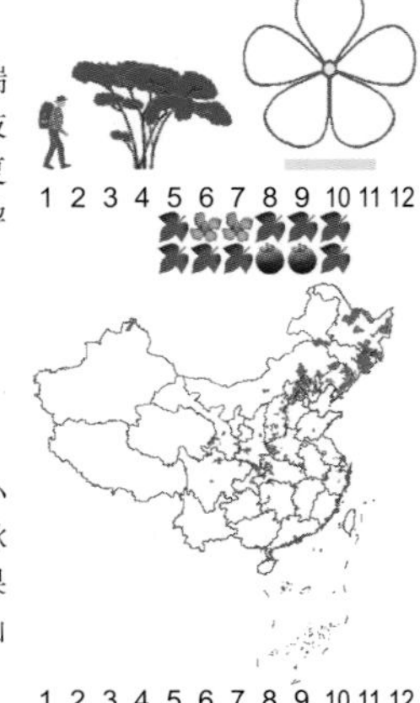

落叶灌木；小枝褐色至赤褐色。叶对生，先端3裂，阔卵形至卵圆形，边缘有不整齐的齿牙，枝上部叶不分裂或微裂，椭圆形或长圆状披针形。复伞形花序生于枝梢的顶端，紧密多花，外围有不孕性的辐射花白色，中央为孕性花①，杯状，5裂，雄蕊5，花药紫色。核果球形，鲜红色②。

产长白山区。生于林缘、林内、灌丛及路旁。

相似种：修枝荚蒾【*Viburnum burejaeticum*，五福花科/忍冬科 荚蒾属】落叶灌木；叶纸质，宽卵形至椭圆形或椭圆状倒卵形③，边缘有齿状小锯齿，初时上面疏被簇状毛，成长后下面常仅主脉及侧脉上有毛。聚伞花序，花冠白色，辐状④。果实红色⑤，后变黑色，椭圆形至矩圆形。产长白山区；生于针阔叶混交林中。

鸡树条叶先端3裂，伞形花序外围有不孕花；修枝荚蒾叶不裂，伞形花序无不孕花。

1
3
2
4
1
3
4
2
5

紫椴 阿穆尔椴 锦葵科/椴科 椴属

Tilia amurensis

Amur Liden | zǐduàn

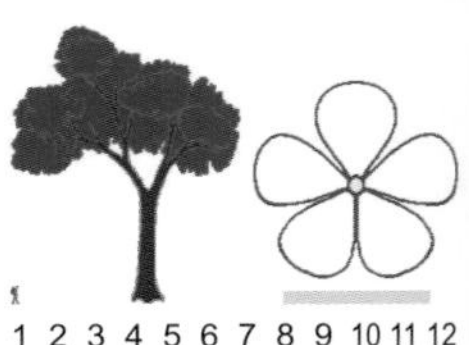

落叶乔木；树皮暗灰色。叶阔卵形或卵圆形，先端急尖或渐尖，基部心形，无毛①，边缘有锯齿，齿尖突出1毫米。聚伞花序，纤细，有花3～20朵；苞片狭带形，两面均无毛，下部与花序柄合生，基部有柄；萼片阔披针形，外面有星状柔毛；花瓣长6～7毫米；雄蕊较少，约20枚；子房有毛。果实卵圆形，被星状茸毛，有棱②。

产长白山区。生于针阔混交林、阔叶林、杂木林、山坡及林缘。

相似种：辽椴【*Tilia mandshurica*，锦葵科/椴科 椴属】落叶乔木；叶卵圆形，长8～10厘米，宽7～9厘米，上面无毛，下面密被灰色星状茸毛，边缘有三角形锯齿③。聚伞花序，有花6～12朵④，退化雄蕊花瓣状，子房有星状茸毛。产长白山区；生于柞木林、杂木林、山坡、林缘及沟谷。

紫椴叶小，叶背面无毛，叶缘锯齿尖端突出1毫米；辽椴叶大，叶背面密被星状毛，叶缘有三角形锯齿。

色木槭 色木 无患子科/槭科 槭属

Acer pictum subsp. *mono*

Painted Maple | sèmùqì

落叶乔木；树皮粗糙，常纵裂，灰褐色①。叶纸质，基部截形或近于心脏形，叶片近于椭圆形，长6～8厘米，宽9～11厘米，常5裂，有时3裂及7裂的叶生于同一树上，裂片卵形，先端锐尖或尾状锐尖，全缘。花多数，杂性，雄花与两性花同株，多数常成无毛的顶生圆锥状伞房花序，生于有叶的枝上③，花的开放与叶的生长同时；萼片5，黄绿色，长圆形；花瓣5，淡白色，椭圆形或椭圆倒卵形②；雄蕊8，花药黄色；子房在雄花中不发育；柱头2裂，反卷。翅果嫩时紫绿色④，成熟时淡黄色。

产长白山区。生于湿润肥沃土壤的杂木林中、林缘及河岸两旁。

色木槭为落叶乔木，单叶掌状5～7裂，伞房花序具多数花，花瓣5，淡白色，翅果，翅长为小坚果的2～3倍。

1
3
2
4
1
2
3
4

紫花槭 假色槭 无患子科/槭科 槭属

Acer pseudosieboldianum

Korean Paple | zǐhuāqì

落叶乔木；树皮灰色。单叶对生，叶柄长达3厘米以上，密生白茸毛；叶片圆形，掌状9～11深裂，裂片披针状长椭圆形①。伞房花序，具长梗，花10～16朵，杂性；萼片5，紫色，长圆形；花瓣5，卵形，黄色②，花萼与花瓣均无毛；雄蕊8，比萼片稍长，花丝紫色，无毛。翅果褐色。

产东南部山区。生于阔叶林、针阔叶混交林及林缘。

相似种：青楷槭【*Acer tegmentosum*，无患子科/槭科 槭属】落叶乔木；叶近于圆形或卵形，边缘有钝尖的重锯齿，通常5裂③。花黄绿色，杂性，总状花序，萼片5，花瓣5④，倒卵形；雄蕊8，花盘无毛，位于雄蕊的内侧。翅果无毛，黄褐色。产长白山区；生于针阔混交林和杂木林内、林缘及灌丛中。

1 2 3 4 5 6 7 8 9 10 11 12

紫花槭叶掌状9～11深裂，叶柄及花梗有毛，萼片紫色；青楷槭叶掌状5浅裂，叶柄无毛，花萼绿色。

东北扁核木 东北蕤核 蔷薇科 扁核木属

Prinsepia sinensis

Cherry Prinsepia | dōngběibiǎnhémù

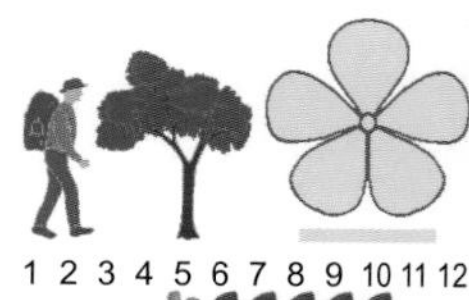

落叶小灌木；多分枝，枝条灰绿色或紫褐色，皮呈片状剥落；小枝红褐色，有棱条，枝刺直立或弯曲。叶互生，稀丛生，叶片卵状披针形或披针形①；托叶小，披针形。花1～4朵簇生于叶腋；花梗无毛；花萼筒钟状，萼片短三角状卵形；花瓣黄色②，倒卵形，先端圆钝，基部有短爪，着生在萼筒口部里面花盘边缘；雄蕊10，花丝短，呈2轮着生在花盘上近边缘处③；心皮1，花柱侧生，柱头头状。核果近球形，红紫色或紫褐色④，萼片宿存；核坚硬，卵球形，微扁。

产长白山区。生于杂木林中或阴山坡的林间，或山坡开阔处以及河岸旁。

东北扁核木为落叶小灌木，枝具腋生的枝刺，髓心片状，花瓣黄色，核果近球形，红紫色或紫褐色。

1
3
2
4
1
3
2
4

山樱花　蔷薇科 樱属

Cerasus serrulata

Japanese Cherry | shānyīnghuā

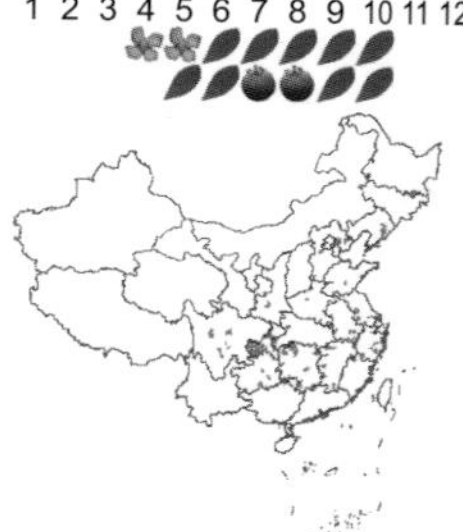

落叶乔木；叶片卵状椭圆形，边缘有渐尖单锯齿或重锯齿，齿尖有小腺体。花序伞房总状或近伞形，与叶同时开放或稍先于叶开放；总苞片长约1厘米，先端圆钝或3裂，带紫色，边缘微具腺齿，里面密被长柔毛；花萼筒管状，萼裂片长圆状卵形；花瓣椭圆状倒卵形，先端微凹，初时白色带粉①；雄蕊30～40枚。核果卵球形，红紫色②。

产长白山区。生于林缘、溪旁、河岸、灌丛及阔叶林中。

相似种：黑樱桃【*Cerasus maximowiczii*，蔷薇科　樱属】乔木；小枝无毛。叶片卵形或卵状披针形，两面无毛。花1～3朵，簇生，花叶同时开放或先叶开放，花瓣白色或粉红色③，倒卵状椭圆形，子房无毛。核果近球形，成熟后变黑④。产延边；生于向阳山坡、路旁、林缘及灌丛间。

山樱花小枝无毛，花粉色，果实成熟时红色；黑樱桃小枝密被长柔毛，花白色或粉红色，果实成熟后变黑色。

毛樱桃　山樱桃　蔷薇科 樱属

Cerasus tomentosa

Nanking Cherry | máoyīngtao

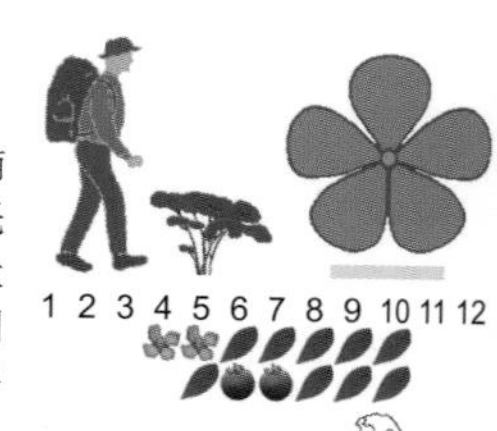

落叶灌木；小枝紫褐色或灰褐色。叶片卵状椭圆形或倒卵状椭圆形，边有急尖或粗锐锯齿①；托叶线形。花单生或2朵簇生，花叶同开，萼筒管状或杯状，萼片三角卵形，花瓣白色或粉红色②，倒卵形，先端圆钝，雄蕊20～25枚，短于花瓣，子房全部被毛或仅顶端或基部被毛。核果近球形，红色①。

产通化、白山。生于山坡林中、林缘、灌丛中及草地上。

相似种：郁李【*Cerasus japonica*，蔷薇科　樱属】灌木；小枝无毛。叶片卵形或卵状披针形，两面无毛。花1～3朵簇生③，花叶同开或先叶开放，花瓣白色或粉红色，倒卵状椭圆形，子房无毛。核果近球形，深红色④。产延边；生于向阳山坡、路旁、林缘及灌丛间。

毛樱桃小枝及叶两面均密被茸毛，萼筒管状，子房有毛；郁李小枝及叶无毛，萼筒钟状，子房无毛。

1
3
2
4
1
3
2
4

山杏 西伯利亚杏 蔷薇科 杏属

Armeniaca sibirica

Siberian Apricot | shānxìng

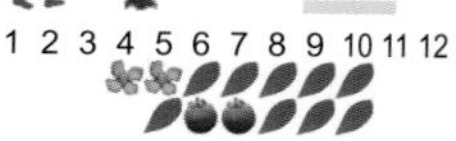

1 2 3 4 5 6 7 8 9 10 11 12

落叶灌木或小乔木；叶片卵形或近圆形。花单生，先于叶开放①；花梗长1～2毫米；花萼紫红色，萼筒钟形，基部微被短柔毛或无毛，萼片长圆状椭圆形，先端尖，花后反折；花瓣近圆形或倒卵形，白色或粉红色。果实扁球形，黄色或橘红色，有时具红晕，被短柔毛②。核扁球形，两侧扁，种仁味苦。

产白城、松原。生于干燥向阳山坡上、丘陵草原或固定沙丘上。

相似种：东北杏【*Armeniaca mandshurica*，蔷薇科 杏属】落叶大乔木；花单生，先于叶开放；花梗长7～10毫米；花萼带红褐色；花瓣宽倒卵形或近圆形，粉红色或白色③。果实近球形，黄色④。核近球形或宽椭圆形，种仁味苦，稀甜。产长白山区；生于开阔的向阳山坡、灌木林或杂木林下。

山杏叶缘具单锯齿，花近无梗；东北杏叶缘具重锯齿，花梗长7～10毫米。

东北李 蔷薇科 李属

Prunus ussuriensis

Japanese plum | dōngběilǐ

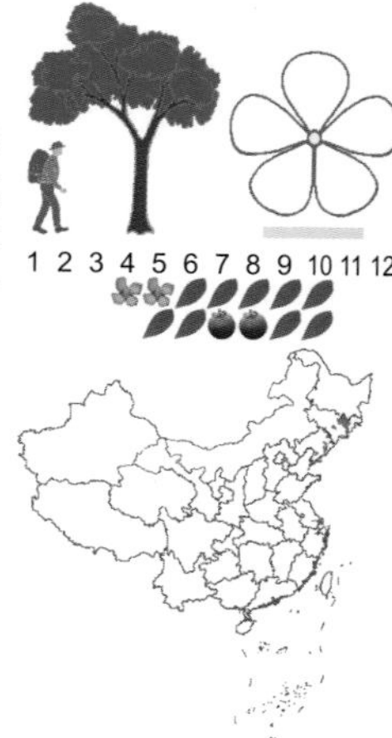

落叶乔木；老枝灰黑色，粗壮①；小枝红褐色，冬芽卵圆形。叶片长圆形，边缘有单锯齿或重锯齿，中脉和侧脉明显突起；叶柄短；托叶披针形。花2～3朵簇生，花梗长7～13毫米，花直径1～1.2厘米；萼筒钟状，萼片长圆形，先端圆钝，边缘有细齿，齿尖常带腺，比萼筒稍短；花瓣白色②，长圆形，先端波状，基部楔形，有短爪③；雄蕊多数，花丝长短不等，排成紧密2轮，着生于萼筒上；雌蕊1，柱头盘状，花柱与雄蕊近等长。核果近球形或长圆形，直径1.5～2.5厘米，紫红色，果梗粗短④。

产长白山区。生于向阳山坡、沟谷、山野路旁、河边灌丛中。

东北李为落叶乔木，叶长圆形，背面及叶柄被柔毛，幼叶较密，花白色，果实有纵沟，紫红色，被白霜。

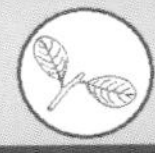

1
2
3
4
1
3
2
4

杜香 杜鹃花科 杜香属

Ledum palustre

Crystal Tea | dùxiāng

半常绿小灌木；直立或茎下部俯卧①。叶质稍厚，密而互生，有强烈香味，狭条形，先端钝头，基部狭成短柄，上面深绿色，中脉凹入，有皱纹，下面密生锈褐色和白色茸毛及腺鳞，中脉凸起，全缘②。伞房花序，生于前一年生枝的顶端，花多数，小型，白色③；花梗细长；萼片5，圆形，尖头，宿存；花冠5深裂，裂片长卵形；雄蕊10，花丝基部有细毛；花柱宿存。蒴果卵形，生有褐色细毛④。

产延边、白山、通化。生于泥炭藓类沼泽中或落叶松林缘、林下、湿润山坡。

杜香为半常绿小灌木，多分枝，全株有浓烈香味，叶互生，全缘或反卷，花白色，蒴果卵形，花柱宿存。

牛皮杜鹃 杜鹃花科 杜鹃花属

Rhododendron aureum

Golden Azalea | niúpídùjuān

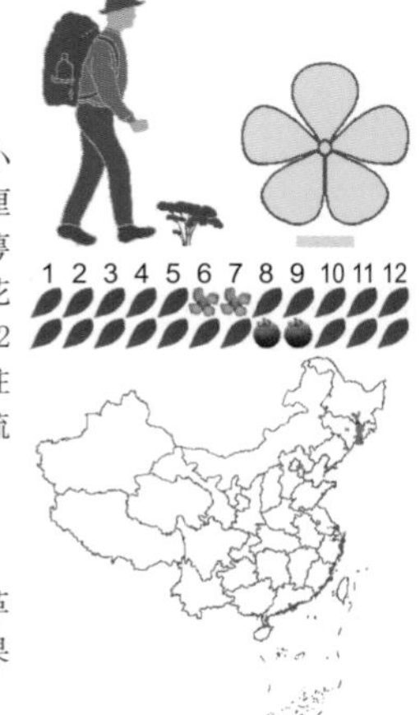

常绿矮小灌木①；叶革质，常4～5枚集生于小枝顶端，倒披针形或倒卵状长圆形②，长2.5～8厘米。顶生伞房花序，有花5～8朵，花梗直立；花萼小，具5个小齿裂；花冠钟形，淡黄色③，5裂，花丝基部被白色微柔毛，花药椭圆形，淡褐色，长2毫米；子房卵球形，长5毫米，花柱长2.5厘米，柱头小，浅5裂。果序直立，果梗长4.5～6厘米，疏被柔毛；蒴果长圆柱形④，5裂，多少被茸毛。

产延边、白山。生于高山苔原带、高山草甸、高山湿地，林下及林缘。

牛皮杜鹃为常绿矮小灌木，主枝匍匐，叶革质，常4～5枚集生于小枝顶端，花大，黄色，蒴果长圆柱形。

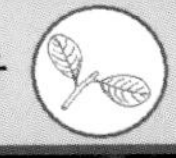

兴安杜鹃 杜鹃花科 杜鹃花属

Rhododendron dauricum

Xing'an Azalea | xīng'āndùjuān

半常绿灌木；幼枝细而弯曲②，被柔毛和鳞片。叶片近革质，椭圆形或长圆形，上面深绿，下面淡绿。花序腋生枝顶或假顶生，1～4花，先叶开放，伞形着生；花芽鳞早落或宿存；花冠宽漏斗状，粉红色或紫红色①，外面无鳞片，通常有柔毛；雄蕊10，花药紫红色；花柱紫红色，光滑，长于花冠。

产长白山区。生于山顶、石质山坡、火山迹地、山地落叶松林或陡坡蒙古栎林下。

相似种：迎红杜鹃【*Rhododendron mucronulatum*，杜鹃花科 杜鹃花属】落叶灌木；叶片质薄，椭圆形或椭圆状披针形，顶端锐尖或渐尖④，基部楔形或钝。花冠宽漏斗状，淡红紫色③；花柱光滑，长于花冠。蒴果长圆形，先端5瓣开裂④。产长白山区；生于山地灌丛、石质山坡。

兴安杜鹃小枝细而弯曲，节间短（2～3厘米）；迎红杜鹃小枝较粗而直，节间长可达10厘米。

锦带花 连萼锦带花 忍冬科 锦带花属

Weigela florida

Crimson Weigela | jǐndàihuā

落叶灌木；幼枝稍四方形，树皮灰色。叶矩圆形、椭圆形至倒卵状椭圆形①，长5～10厘米，顶端渐尖，基部阔楔形至圆形，边缘有锯齿，上面疏生短柔毛，脉上毛较密，下面密生短柔毛或茸毛，具短柄至无柄。花单生或成聚伞花序生于侧生短枝的叶腋或枝顶③；萼筒长圆柱形，萼齿长约1厘米，深达萼檐中部；花冠紫红色或玫瑰红色，长3～4厘米，裂片开展，内面浅红色；花丝短于花冠，花药黄色②。果实顶有短柄状喙④。

产长白山区。生于杂木林下或山顶灌丛中。

锦带花为落叶灌木，叶通常椭圆形，背面脉上密被短柔毛或茸毛，花冠紫红色，果实有短柄状喙。

1
3
2
4
1
2
3
4

黄芦木 大叶小檗 小檗科 小檗属

Berberis amurensis

Amur Barberry | huánglúmù

落叶灌木；茎刺三分叉。叶纸质，倒卵状椭圆形。总状花序具10～25朵花，花黄色①；萼片2轮，外萼片倒卵形，内萼片与外萼片同形，花瓣椭圆形，先端浅缺裂，基部稍呈爪，具2枚分离腺体；雄蕊长约2.5毫米，药隔先端不延伸，平截；胚珠2枚。浆果长圆形，红色，顶端无宿存花柱②。

产长白山区。生于山麓、山腹的开阔地、阔叶林的林缘及溪边灌丛中。

相似种：细叶小檗【*Berberis poiretii*，小檗科小檗属】灌木；茎刺阙如或单一。叶纸质，倒披针形至狭倒披针形，全缘，近无柄。穗状总状花序具8～15朵花，常下垂③，萼片2轮，花瓣倒卵形或椭圆形。浆果长圆形，红色④。产长白山区；生于山地灌丛、砾质地、山沟河岸或林下。

黄芦木叶缘具密的刺状细锯齿，果实上无宿存花柱；细叶小檗叶全缘，果实上有宿存花柱。

瓜木 八角枫 山茱萸科/八角枫科 八角枫属

Alangium platanifolium

Lobed-leaf Alangium | guāmù

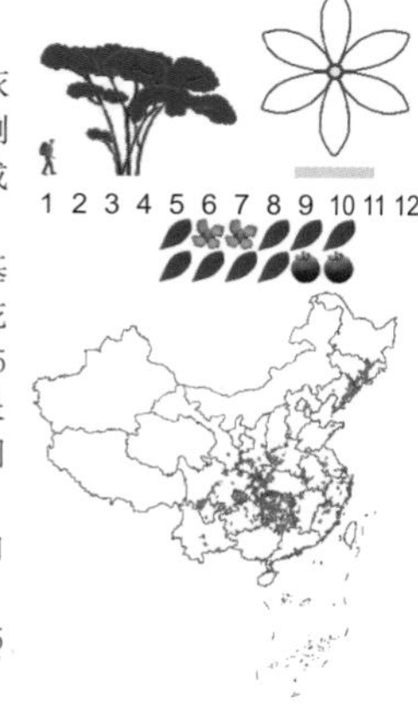

落叶灌木或小乔木；树皮光滑，灰色或深灰色；一年生枝疏被柔毛。叶片近圆形、广卵形或倒卵形，长7～13厘米，宽6～11厘米，基部心形或圆形，边缘常3～5裂①，裂片三角形或广三角形，先端锐尖至短尾状尖，嫩叶叶脉或脉腋被柔毛；基出脉3～5条。聚伞花序，通常有3～5朵花②，花瓣6～7，白色或黄色，线形而反卷，长2.5～3.5厘米；雄蕊6～7，花丝略扁③；花柱粗壮，长2.6～3.6厘米，柱状扁平。核果长卵圆形或长椭圆形，蓝黑色④。

产通化、白山。生于土质比较疏松而肥沃的向阳山坡或疏林中。

瓜木为落叶灌木或小乔木，叶片近圆形，3～5裂，聚伞花序，花瓣6～7枚，白色，线形而反卷，核果长椭圆形，蓝黑色。

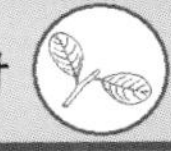

1
3
2
4
1
3
2
4

天女花 天女木兰 木兰科 天女花属

Oyama sieboldii

Oyama Magnolia | tiānnǚhuā

落叶小乔木①；当年生小枝细长，淡灰褐色。叶倒卵形或宽倒卵形③，长6～25厘米，宽4～12厘米，先端骤狭急尖或短渐尖，基部阔楔形或近心形，叶柄长1～6.5厘米。花与叶同时开放，白色，芳香，杯状，盛开时碟状②，花梗长3～7厘米，花被片9，近等大，外轮3片长圆状倒卵形或倒卵形，顶端宽圆或圆，内两轮6片，较狭小，雄蕊紫红色，雌蕊群椭圆形。聚合果熟时红色，蓇葖果狭椭圆体形④，沿背缝线二瓣全裂，顶端具喙。

产通化、白山。生于阴坡、半阴坡土壤肥沃湿润的杂木林中。

天女花为落叶小乔木，叶互生，倒卵形或宽倒卵形，花与叶同时开放，白色，芳香，蓇葖果狭椭圆体形，具喙。

金银忍冬 马氏忍冬 忍冬科 忍冬属

Lonicera maackii

Amur Honeysuckle | jīnyínrěndōng

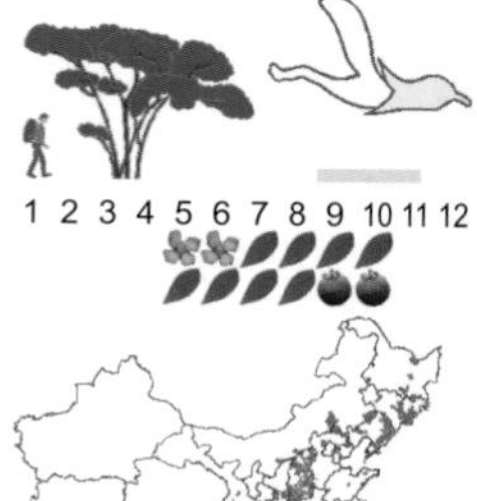

落叶灌木；叶卵状椭圆形至卵状披针形。花芳香，生于幼枝叶腋，总花梗短于叶柄，苞片条形；相邻两萼筒分离，萼檐钟状，萼齿宽三角形或披针形，顶尖，裂隙约达萼檐之半；花冠先白色后变黄色①，长1～2厘米，外被短伏毛或无毛，唇形，筒长约为唇瓣的1/2。果实暗红色，圆形②。

产长白山区。生于林下、灌丛间、荒山坡及河岸湿润地。

相似种：金花忍冬【*Lonicera chrysantha*，忍冬科 忍冬属】落叶灌木；幼枝、叶柄和总花梗常被开展的直糙毛、微糙毛和腺。叶纸质，菱状卵形④。总花梗细，苞片条形或狭条状披针形，小苞片分离，相邻两萼筒分离，花冠先白色后变黄色③。果实红色，圆形④。产长白山区；生于沟谷、林下、林缘及灌丛中。

1 2 3 4 5 6 7 8 9 10 11 12

金银忍冬花梗较果短，相邻两果离生；金花忍冬花梗较果长，相邻的两果基部结合。

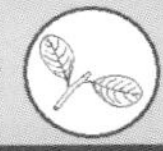

1
2
3
4
1
3
2
4

蓝果忍冬 蓝靛果 忍冬科 忍冬属

Lonicera caerulea

Edible Sweetberry Honeysuckle | lánguǒrěndōng

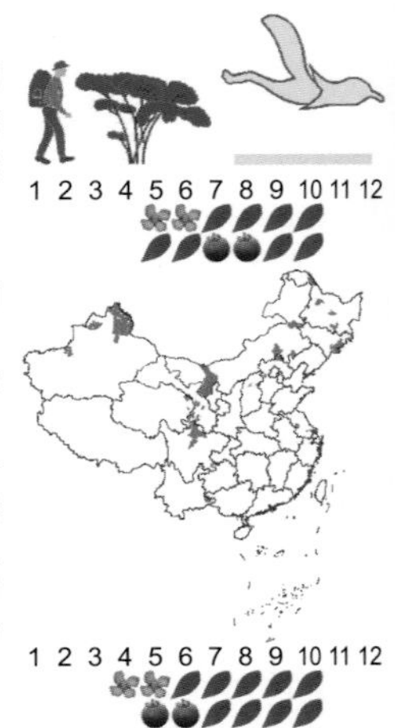

落叶灌木；树皮片状剥裂。多分枝①，叶矩圆形或卵状椭圆形，两面疏生短硬毛，下面中脉毛较密且近水平开展。花生于叶腋；总花梗长2～10毫米；苞片条形，长为萼筒的2～3倍；花冠黄白色，常带粉红色或紫色，雄蕊的花丝上部伸出花冠外。浆果蓝黑色，稍被白粉②，椭圆形至准圆状椭圆形。

产白山、通化、延边。生于河岸、山坡、林缘等光线充足的湿地。

相似种：早花忍冬【*Lonicera praeflorens*，忍冬科 忍冬属】落叶灌木；叶纸质，宽卵形，顶端锐尖或短尖④，边缘有长睫毛。花先叶开放，总花梗极短，常为芽鳞所覆盖；苞片宽披针形至狭卵形，初时带红色；花冠淡紫色，漏斗状，雄蕊和花柱均伸出③，花柱无毛。果实红色，圆形④。产东南部山区；生于山坡、林内及灌丛中。

蓝果忍冬果实蓝色，花冠黄白色，后叶开放；早花忍冬果实红色，花冠淡紫色，先叶开放。

柽柳 柽柳科 柽柳属

Tamarix chinensis

Five-stamen tamarisk | chēngliǔ

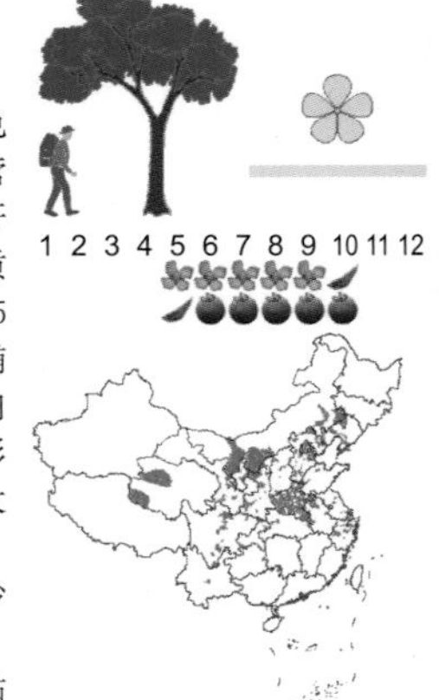

落叶乔木或灌木；老枝暗褐红色。叶鲜绿色①，绿色营养枝上的叶长圆状披针形，上部绿色营养枝上的叶钻形或卵状披针形，半贴生。每年开花2～3次。春季开花：总状花序侧生在去年生木质化的小枝上，花大而少；花梗纤细，较萼短；花5出，萼片5，花瓣5，粉红色，通常卵状椭圆形或椭圆状倒卵形，长约2毫米；花盘5裂，紫红色，肉质；雄蕊5；子房圆锥状瓶形，花柱3。蒴果圆锥形②。夏、秋季开花：生于当年生幼枝顶端，顶生大圆锥花序；花5出，密生③，花萼三角状卵形④。

产白城。喜生于海滨、滩头、潮湿盐碱地及沙荒地上。

柽柳为小乔木或灌木，叶鲜绿色，极小，半贴生，每年开花2～3次，总状花序，萼片5，花瓣5，粉红色，蒴果圆锥形。

胡桃楸 核桃楸 胡桃科 胡桃属

Juglans mandshurica

Chinese Walnut | hútáoqiū

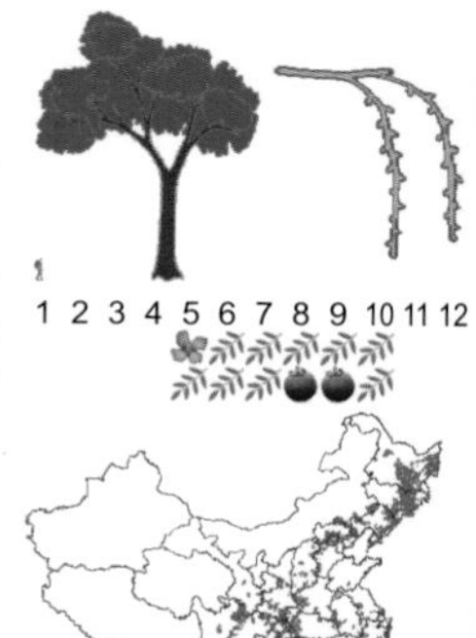

落叶乔木①；树皮灰色，具浅纵裂；幼枝被有短茸毛。奇数羽状复叶，小叶15～23枚，长6～17厘米，宽2～7厘米，集生于枝端，基部膨大，侧生小叶对生，无柄，先端渐尖，顶生小叶基部楔形。雄性柔荑花序②，苞片顶端钝，小苞片2枚位于苞片基部，雄蕊12枚；雌性穗状花序具4～10朵雌花，柱头鲜红色③。果序俯垂，通常具5～7个果实④；果实球状、卵状或椭圆状，顶端尖，表面具8条纵棱。

产长白山区、长春。生于土层深厚肥沃、湿润、排水良好的山谷缓坡、河岸及山麓。

胡桃楸为落叶乔木，羽状复叶具小叶15～23枚，雄花为柔荑花序，雌花为穗状花序，果实卵球形，核壳厚。

黄檗 黄柏 芸香科 黄檗属

Phellodendron amurense

Amur Cork Tree | huángbò

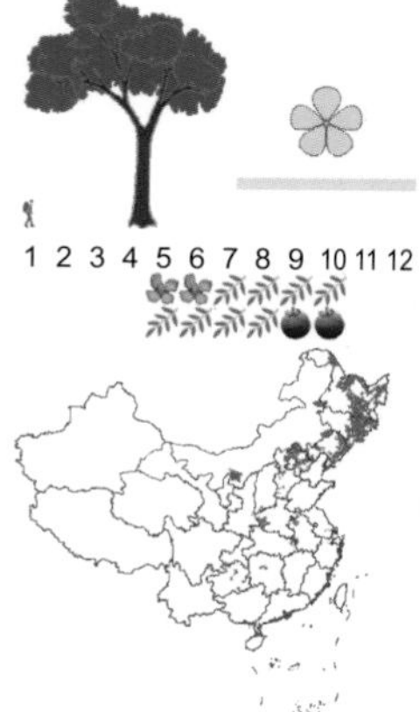

落叶乔木；大树树皮有木栓层，浅灰或灰褐色①，内皮薄，鲜黄色。叶轴及叶柄均纤细，有小叶5～13枚，小叶薄纸质或纸质，卵状披针形或卵形②，顶部长渐尖，基部阔楔形，一侧斜尖，叶缘有细钝齿和缘毛，秋季落叶前叶色由绿转黄而明亮，毛被大多脱落。花序顶生，萼片细小，阔卵形，花瓣紫绿色，雄花的雄蕊比花瓣长③，退化雌蕊短小。果圆球形，蓝黑色④。

产长白山区。散生于肥沃、湿润、排水良好的林中河岸、谷地、低山坡、林缘及杂木林中。

黄檗为落叶乔木，树皮有深沟裂，木栓层发达，内皮鲜黄色，花序顶生，花瓣紫绿色，果实为浆果状核果，成熟时蓝黑色。

水曲柳 木樨科 梣属

Fraxinus mandshurica

Manchur Ash | shuǐqūliǔ

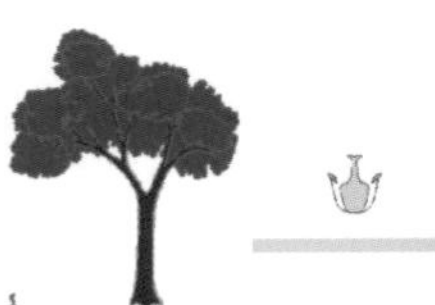

1 2 3 4 5 6 7 8 9 10 11 12

1 2 3 4 5 6 7 8 9 10 11 12

落叶大乔木①；羽状复叶，小叶7～13枚，长圆形至卵状长圆形。圆锥花序生于去年生枝上，先叶开放②，花序梗与分枝具窄翅状锐棱；雄花与两性花异株，均无花冠也无花萼；雄花序紧密，花梗细而短，雄蕊2枚，花药椭圆形，花丝甚短；两性花序稍松散，花梗细而长，两侧着生2枚甚小的雄蕊。翅果大而扁，长圆形至倒卵状披针形③。

产长白山区。生于山坡疏林中或河谷平缓山地。

相似种：花曲柳【*Fraxinus chinensis* subsp. *rhynchophylla*，木樨科 梣属】乔木；羽状复叶，基部膨大，叶轴上具浅沟，小叶着生处具关节，小叶5～7枚④，革质，阔卵形。圆锥花序，雄花与两性花异株，无花冠，两性花具雄蕊2枚。翅果线形⑤。产长白山区；生于山地阔叶林中或杂木林下。

水曲柳小叶7～13枚，花序生于去年生枝上，花单性，先叶开放；花曲柳小叶5～7枚，花序生于当年枝上，花两性，与叶同时开放。

东北槭 无患子科/槭科 槭属

Acer mandshuricum

Trifoliate Maple | dōngběiqì

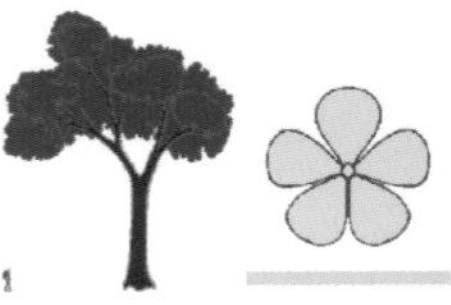

1 2 3 4 5 6 7 8 9 10 11 12

1 2 3 4 5 6 7 8 9 10 11 12

落叶乔木；三出复叶，对生①，顶生小叶有柄，小叶片长圆状披针形。伞房花序顶生，花杂性，3～5朵，雌花与两性花同株，花黄绿色，后于叶开放，萼片5；花瓣5，两性花子房紫色，无毛，花柱较短，2裂，柱头反卷。翅果褐色，小坚果突起呈馒头状，稍有光泽，翅长3厘米，翅开展近直角②。

产长白山区。生于阔叶林中。

相似种：三花槭【*Acer triflorum*，无患子科/槭科 槭属】复叶由3小叶组成，先端锐尖，边缘在中段以上有2～3个粗的钝锯齿，稀全缘③。花序伞房状，具3花④，花杂性，雄花与两性花异株。小坚果凸起，近于球形，密被淡黄色疏柔毛③；翅黄褐色，连同小坚果长4～4.5厘米，张开呈锐角或近于直角。产长白山区；生于阔叶林中。

东北槭叶缘具疏锯齿，翅果长3～3.5厘米，无毛；三花槭叶缘具钝锯齿，翅果长4～4.5厘米，被粗毛。

1
2
4
3
5
1
3
2
4

长白蔷薇　　蔷薇科 蔷薇属

Rosa koreana

Korean Rose　|　chángbáiqiángwēi

落叶小灌木；丛生，枝条密集，密被针刺，针刺有椭圆形基部，在当年生小枝上针刺较稀疏。小叶7～15枚，小叶片椭圆形、倒卵状椭圆形或长圆椭圆形。花单生于叶腋，无苞片；萼片披针形；花瓣白色或带粉色，倒卵形，先端微凹①；花柱离生，比雄蕊短。果实长圆球形，橘红色，有光泽，萼片宿存②。

产白山、延边。生于林缘、灌丛中或山坡多石地及高山苔原带上。

相似种：金露梅【*Potentilla fruticosa*，蔷薇科委陵菜属】小灌木；羽状复叶；小叶片长圆形。单花或数朵生于枝顶，花梗密被长柔毛或绢毛；萼片卵圆形；花瓣黄色，宽倒卵形③。瘦果近卵形④。产白山、延边；生于针阔混交林、落叶松林、火烧迹地的林缘等。

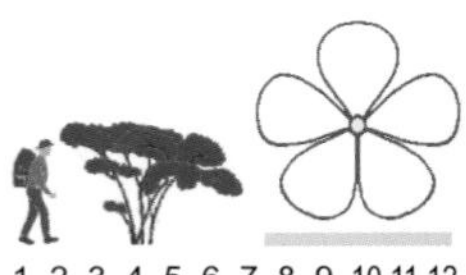

长白蔷薇茎有刺，花白色，蔷果长圆球形，橘红色；金露梅茎无刺，花黄色，瘦果近卵形，褐棕色，外被长柔毛。

珍珠梅　花楸珍珠梅　蔷薇科 珍珠梅属

Sorbaria sorbifolia

False Spiraea　|　zhēnzhūméi

落叶灌木；羽状复叶，小叶片11～17枚①，小叶片对生，披针形至卵状披针形，边缘有尖锐重锯齿，小叶近无柄，托叶卵状披针形。顶生大型密集圆锥花序②，苞片卵状披针形，先端长渐尖，全缘或有浅齿；萼筒钟状，萼片三角卵形，先端钝或急尖，萼片约与萼筒等长；花瓣长圆形或倒卵形，长5～7毫米，宽3～5毫米，白色，雄蕊40～50，生在花盘边缘③，心皮5。蓇葖果长圆形，萼片宿存，反折④。

产长白山区。生于河岸、沟谷、山坡溪流附近及林缘。

珍珠梅为落叶灌木，叶背面无毛，圆锥花序狭长而紧密，花白色，雄蕊40～50，长为花瓣的1.5～2倍，蓇葖果。

1
3
2
4
1
3
2
4

花楸树 东北花楸 蔷薇科 花楸属

Sorbus pohuashanensis

Baihuashan Mountain Ash | huāqiūshù

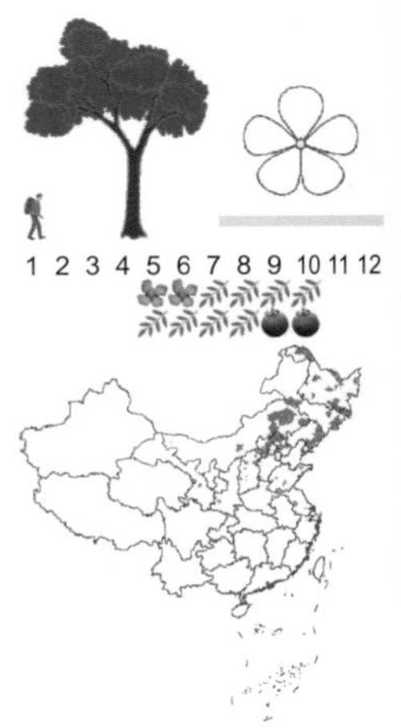

落叶乔木①；小枝灰褐色，具灰白色细小皮孔。奇数羽状复叶，小叶片5～7对②，卵状披针形或椭圆披针形，托叶宿存，宽卵形，有粗锐锯齿。复伞房花序具多数密集花朵，萼筒钟状，萼片三角形；花瓣宽卵形或近圆形，长3.5～5毫米，宽3～4毫米，先端圆钝，白色，内面微具短柔毛；雄蕊20，几与花瓣等长③；花柱3。果实近球形，红色或橘红色，具宿存闭合萼片④。

产长白山区。生于山坡、谷地、林缘或杂木林中，常伴生在寒温性的针叶林中。

花楸树为落叶乔木，奇数羽状复叶，小叶背面被白色毛，复伞房花序，花白色，果球形，红色或橘红色，萼片宿存。

山刺玫 刺玫蔷薇 蔷薇科 蔷薇属

Rosa davurica

Amur Rose | shāncìméi

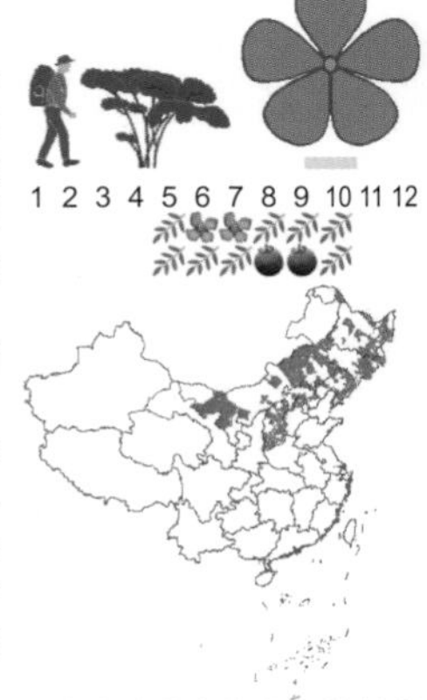

落叶灌木；分枝较多。小叶7～9枚，小叶片长圆形或阔披针形，边缘有单锯齿和重锯齿，叶柄和叶轴有柔毛、腺毛和稀疏皮刺。花单生于叶腋，或2～3朵簇生，萼筒近圆形，萼片披针形，先端扩展成叶状，花瓣粉红色，倒卵形①，先端不平整，基部宽楔形。果近球形，红色，萼片宿存②。

产长白山区。生于山坡灌丛间、山野路旁、河边、沟边、林下、林缘。

相似种：刺蔷薇【*Rosa acicularis*，蔷薇科 蔷薇属】落叶灌木；奇数羽状复叶，小叶3～7枚，小叶片宽椭圆形，边缘有单锯齿。花单生或2～3朵集生，萼片披针形，外面有腺毛；花瓣粉红色，芳香③。果长椭圆形，红色，花萼宿存④。产白山、延边、通化；生向阳山坡、灌丛中或桦木林下。

山刺玫枝干下部无或少有针刺，小叶背面有腺体；刺蔷薇枝干下部有密集针刺，小叶背面无腺体。

1
3
2
4
1
3
2
4

刺五加 五加参 五加科 五加属

Eleutherococcus senticosus

Siberian Ginseng | cìwǔjiā

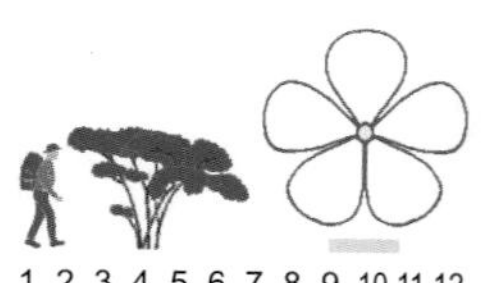

落叶灌木；分枝多，一、二年生的通常密生刺。叶柄长3～10厘米，小叶片椭圆状倒卵形或长圆形，边缘有锐利重锯齿。伞形花序单个顶生，或2～6个组成稀疏的圆锥花序，有花多数，花绿白色①。果实球形或卵球形，有5棱，黑色，直径7～8毫米，宿存花柱②。

产长白山区。生于针阔叶混交林或阔叶林内、林缘及灌丛中。

相似种：无梗五加【*Eleutherococcus sessiliflorus*，五加科 五加属】落叶灌木；枝无刺或疏生刺，刺粗壮。掌状复叶有小叶3～5③。头状花序紧密，球形，有花多数，花瓣5，卵形，暗紫色。果实倒卵状椭圆球形，黑色，稍有棱，宿存花柱长达3毫米④。产长白山区；生于林下、林缘、山坡、沟谷及路旁。

刺五加枝上生细长的针刺，子房5室，花有梗；无梗五加枝上疏生短刺或无刺，子房2室，花无梗。

辽东楤木 龙牙楤木 五加科 楤木属

Aralia elata* var. *glabrescens

Japanese Angelica Tree | liáodōngsǒngmù

落叶小乔木①；树皮灰色，小枝疏生细刺，嫩枝上常有细长直刺。叶为二回或三回羽状复叶，长40～80厘米，托叶和叶柄基部合生，叶轴和羽片轴基部通常有短刺，羽片有小叶7～11，小叶片阔卵形至椭圆状卵形②。圆锥花序长30～45厘米，分枝在主轴顶端呈指状排列，形成小伞形花序，直径1～1.5厘米，有花多数或少数；苞片和小苞片披针形，花黄白色③，花瓣5，卵状三角形，子房5室，花柱5，离生或基部合生。果实球形，黑色，直径4毫米，有5棱④。

产长白山区。生于阔叶林或针阔混交林下、林缘及路旁。

辽东楤木为落叶小乔木，小枝疏生或密生细刺，由伞形花序组成大型圆锥花序，花黄白色，花瓣5，果实球形，黑色。

1
3
2
4
1
3
2
4

刺楸　茨楸　五加科 刺楸属

Kalopanax septemlobus

Castor Aralia | cìqiū

落叶乔木；树皮暗灰棕色①，小枝淡黄棕色，散生粗刺，刺基部宽阔扁平。叶片纸质，圆形或近圆形，直径9～35厘米，掌状5～7浅裂②，幼时疏生短柔毛，边缘有细锯齿，放射状主脉5～7条，两面均明显。圆锥花序大，长15～25厘米，直径20～30厘米；伞形花序直径1～2.5厘米，有花多数③；花白色或淡绿黄色，萼无毛，边缘有5小齿，花瓣5，三角状卵形，长约1.5毫米，雄蕊5，子房2室，花盘隆起，花柱合生成柱状，柱头离生。果实球形，蓝黑色，宿存花柱④。

产长白山区。生于土质湿润肥沃的山谷、坡地、林缘。

刺楸为落叶乔木，枝上生坚硬棘刺，单叶掌状分裂，圆锥花序大，伞形花序有花多数，花白色或淡绿色，果实球形，蓝黑色。

红花锦鸡儿　紫花锦鸡儿　豆科 锦鸡儿属

Caragana rosea

Red-flower Peashrub | hónghuājǐnjīr

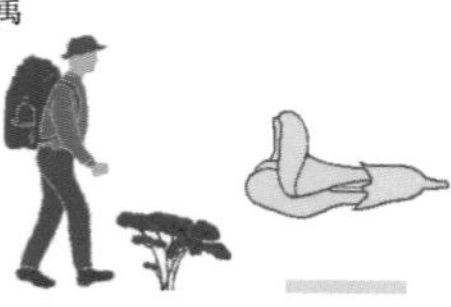

落叶灌木；树皮绿褐色或灰褐色。托叶在长枝者成细针刺③，短枝者脱落；叶柄脱落或宿存成针刺；叶假掌状，小叶4①，楔状倒卵形，长1～2.5厘米，宽4～12毫米，先端圆钝或微凹，具刺尖。花单生，花萼管状，常紫红色，萼齿三角形，花冠黄色②，常紫红色或全部淡红色，凋时变为红色，旗瓣长圆状倒卵形，先端凹入，基部渐狭成宽瓣柄，翼瓣长圆状线形，瓣柄较瓣片稍短，耳短齿状，龙骨瓣的瓣柄与瓣片近等长，耳不明显，子房无毛。荚果圆筒形③，长3～6厘米，具渐尖头。

产长白山区。生于山地灌丛及山地沟谷灌丛中。

红花锦鸡儿为落叶灌木，托叶针刺状，小叶2对呈假掌状排列，花黄色稍带红色，后期渐变红色，荚果圆筒形，具渐尖头。

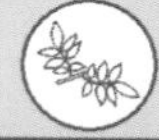

1
2
3
4
1
3
2

朝鲜槐 怀槐 豆科 马鞍树属

Maackia amurensis

Amur Maackia | cháoxiǎnhuái

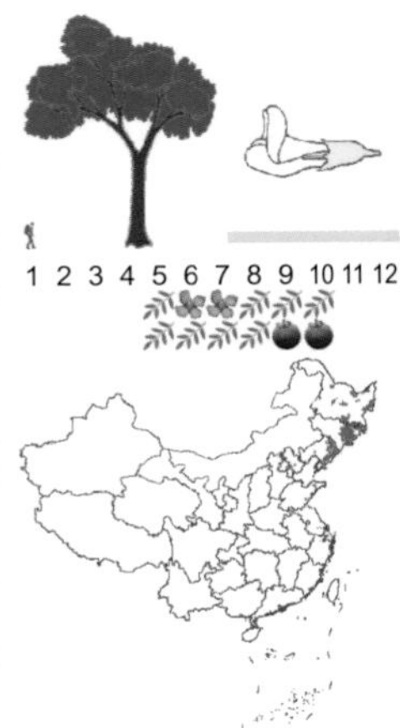

落叶乔木；树皮淡绿褐色，薄片剥裂①。羽状复叶，小叶3～5对，对生或近对生，纸质，长卵形。总状花序3～4个集生②，密被锈褐色柔毛，花密集，花萼钟状，花冠白色，长约7～9毫米，旗瓣倒卵形，宽3～4毫米，顶端微凹，基部渐狭成柄，反卷③，翼瓣长圆形，基部两侧有耳；子房线形。荚果扁平④，腹缝无翅或有狭翅，暗褐色，果梗长5～10毫米，无果梗。种子褐黄色，长椭圆形，无胚乳。

产长白山区。生于稍湿润的阔叶林、林缘，溪流附近或山坡灌丛间。

朝鲜槐为落叶乔木，树皮薄片剥裂，奇数羽状复叶，小叶对生，全缘，总状花序顶生，花白色，荚果扁平。

刺槐 豆科 刺槐属

Robinia pseudoacacia

Black Locust | cìhuái

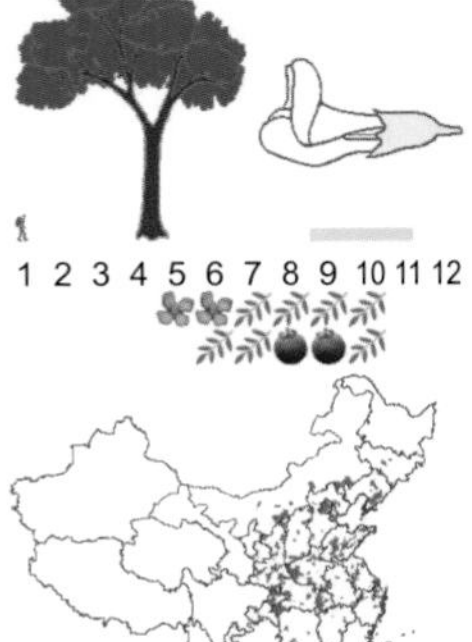

落叶乔木；树皮黑褐色，深纵裂①，小枝具托叶刺。羽状复叶②，小叶2～12对，常对生，椭圆形、长椭圆形或卵形，先端圆，微凹，具小尖头，小叶柄长1～3毫米，小托叶针芒状。总状花序腋生，下垂②，花多数，芳香；苞片早落；花萼斜钟状，萼齿5；花冠白色③，各瓣均具瓣柄，旗瓣近圆形，翼瓣斜倒卵形，龙骨瓣镰状，三角形；雄蕊二体；子房线形，花柱钻形，长约8毫米，上弯，柱头顶生。荚果褐色，或具红褐色斑纹，线状长圆形，扁平④。

原产美国，全省广泛栽培。有的于山坡、沟旁、荒地及田边逸为野生。

刺槐为落叶乔木，枝具托叶性针刺，羽状复叶，花白色，荚果褐色，或具红褐色斑纹。

1
3
2
4
1
2
3
4

花木蓝　吉氏木蓝　豆科 木蓝属

Indigofera kirilowii

Kirilow's Indigo | huāmùlán

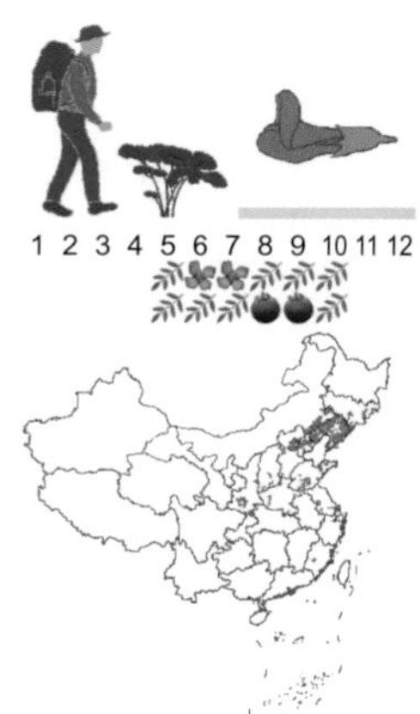

落叶小灌木；茎圆柱形，幼枝有棱。羽状复叶，托叶披针形，小叶2～5对①，对生，阔卵形、卵状菱形或椭圆形，小托叶宿存。总状花序，疏花②，花序轴有棱，疏生白色丁字毛；苞片线状披针形，花梗无毛，花萼杯状，萼齿披针状三角形，有缘毛；花冠淡红色③，稀白色，花瓣近等长，旗瓣椭圆形，先端圆形，边缘有短毛，翼瓣边缘有毛；花药阔卵形，两端有髯毛，子房无毛。荚果棕褐色，圆柱形④，内果皮有紫色斑点。

产吉林、通化。生于向阳干山坡、山野丘陵坡地或灌丛与疏林内。

花木蓝为落叶小灌木，羽状复叶，小叶对生，阔卵形，总状花序，花淡红色，荚果圆柱形。

胡枝子　随军茶　豆科 胡枝子属

Lespedeza bicolor

Shrub Lespedeza | húzhīzi

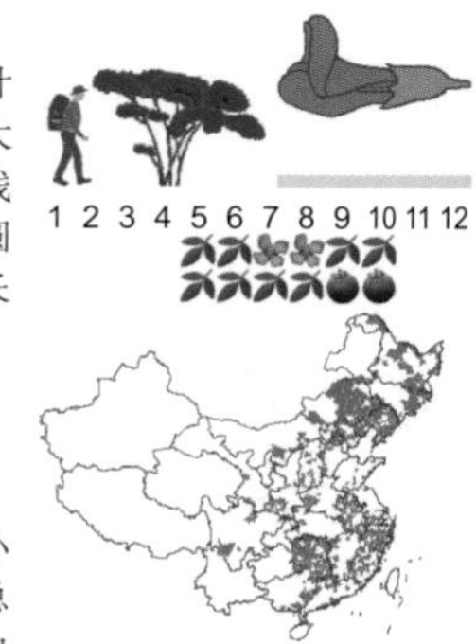

落叶灌木；多分枝。羽状复叶具3小叶，小叶卵状长圆形，具短刺尖。总状花序腋生，常构成大型疏松的圆锥花序①；小苞片2，黄褐色，花萼5浅裂，花冠红紫色，旗瓣倒卵形，翼瓣较短，近长圆形，基部具耳和瓣柄，龙骨瓣先端钝，基部具较长的瓣柄。荚果斜倒卵形，表面具网纹②。

产长春、松原及长白山区。生于山坡、林缘、路旁、灌丛及杂木林间。

相似种：短梗胡枝子【*Lespedeza cyrtobotrya*，豆科 胡枝子属】灌木；茎多分枝。羽状复叶具3小叶，小叶宽卵形，先端圆或微凹④，具小刺尖。总状花序腋生，总花梗短缩或近无总花梗③，密被白毛，苞片小，花梗短，花萼筒状钟形，花冠红紫色④。产长白山区；生于山坡、灌丛及杂木林下。

1 2 3 4 5 6 7 8 9 10 11 12

胡枝子总状花序比叶长，总花梗长；短梗胡枝子总状花序比叶短，总花梗短或近无总花梗。

1
3
2
4
1
3
2
4

紫穗槐 棉槐 豆科 紫穗槐属

Amorpha fruticosa

Desert False Indigo | zǐsuìhuái

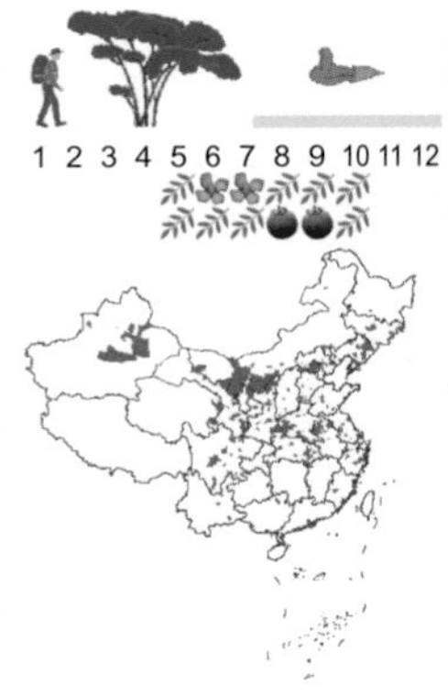

落叶灌木；小枝灰褐色，嫩枝密被短柔毛。叶互生，奇数羽状复叶①，有小叶11～25片，基部有线形托叶；小叶卵形或椭圆形，先端圆形，锐尖或微凹，有一短而弯曲的尖刺，基部宽楔形或圆形，上面无毛或被疏毛，下面有白色短柔毛，具黑色腺点。穗状花序常1至数个顶生和枝端腋生，密被短柔毛；花有短梗；旗瓣心形，紫色②，无翼瓣和龙骨瓣；雄蕊10，下部合生成鞘，上部分裂，包于旗瓣之中，伸出花冠外③。荚果下垂，微弯曲，顶端具小尖，棕褐色，表面有凸起的疣状腺点④。

原产美国，全省有栽培，已从人工种植逸为半野生或野生。生于山坡、荒地、林缘、路旁。

紫穗槐为落叶灌木，奇数羽状复叶，花冠暗紫色，仅有旗瓣，无翼瓣、龙骨瓣，荚果长圆形弯曲。

盐麸木 五倍子树 漆树科 盐麸木属

Rhus chinensis

Chinese Sumac | yánfūmù

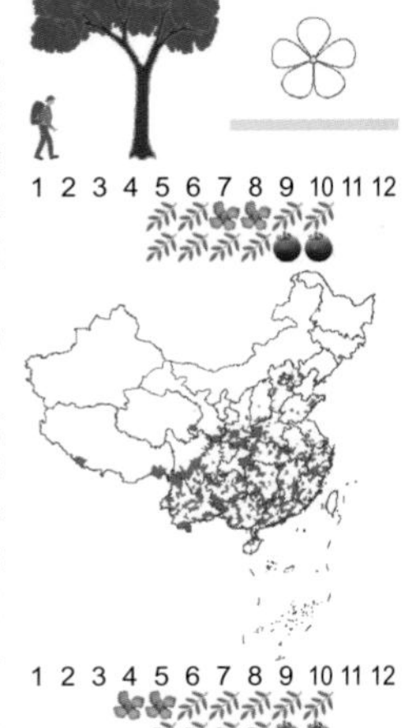

落叶小乔木或灌木；奇数羽状复叶，叶轴具宽的叶状翅，小叶自下而上逐渐增大。圆锥花序宽大，多分枝①，雄花序长30～40厘米，雌花序较短，花白色；雄花：花萼裂片长卵形，花瓣倒卵状长圆形，开花时外卷；雌花：花瓣椭圆状卵形。核果球形，略压扁，被柔毛和腺毛，成熟时红色②。

产白山、通化。生于向阳山坡、沟谷、溪边的疏林或灌丛中。

相似种：接骨木【*Sambucus williamsii*，五福花科/忍冬科 接骨木属】灌木；圆锥形聚伞花序顶生，花序分枝多呈直角；花小而密，花冠蕾时带粉红色，开后白色或淡黄色③，雄蕊与花冠裂片等长，子房3室，柱头3裂。果实红色，卵圆形或近圆形④。产长白山区；生于路边、河流附近、灌丛及阔叶疏林中。

盐麸木叶轴具宽的叶状翅，叶揉后无臭味；接骨木叶轴无翅，叶揉后有臭味。

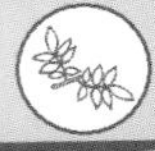

1
3
2
4
1
3
2
4

褐毛铁线莲　　毛茛科　铁线莲属

Clematis fusca

Brown Clematis　|　hèmáotiěxiànlián

1 2 3 4 5 6 7 8 9 10 11 12

多年生直立草本或藤本；茎表面暗棕色或紫红色①。羽状复叶，有5～9枚小叶，顶端小叶有时变成卷须；小叶片卵圆形、宽卵圆形至卵状披针形。聚伞花序腋生，1～3花；花钟状，下垂，萼片4枚，卵圆形或长方椭圆形，内面淡紫色②。瘦果扁平，棕色，宽倒卵形，宿存花柱，被开展的黄色柔毛③。

产长白山区和西部草原。生于山坡林内、林缘、灌丛及草坡上。

相似种：辣蓼铁线莲【*Clematis terniflora* var. *mandshurica*，毛茛科　铁线莲属】草质藤本；叶为羽状复叶，小叶卵形或披针状卵形。圆锥花序，多花，萼片4枚，白色④；雄蕊多数，比萼片短；心皮多数，被白色柔毛。瘦果卵形，先端有宿存花柱⑤。产长白山区；生于山坡灌丛、杂木林缘或林下。

1 2 3 4 5 6 7 8 9 10 11 12

褐毛铁线莲为聚伞花序，1～3花，萼片褐色；辣蓼铁线莲为圆锥花序，多花，萼片白色。

齿叶铁线莲　　毛茛科　铁线莲属

Clematis serratifolia

Toothed-leaf Clematis　|　chǐyètiěxiànlián

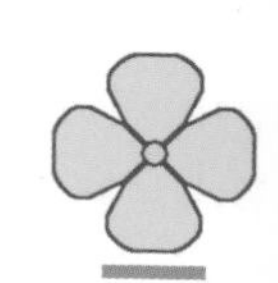

1 2 3 4 5 6 7 8 9 10 11 12

草质藤本①；二回三出复叶，小叶片宽披针形，顶端长渐尖，顶生小叶片基部为不对称的圆楔形，边缘有不整齐的锯齿状牙齿。聚伞花序腋生，有3花，花梗细长，小苞片长圆状披针形，萼片4，黄色②，斜上展，卵状长圆形或椭圆状披针形，顶端尖，常呈钩状弯曲。瘦果椭圆形，宿存花柱有长柔毛。

产长白山区。生于干旱山坡、灌丛或多石砾河岸。

相似种：短尾铁线莲【*Clematis brevicaudata*，毛茛科　铁线莲属】草质藤本；一至二回羽状复叶或二回三出复叶，有时茎上部为三出叶。圆锥状复聚伞花序腋生或顶生③，萼片4，开展，白色，狭倒卵形③。瘦果卵形，密生柔毛④。产通化、延边、吉林、松原；生于山坡、疏林内、林缘及灌丛。

1 2 3 4 5 6 7 8 9 10 11 12

齿叶铁线莲为聚伞花序，萼片黄色；短尾铁线莲为复聚伞花序组成的圆锥花序，萼片白色。

1
3
2
4
5
1
3
2
4

葎草　勒草　大麻科/桑科 葎草属

Humulus scandens

Japanese Hop　|　lǜcǎo

一年生或多年生蔓生草本①；茎有纵条棱，棱上有短倒向钩刺。单叶，对生，叶片长卵形，掌状5～7深裂③，边缘有锯齿，叶上有粗刚毛。雌雄异株，花序腋生，雄花成圆锥花序，有多数黄绿色小花，萼片5，披针形②，雄蕊5，花丝丝状，花药大；雌花数朵集成短穗，腋生，每2雌花有1卵状披针形、有白毛刺和黄色腺点的苞片，无花被，子房单一，花柱2，上部突起，疏生细毛。果穗绿色，外侧有暗紫斑及长白毛④。

产全省各地。生于田野、荒地、路旁及居住区附近。

葎草为蔓生草本，叶为掌状5～7裂，雌雄异株，花序腋生，雄花成圆锥花序，雌花数朵集成短穗，果穗绿色，有紫斑。

扛板归　梨头刺　蓼科 蓼属

Persicaria perfoliata

Asiatic Tearthumb　|　kángbǎnguī

一年生草本；茎攀缘，具纵棱，沿棱具倒生皮刺。叶三角形①，顶端钝或微尖，基部截形或微心形，薄纸质，下面沿叶脉疏生皮刺，托叶鞘圆形或近圆形。总状花序，苞片卵圆形，每苞片内具花2～4朵；花被5深裂，白色或淡红色，花被片椭圆形②，果时增大，呈肉质，深蓝色。瘦果球形，黑色有光泽。

产全省各地。生于山坡、草地、沟边、灌丛及湿草甸子。

相似种：刺蓼【*Persicaria senticosa*，蓼科 蓼属】攀缘藤本；茎蔓生或上升，有四棱，红褐色或淡绿色，沿棱具倒生刺，长可达1米。叶三角形，托叶鞘筒状③，边缘具叶状翅。花被片椭圆形，果期变干包着小坚果④。产长白山区；生于山坡、草地、沟边、灌丛及林缘。

扛板归托叶鞘圆形，穿叶，花被果期肉质变蓝色；刺蓼托叶鞘筒状，边缘具叶状翅，花被片果期粉红色。

1
3
2
4
1
3
2
4

盒子草 合子草 葫芦科 盒子草属

Actinostemma tenerum

Actinostemma | hézicǎo

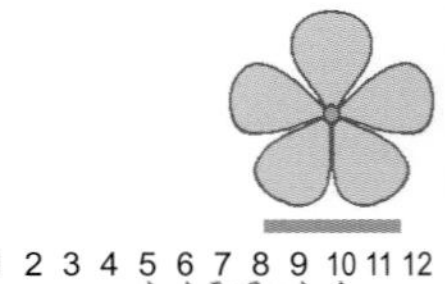

1 2 3 4 5 6 7 8 9 10 11 12

柔弱草本；枝纤细。叶柄细，叶形变异大，不分裂或3～5裂或仅在基部分裂，边缘波状或具小圆齿或具疏齿，裂片顶端狭三角形①，顶端有小尖头。卷须细，二歧。雄花总状②，有时圆锥状，花序轴细弱，苞片线形，花萼裂片线状披针形，边缘有疏小齿，花冠裂片披针形，先端尾状钻形，雄蕊5；雌花单生③、双生或雌雄同序。果实绿色，卵形、阔卵形或长圆状椭圆形，疏生暗绿色鳞片状凸起④，自近中部盖裂，果盖锥形。

产白城、松原及长白山区。生于水边草丛中。

盒子草为一年生攀缘草本，叶心状戟形，卷须二歧，花冠裂片先端尾状钻形，果实绿色，熟后由近中部盖裂。

软枣猕猴桃 软枣子 猕猴桃科 猕猴桃属

Actinidia arguta

Hardy Kiwi | ruǎnzǎomíhóutáo

1 2 3 4 5 6 7 8 9 10 11 12

大型落叶藤本；髓片层状。叶阔卵形①。花序腋生，花绿白色或黄绿色，芳香，萼片4～6枚，卵圆形至长圆形，花瓣4～6片，楔状或瓢状倒阔卵形，花药黑色或暗紫色。果圆球形至柱状长圆形，绿黄色②。

产长白山区。生于阔叶林或针阔叶混交林中。

相似种：狗枣猕猴桃【*Actinidia kolomikta*，猕猴桃科 猕猴桃属】小枝具片状髓，髓白色，叶长方卵形至长方倒卵形。聚伞花序，花白色，花药黄色③。产长白山区；生于阔叶林或红松针阔叶混交林中。**葛枣猕猴桃**【*Actinidia polygama*，猕猴桃科 猕猴桃属】叶卵形或椭圆卵形，髓白色，实心。花白色。浆果矩圆形，黄色，有尖嘴④。产延边、白山、通化；生于阔叶林、杂木林、林缘及灌丛中。

1 2 3 4 5 6 7 8 9 10 11 12

1 2 3 4 5 6 7 8 9 10 11 12

软枣猕猴桃髓片层状，花药暗紫色；狗枣猕猴桃片状髓，花药黄色；葛枣猕猴桃实心髓，花药黄色。

1
2
3
4
1
3
2
4

南蛇藤 金红树 卫矛科 南蛇藤属

Celastrus orbiculatus

Oriental Bittersweet | nánshéténg

落叶藤本①；叶通常阔倒卵形，边缘具锯齿，两面光滑无毛③。聚伞花序腋生，间有顶生，小花1～3朵；雄花萼片钝三角形；花瓣倒卵椭圆形或长方形，长3～4厘米，宽2～2.5毫米；花盘浅杯状②，裂片浅，顶端圆钝；退化雌蕊不发达；雌花花冠较雄花窄小，花盘稍深厚，肉质，退化雄蕊极短小；子房近球状，柱头3深裂，裂端再2浅裂。蒴果近球状④；种子椭圆状稍扁，赤褐色。

产长白山区。生于荒山坡、阔叶林边及灌丛内。

南蛇藤为落叶藤本，叶互生，阔倒卵形，较大，无毛，花盘杯状，蒴果近球状。

萝藦 芄兰 夹竹桃科/萝藦科 萝藦属

Metaplexis japonica

Rough Potato | luómó

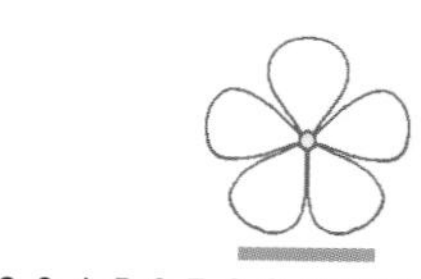

多年生草质藤本；具乳汁。叶膜质，卵状心形。总状式聚伞花序腋生或腋外生，具长总花梗，花通常13～15朵；小苞片膜质，披针形；花蕾圆锥状；花萼裂片披针形；花冠白色①，花冠筒短，花冠裂片披针形；副花冠环状，着生于合蕊冠上；雄蕊连生成圆锥状，将雌蕊包围在其中。蓇葖果，纺锤形②。

产全省各地。生于山坡草地、耕地、撂荒地、路边及村舍附近篱笆墙上。

相似种：鹅绒藤【*Cynanchum chinense*，夹竹桃科/萝藦科 鹅绒藤属】草质藤本；全株被短柔毛。叶对生，薄纸质，宽三角状心形，基部心形③。伞形聚伞花序腋生，着花约20朵；花冠白色，裂片长圆状披针形④；副花冠二型，杯状。蓇葖果双生，细圆柱状⑤。产白城、松原、长春；生于灌丛、田边、沙地及路旁。

萝藦副花冠环状，果皮有瘤状突起；鹅绒藤副花冠杯状，果皮无突起。

1
2
3
4
1
3
2
4
5

党参 黄参 桔梗科 党参属

Codonopsis pilosula

Poor Man's ginseng | dǎngshēn

多年生草质藤本植物；茎缠绕。叶在小枝上互生，卵形或狭卵形，先端钝或微尖，基部近于心形①。花单生于枝端，花萼贴生至子房中部，花冠上位，阔钟状，长1.8～2.3厘米，黄绿色，内面有明显紫斑②，浅裂，裂片正三角形，端尖，全缘，花丝基部微扩大，花药长形。蒴果下部半球状③。

产长白山区。生于土质肥沃的山坡、林缘、疏林灌丛、路旁及小河旁。

相似种：羊乳【*Codonopsis lanceolata*，桔梗科党参属】茎缠绕。叶在主茎上的互生，披针形或菱状狭卵形，在小枝顶端的通常2～4枚簇生，叶片菱状卵形④。花单生或对生于小枝顶端，花冠阔钟状，黄绿色或乳白色，内有紫色斑（④左下）。产长白山区；生于山坡林缘、疏林灌丛、溪间及阔叶林内。

1 2 3 4 5 6 7 8 9 10 11 12

党参叶对生，花内面带少量紫色斑点；羊乳叶2～4枚簇生于短侧枝末端做假轮生状，花内面紫斑。

赤瓟 赤雹 葫芦科 赤瓟属

Thladiantha dubia

Manchu Tubergourd | chìbó

攀缘草质藤本；茎有棱沟。叶柄稍粗，叶片宽卵状心形，边缘浅波状，有细齿，基部心形，弯缺深，半圆形①。卷须纤细，单一②。雌雄异株：雄花有时2～3朵生于总梗上②，花梗细长，花萼筒极短，花冠黄色，裂片长圆形，长2～2.5厘米，雄蕊5，着生在花萼筒檐部，其中1枚分离，其余4枚两两稍靠合，花丝极短，花药卵形；雌花单生③，花梗细，花萼和花冠同雄花，退化雄蕊5，棒状，子房长圆形，花柱分3叉，柱头膨大。果实卵状长圆形，表面橙黄色或红棕色④。

产长白山区。生于林缘、田边、村屯住宅旁及菜地边。

赤瓟为攀缘草质藤本，叶片宽卵状心形，花较大，黄色，花冠裂片全缘，果实橙黄色或红棕色，不开裂。

1
3
2
4
1
3
2
4

裂瓜　葫芦科 裂瓜属

Schizopepon bryoniifolius

Splitmelon | lièguā

一年生攀缘草本；卷须丝状，中部以上二歧④。叶柄细，与叶片近等长或稍长，叶片卵状圆形，边缘有3～7个角或不规则波状浅裂，具稀疏的不等大的小锯齿，掌状5～7脉①。花极小，两性，在叶腋内单生或3～5朵聚生形成总状花序，花序轴纤细，花梗短②；花萼裂片披针形，全缘，亮绿色；花冠辐状，白色，裂片长椭圆形③；雄蕊3，插生于花萼筒的基部，花丝线形，花药长圆状椭圆形；子房卵形，3室。果实阔卵形④，顶端锐尖，长10～15毫米，成熟后由顶端向基部3瓣裂。

产长白山区。生于河边、山坡、林下。

裂瓜为一年生攀缘草本，叶片卵状圆形，掌状5～7脉，花极小，白色，果实阔卵形，成熟后3瓣裂。

杠柳　番加皮　夹竹桃科/萝藦科 杠柳属

Periploca sepium

Chinese Silkvine | gàngliǔ

落叶蔓性灌木①；小枝通常对生，有细条纹，具皮孔。叶卵状长圆形，顶端渐尖，基部楔形。聚伞花序腋生，着花数朵②；花序梗和花梗柔弱；花萼裂片卵圆形，花萼内面基部有10个小腺体；花冠紫红色，辐状③，张开直径1.5厘米，花冠筒短，裂片长圆状披针形，长8毫米，中间加厚呈纺锤形，反折，副花冠环状，10裂；雄蕊着生在副花冠内面，并与其合生，花药彼此粘连并包围着柱头；心皮离生，花粉器匙形。蓇葖果2，圆柱状④，无毛，具纵条纹。

产白城、松原、四平。生于低山丘的林缘、沟坡、河边沙质地。

杠柳为落叶蔓性灌木，叶对生，卵状长圆形，花冠紫红色，心皮离生，花粉器匙形，蓇葖果2，圆柱状，无毛，具纵条纹。

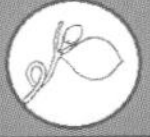

1
2
3
4
1
3
2
4

打碗花　常春藤打碗花　旋花科 打碗花属

Calystegia hederacea

Japanese False Bindweed | dǎwǎnhuā

1 2 3 4 5 6 7 8 9 10 11 12

一年生草本；植株通常矮小，平卧①。基部叶片长圆形，顶端圆，基部戟形。花腋生，1朵，花梗长于叶柄，苞片宽卵形，具小短尖头，内萼片稍短，花冠淡紫色或淡红色，钟状②，长2～4厘米，冠檐近截形或微裂，雄蕊近等长。蒴果卵球形。

产全省各地。生于山坡、耕地、撂荒地及路边。

相似种：旋花【*Calystegia sepium*，旋花科 打碗花属】草质藤本；植株无毛，茎缠绕，多分枝。花冠漏斗状，粉红色或带紫色③，长5～7厘米。产长白山区；生于山地、草地、耕地、路边及山地草甸。**欧旋花**【*Calystegia sepium* subsp. *spectabilis*，旋花科 打碗花属】除花萼、花冠外植物体各部分均被短柔毛④。产延边；生于路边、荒地、旱田、山坡及路旁。

1 2 3 4 5 6 7 8 9 10 11 12

1 2 3 4 5 6 7 8 9 10 11 12

打碗花植株无毛，花小；旋花植株无毛，花大；欧旋花植株被短柔毛，花大。

田旋花　中国旋花　旋花科 旋花属

Convolvulus arvensis

Field Bindweed | tiánxuánhuā

1 2 3 4 5 6 7 8 9 10 11 12

多年生草质藤本；根状茎横走；茎平卧或缠绕，有棱。叶片戟形或箭形，全缘或3裂，中裂片卵状椭圆形，侧裂片开展或呈耳形。花1～3朵腋生，苞片线形；萼片倒卵状圆形，缘膜质；花冠漏斗形，粉红色、白色，有不明显的5浅裂①；子房2室，有毛，柱头2，狭长。蒴果球形或圆锥状，无毛②。

产白城、松原、四平。生于耕地、荒坡草地、村边及路旁。

相似种：银灰旋花【*Convolvulus ammannii*，旋花科 旋花属】草质藤本；平卧或上升；叶互生，线形或狭披针形③，先端锐尖，基部狭，无柄。花单生枝端，萼片5，外萼片长圆形，近锐尖，内萼片较宽；花冠小，漏斗状，淡玫瑰色或白色带紫色条纹④，5浅裂。产地同上；生于河岸、田野及路旁。

1 2 3 4 5 6 7 8 9 10 11 12

田旋花全株无毛，花腋生，花冠粉红色；银灰旋花全株被银白色柔毛，花单生于枝端，花冠白色。

圆叶牵牛　毛牵牛　旋花科　虎掌藤属

Ipomoea purpurea

Tall Morning Glory | yuányèqiānniú

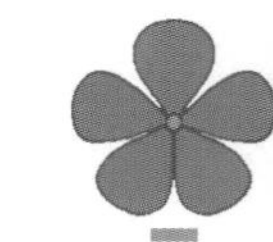

一年生缠绕草本；叶圆心形或宽卵状心形，基部心形①，叶柄长2～12厘米。花腋生，单一或2～5朵着生于花序梗顶端成伞形聚伞花序，萼片近等长，外面3片长椭圆形，渐尖；花冠漏斗状③，长4～6厘米，紫红色、红色或白色，花冠管通常白色②，瓣中带于内面色深，外面色淡；雄蕊与花柱内藏，雄蕊不等长，3室，每室2胚珠；柱头头状，花盘环状。蒴果近球形，3瓣裂④。

原产热带美洲，全省各地有栽培，现已逸为野生。生于田边、路边、宅旁及山谷林内。

圆叶牵牛为一年生缠绕草本，叶宽卵状心形，全缘，花冠漏斗状，紫红色、红色或白色，蒴果近球形，3瓣裂。

北鱼黄草　旋花科　鱼黄草属

Merremia sibirica

Woodroses | běiyúhuángcǎo

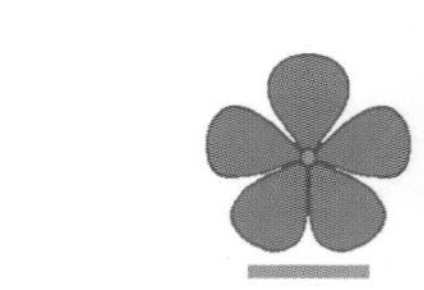

缠绕草本；植株各部分近于无毛，茎圆柱状，具细棱。叶卵状心形①，顶端长渐尖或尾状渐尖，基部具小耳状假托叶。聚伞花序腋生，有1～7朵花，花序梗通常比叶柄短，有时超出叶柄，明显具棱或狭翅；苞片小，线形，向上增粗；萼片椭圆形，近于相等，顶端明显具钻状短尖头，无毛；花冠淡红色，钟状②，长1.2～1.9厘米，无毛，冠檐具三角形裂片③；花药不扭曲；子房无毛，2室。蒴果近球形，顶端圆④，4瓣裂。

产松原、白城、吉林。生于路边、田边、山地草丛及山坡灌丛。

北鱼黄草为缠绕草本，叶卵状心形，基部具小耳状假托叶，花冠淡红色，花药不扭曲，蒴果近球形，顶端圆。

1
3
2
4
1
3
2
4

穿龙薯蓣 穿山龙 薯蓣科 薯蓣属

Dioscorea nipponica

Chuanlong Yam | chuānlóngshǔyù

缠绕草质藤本；茎左旋。单叶互生，叶片掌状心形①，表面黄绿色，有光泽，无毛或有稀疏的白色细柔毛，尤以脉上较密。花雌雄异株：雄花序为腋生的穗状花序，苞片披针形，顶端渐尖，短于花被②，花被碟形，6裂，裂片顶端钝圆，雄蕊6枚，着生于花被裂片的中央，药内向；雌花序穗状，单生，雌花具有退化雄蕊③，有时雄蕊退化仅留有花丝，雌蕊柱头3裂，裂片再2裂。蒴果成熟后枯黄色，三棱形④，顶端凹入，基部近圆形，每棱翅状，大小不一。

产长白山区。生于林缘、灌丛及沟谷。

穿龙薯蓣为缠绕草质藤本，根状茎横生，单叶互生，叶片掌状心形，叶腋无珠芽，花雌雄异株，蒴果三棱形，顶端凹入。

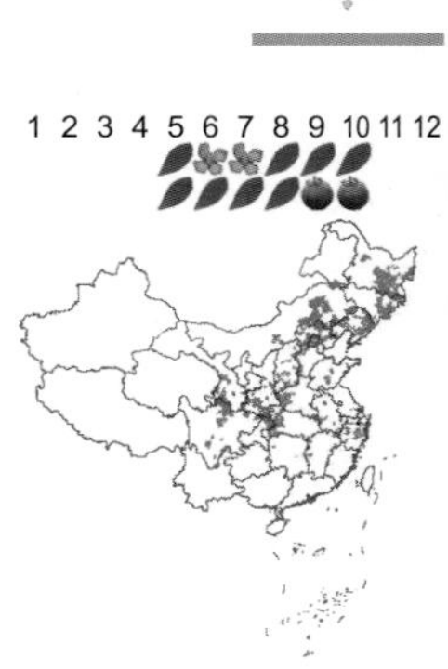

五味子 辽五味 五味子科/木兰科 五味子属

Schisandra chinensis

Five Flavor Berry | wǔwèizǐ

落叶木质藤本①；幼枝红褐色，老枝灰褐色，常起皱纹，片状剥落。叶膜质，宽椭圆形或近圆形，长3～14厘米，宽2～9厘米，先端急尖，基部楔形②。雄花：花梗长5～25毫米，中部以下具狭卵形的苞片，花被片粉白色或粉红色，6～9片，长圆形或椭圆状长圆形，长6～11毫米，宽2～5.5毫米；雌花：花被片和雄花相似，雌蕊群近卵圆形③，心皮17～40。聚合果，小浆果红色，近球形或倒卵圆形④，果皮具不明显腺点。

产长白山区及长春、四平。生于土壤肥沃湿润的林中、林缘、山沟灌丛间及山野路旁。

五味子为木质藤本，叶膜质，宽椭圆形，花被片粉白色或粉红色，聚合果排列在花托上，浆果球形，红色。

1
2
3
4
1
2
3
4

蝙蝠葛　防己科 蝙蝠葛属

Menispermum dauricum

Asian Moonseed | biānfúgé

1 2 3 4 5 6 7 8 9 10 11 12

草质藤本；根状茎褐色，一年生茎纤细，有条纹。叶纸质或近膜质，轮廓通常为心状扁圆形，长和宽相等，边缘有3～9角或3～9裂，基部心形至近截平，掌状脉9～12条①。圆锥花序单生或有时双生，有细长的总梗，有花数朵至20余朵，雄花：萼片4～8，膜质，绿黄色，倒披针形至倒卵状椭圆形②，长1.4～3.5毫米，自外至内渐大，花瓣6～8或多至9～12片，肉质，凹成兜状，有短爪，雄蕊通常12；雌花：退化雄蕊6～12，雌蕊群具柄③。核果紫黑色，圆球形④。

产长白山区和西部草原。生于山沟、路旁、灌丛、林缘及向阳草地。

蝙蝠葛为草质藤本，叶心状扁圆形，3～9浅裂，掌状脉，圆锥花序，花瓣顶端不裂，核果紫黑色，圆球形。

雷公藤　卫矛科 雷公藤属

Tripterygium wilfordii

Regel's Threewingnut | léigōngténg

落叶藤本；叶纸质，仅脉上被短毛，椭圆形或长方卵形②，边缘有明显圆齿或锯齿，侧脉6～9对，直达叶缘，叶柄被短毛。聚伞圆锥花序顶生者7～9次单歧分枝①，侧生者小，通常2～4次分枝；花白绿色或白色③，直径5～7.5毫米；萼片近三角卵形，边缘膜质；花瓣长方形或长方椭圆形，长2～3毫米，边缘有细缺蚀；子房3棱明显，花柱在果时伸长，柱头3浅裂。蒴果翅较薄，近方形④，果体窄卵形或线形，长达果翅2/3，宽占果翅1/4或1/6。

产长白山区。生于阔叶林或针阔叶混交林中、林缘及路旁。

雷公藤为落叶藤本，叶互生，椭圆形，聚伞圆锥花序，花瓣白色，长方形，朔果翅较薄，果体窄卵形。

1
3
2
4
1
3
2
4

山葡萄 阿穆尔葡萄 葡萄科 葡萄属

Vitis amurensis

Amur Grape | shānpútao

落叶木质藤本①；卷须2～3分枝，每隔2节间断与叶对生。叶阔卵圆形②，长6～24厘米，宽5～21厘米，3浅裂或中裂，叶片或中裂片顶端急尖或渐尖，裂片基部常缢缩或间有宽阔，裂缺凹成圆形，稀呈锐角或钝角，叶基部心形，托叶膜质，褐色。圆锥花序疏散，与叶对生，基部分枝发达，花蕾倒卵圆形，顶端圆形，萼碟形，花瓣5，呈帽状黏合脱落，雄蕊5，花丝丝状，花药黄色③，花柱明显，基部略粗，柱头微扩大。果实紫黑色④，直径1～1.5厘米。种子倒卵圆形，顶端微凹，基部有短喙。

产长白山区。生于山坡、沟谷林中或灌丛。

山葡萄为落叶木质藤本，叶基部深心形，弯缺较大，边缘齿较小，圆锥花序与叶对生，萼碟形，花瓣5，花丝丝状，果小，紫黑色。

东北蛇葡萄 葡萄科 蛇葡萄属

Ampelopsis glandulosa* var. *brevipedunculata

Short-peduncle Ampelopsis | dōngběishépútao

落叶木质藤本；卷须与叶对生，分叉①。叶互生，叶片纸质，广卵形，先端3浅裂，基部心形，边缘有较粗大的圆锯齿，上面深绿色，下面稍淡，疏生短柔毛或变无毛，叶柄被柔毛。聚伞花序与叶对生或顶生，花细小，黄绿色②，萼片5，稍裂开，花瓣5。浆果球形或椭圆形，成熟时由深绿色变为蓝黑色。

产长白山区。生于山坡灌丛、疏林内、林缘、路旁及山谷溪流边。

相似种：乌头叶蛇葡萄【*Ampelopsis aconitifolia*，葡萄科 蛇葡萄属】木质藤本；卷须2～3叉分枝，相隔2节间断与叶对生，叶为掌状5小叶③。花序为疏散的伞房状复二歧聚伞花序，通常与叶对生或假顶生，花蕾卵圆形，花瓣5④。果实近球形，红色③。产白城；生于沟边、沙地、山坡灌丛及草地上。

东北蛇葡萄叶广卵形，3浅裂，果实由深绿变蓝黑色；乌头叶蛇葡萄叶为掌状全裂，果实红色。

1
3
2
4
1
3
2
4

木通马兜铃　马兜铃科 马兜铃属

Aristolochia manshuriensis

Manchurian pipevine | mùtōngmǎdōulíng

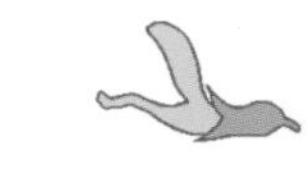

1 2 3 4 5 6 7 8 9 10 11 12

落叶木质藤本；叶革质，心形①，基出脉5～7条。花单朵，花梗长1.5～3厘米，常向下弯垂；中部具小苞片，卵状心形，绿色，近无柄；花被管中部马蹄形弯曲，下部管状，外面粉红色，具绿色纵脉纹②，喉部圆形并具领状环；花药长圆形；子房圆柱形。蒴果长圆柱形，暗褐色，有6棱。

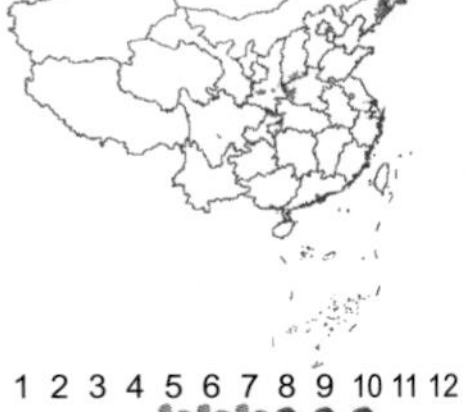

产长白山区。生于较潮湿的山坡杂木林内、林缘或河流附近潮湿地。

相似种：北马兜铃【*Aristolochia contorta*，马兜铃科 马兜铃属】草质藤本；总状花序，有花2～8朵，花被基部膨大呈球形，向上收狭呈一长管，黄绿色，管口扩大，呈漏斗状，顶端长渐尖，具延伸成弯扭的尾尖③。蒴果宽倒卵形，顶端圆形而微凹，6棱，平滑无毛④。产长白山区；生于山沟、林缘、溪旁灌丛中。

1 2 3 4 5 6 7 8 9 10 11 12

木通马兜铃为木质藤本，花被檐无长尾尖；北马兜铃为草质藤本，花被檐具线状长尾尖。

野大豆　豆科 大豆属

Glycine soja

Wild Soybean | yědàdòu

1 2 3 4 5 6 7 8 9 10 11 12

一年生缠绕草本；全体疏被褐色长硬毛。叶具3小叶①。总状花序，花小，苞片披针形，花萼钟状，裂片5；花冠淡红紫色②或白色，旗瓣近圆形，先端微凹，基部具短瓣柄，翼瓣斜倒卵形，有明显的耳，龙骨瓣比旗瓣及翼瓣短小；花柱短而向一侧弯曲。荚果长圆形，两侧稍扁①，种子间稍缢缩，干时易裂。

全省广泛分布。生于林缘、路旁、灌丛、草地等湿润处。

相似种：两型豆【*Amphicarpaea edgeworthii*，豆科 两型豆属】一年生缠绕草本；茎纤细，被淡褐色柔毛。叶具羽状3小叶③，小叶薄纸质或近膜质，上面绿色，下面淡绿色。茎上部荚果为长圆形，扁平，微弯（④右上）；由闭锁花伸入地下结的荚果呈椭圆形，内含一粒种子④。产长白山区；生于山坡路旁及旷野草地上。

1 2 3 4 5 6 7 8 9 10 11 12

野大豆荚果种子间稍缢缩，无地下果；两型豆荚果二型，茎上果无缢缩，有地下果。

1
3
2
4
1
3
2
4

葛　豆科 葛属

Pueraria montana* var. *lobata

Kudzu | gé

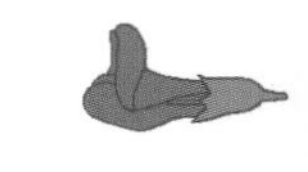

落叶粗壮藤本①；全体被黄色长硬毛，有粗厚的块状根。羽状复叶具3小叶；小叶3裂，偶尔全缘，顶生小叶宽卵形或斜卵形②。总状花序长15～30厘米，花2～3朵聚生于花序轴的节上；花萼钟形；花冠长10～12毫米，紫红色③，旗瓣倒卵形，基部有2耳及一黄色硬痂状附属体，具短瓣柄，翼瓣镰状，较龙骨瓣为狭，基部有线形、向下的耳，龙骨瓣镰状长圆形，基部有极小、急尖的耳；对旗瓣的1枚雄蕊仅上部离生。荚果长椭圆形，扁平，被黄褐色长硬毛④。

产通化、白山、延边、吉林、辽源。生于阔叶杂木林、灌丛、荒山。

葛为大型木质藤本，具肥厚大块根，羽状复叶具3小叶，顶生小叶宽卵形，花冠紫红色，荚果长椭圆形，密被黄褐色硬毛。

两色乌头　毛茛科 乌头属

Aconitum alboviolaceum

Bicolor Monkshood | liǎngsèwūtóu

草质藤本；基生叶1枚，与茎下部叶具长柄，茎上部叶变小，具较短柄；叶片五角状肾形，基部心形，3深裂稍超过中部或近中部，顶端钝或微尖。总状花序，具3～8朵花①；苞片线形，萼片淡紫色或近白色，上萼片圆筒形，喙短，稍向下弯，下缘与上萼片近等长，距细，比唇长，拳卷。蓇葖果直立②。

产长白山区。生于疏林下、灌丛、林缘及沟谷。

相似种：蔓乌头【*Aconitum volubile*，毛茛科 乌头属】草质藤本；叶片坚纸质，五角形，3全裂，中央全裂片通常具柄。花序顶生或腋生，有3～5花③；基部苞片3裂，其他的苞片小，线形；花丝全缘；心皮5。蓇葖果长1.5～1.7厘米④。产长白山区；生于疏林下、灌丛、林缘、沟谷及林间草地。

两色乌头根为直根，叶掌状3中裂，心皮3；蔓乌头根为块根，叶掌状3全裂，心皮5。

白屈菜 山黄连 罂粟科 白屈菜属

Chelidonium majus

Greater Celandine | báiqūcài

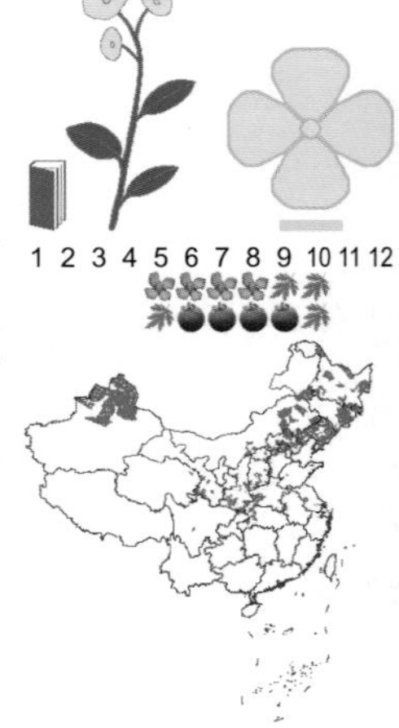

多年生草本；茎多分枝。基生叶少，早凋落，叶片倒卵状长圆形或宽倒卵形，羽状全裂，全裂片2～4对①，倒卵状长圆形；叶柄基部扩大成鞘，表面绿色，无毛，背面具白粉，疏被短柔毛；茎生叶叶片渐小。伞形花序多花②，花梗纤细，幼时被长柔毛，后变无毛；苞片小，卵形；萼片卵圆形，舟状，早落；花瓣倒卵形，全缘，黄色；花丝丝状，黄色③，花药长圆形；子房线形，绿色，无毛，柱头2裂。蒴果狭圆柱形④，通常具比果短的柄。

分布于全省各地。生于山谷湿润地、水沟边、住宅附近。

白屈菜为多年生草本，叶羽状全裂如复叶状，聚伞花序腋生于茎顶部，花黄色，花丝丝状，柱头2裂，蒴果狭圆柱形。

荷青花 刀豆三七 罂粟科 荷青花属

Hylomecon japonica

Forest Poppy | héqīnghuā

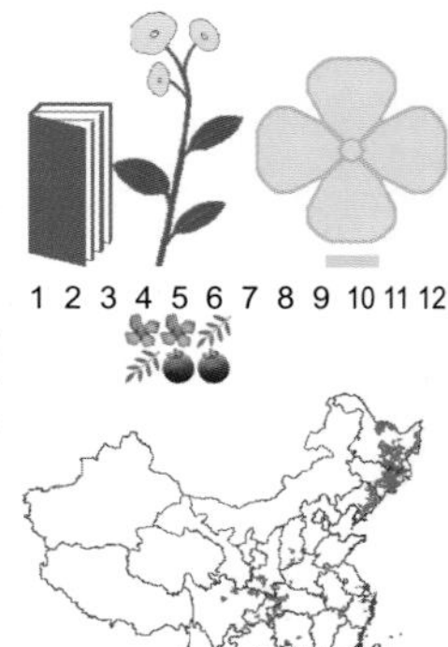

多年生草本；具黄色液汁。茎直立，不分枝，具条纹，无毛，草质，绿色转红色至紫色。基生叶少数，羽状全裂，裂片2～3对，宽披针状菱形①；茎生叶通常2，稀3，叶片同基生叶，具短柄。花1～3朵排列成伞房状，顶生，有时也腋生②；花梗直立，纤细；花蕾卵圆形，萼片卵形，外面散生卷毛或无毛，花瓣倒卵圆形或近圆形，基部具短爪；雄蕊黄色，花丝丝状，花药圆形或长圆形③；柱头2裂。蒴果2瓣裂，具宿存花柱④。

产长白山区。生于多阴山地灌丛、林下及溪沟边。

荷青花为多年生草本，叶一至二回羽状深裂至全裂，每一茎顶部腋生多个聚伞花序，花黄色，蒴果2瓣裂。

1
3
2
4
1
3
2
4

长白山罂粟 罂粟科 罂粟属

Papaver radicatum* var. *pseudoradicatum

Changbai Poppy | chángbáishānyīngsù

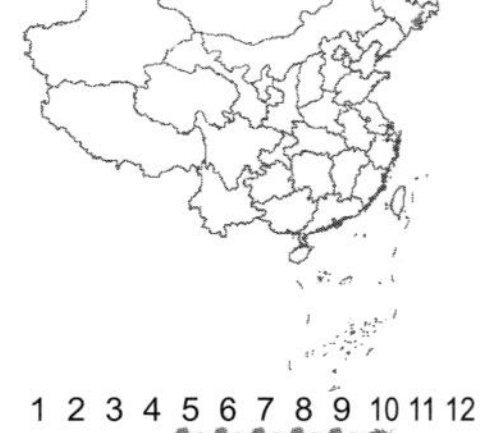

多年生草本；全株被棕色糙毛。叶全部基生，一至二回羽状分裂。花莛1至数枚，花单生于花莛先端，花蕾近圆形至宽椭圆形，萼片2，舟状宽卵形，花瓣4，宽倒卵形，淡黄绿色或淡黄色②。蒴果倒卵形，密被紧贴或斜展的糙毛①，柱头盘平扁。

产延边、白山。生于砾石地、沙地、岩石坡以及高山冻原带上。

相似种：野罂粟【*Papaver nudicaule*，罂粟科罂粟属】多年生草本；全株被白色刚毛。花单生于花莛先端，花蕾宽卵形至近球形，通常下垂，萼片2，舟状椭圆形，花瓣4，黄色或橙黄色③，雄蕊多数，花丝钻形，花药长圆形。蒴果狭倒卵形、倒卵形或倒卵状长圆形，密被紧贴的刚毛④。产通化；生于向阳草地、较干燥的山坡。

长白山罂粟花淡黄绿色，全株被棕色糙毛；野罂粟花黄色，全株被白色刚毛。

月见草 山芝麻 柳叶菜科 月见草属

Oenothera biennis

Common Evening Primrose | yuèjiàncǎo

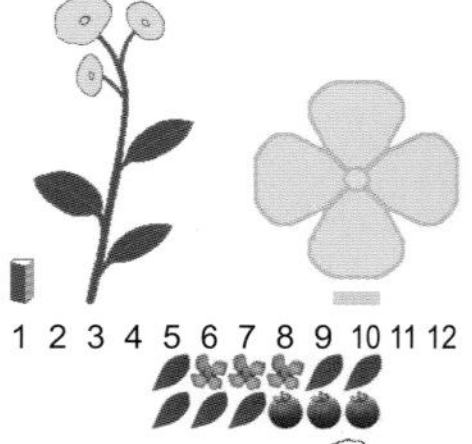

直立二年生草本；基生莲座叶丛紧贴地面①，边缘疏生不整齐的浅钝齿；茎生叶椭圆形至倒披针形，边缘每边有5～19枚稀疏钝齿，侧脉每侧6～12条。花序穗状，不分枝②，苞片叶状，花蕾锥状长圆形，花管长2.5～3.5厘米，萼片绿色，有时带红色，长圆状披针形；花瓣黄色，稀淡黄色，宽倒卵形③，花丝近等长，子房绿色，圆柱状，具4棱，花柱伸出花管外。蒴果锥状圆柱形④，向上变狭，直立，绿色，毛被同子房，但渐变稀疏，具明显的棱。

原产北美，全省有栽培，后逸为野生。生于向阳山坡、沙质地、荒地及河岸沙砾地。

月见草为二年生草本，叶片椭圆形，花单生于叶腋，萼片4，花瓣4，黄色，蒴果锥状圆柱形，直立。

1
2
3
4
1
3
2
4

库页红景天　景天科 红景天属

Rhodiola sachalinensis

Sachalin Stonecrop | kùyèhóngjǐngtiān

多年生草本；根颈短粗。下部的叶较小，疏生，上部叶较密生；叶长圆状匙形、长圆状菱形或长圆状披针形。聚伞花序，密集多花①，雌雄异株，萼片4，花瓣4，淡黄色，线状倒披针形或长圆形；雄花中雄蕊8，较花瓣长，花药黄色②；雌花中心皮4，花柱外弯。蓇葖果披针形或线状披针形，直立，具喙。

产白山、延边。生于岳桦林内、高山苔原、高山荒漠带、高山砾质地草甸及岩石缝隙中。

相似种：长白红景天【*Rhodiola angusta*，景天科 红景天属】多年生草本；花茎直立，稻秆色，密着叶。叶互生，线形。伞房状花序③，雌雄异株，萼片4，花瓣4，黄色，雄蕊8。蓇葖果4，紫红色④。产地同上；生境同上。

库页红景天无老枝茎残留，叶长圆状匙形；长白红景天老枝茎大量残留，叶线形。

葶苈　十字花科 葶苈属

Draba nemorosa

Woodland Draba | tínglì

一年生或二年生草本；茎直立，单一或分枝。基生叶莲座状，长倒卵形，近于全缘①；茎生叶长卵形或卵形，边缘有细齿，无柄。总状花序有花25～90朵，密集成伞房状②，小花梗细；萼片椭圆形，花瓣黄色，花期后成白色，倒楔形，顶端凹③；雄蕊长1.8～2毫米，花药短心形，雌蕊椭圆形，密生短单毛，花柱几乎不发育，柱头小。短角果长圆形或长椭圆形，被短单毛④，果梗与果序轴呈直角开展。

产全省各地。生于田野、路旁、沟边及村屯住宅附近。

葶苈为一年或二年生草本，全株被毛，茎直立，叶全缘，花黄色，短角果密被单毛。

1
3
2
4
1
3
2
4

山芥 十字花科 山芥属

Barbarea orthoceras

American Yellowrocket | shānjiè

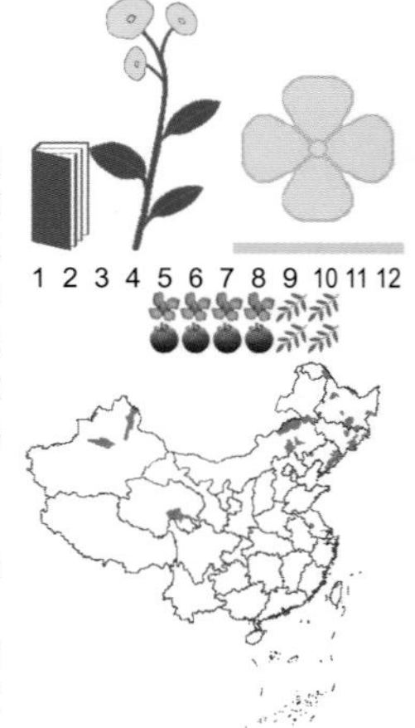

二年生草本；茎直立，下部常带紫色，单一或具少数分枝。基生叶及茎下部叶大头羽状分裂，顶端裂片大，宽椭圆形或近圆形，具叶柄②，基部耳状抱茎；茎上部叶较小，宽披针形或长卵形，边缘具疏齿，无柄，基部耳状抱茎。总状花序顶生，初密集，花后延长①，萼片椭圆状披针形，内轮2枚顶端隆起成兜状，花瓣黄色③，长倒卵形，基部具爪。长角果线状四棱形，紧贴果轴而密集着生④，果熟时稍开展，果瓣隆起，中脉显著。

产长白山区。生于草甸、河岸、溪谷、河滩湿草地及山地潮湿处。

山芥为二年生草本，茎直立，茎下部叶大头羽状分裂，总状花序顶生，花黄色，长角果线状，近四棱形。

糖芥 十字花科 糖芥属

Erysimum amurense

Bunge's Wallflower | tángjiè

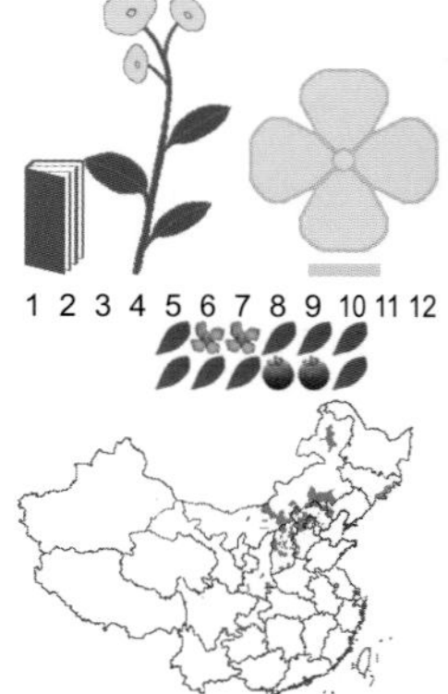

一年生或二年生草本；密生伏贴2叉毛。茎直立，不分枝或上部分枝，具棱角。叶披针形或长圆状线形①，基生叶长5～15厘米，宽5～20毫米，顶端急尖，基部渐狭，全缘，两面有2叉毛；上部叶有短柄或无柄，基部近抱茎，边缘有波状齿或近全缘。总状花序顶生，有多数花①；萼片长圆形，密生2叉毛，边缘白色膜质②；花瓣橘黄色③，倒披针形，有细脉纹，顶端圆形，基部具长爪；雄蕊6，近等长。长角果线形，稍呈四棱形。种子每室1行，长圆形，侧扁，深红褐色。

产白山、延边。生于田边、荒地、灌丛、干燥石质山坡、岩石缝隙中。

糖芥为一年生或二年生草本，叶披针形，全缘，总状花序顶生，花瓣橘黄色，长角果线形，种子一行。

朝鲜淫羊藿 淫羊藿 小檗科 淫羊藿属

Epimedium koreanum

Korean Barrenwort | cháoxiǎnyínyánghuò

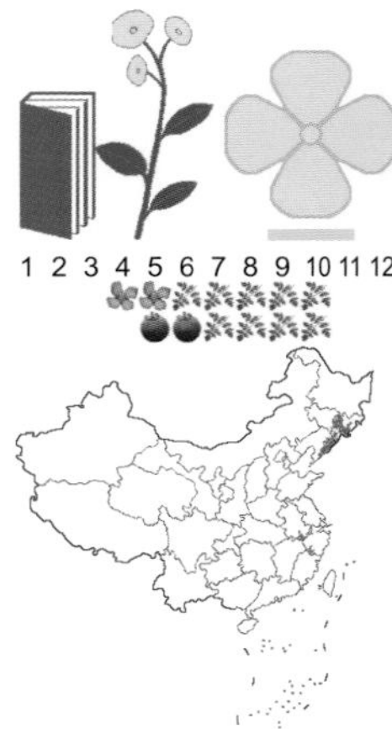

多年生草本；根状茎横走，花茎基部被有鳞片。二回三出复叶，基生和茎生，通常小叶9枚①。总状花序顶生，具4～16朵花，花大，直径2～4.5厘米，白色或淡黄色②，萼片2轮，外萼片长圆形，带红色，内萼片狭卵形至披针形，急尖，扁平，花瓣通常远较内萼片长，向先端渐细呈钻状距③，长1～2厘米，基部具花瓣状瓣片。蒴果狭纺锤形，宿存花柱④。

产白山、通化、延边。生于山坡阴湿肥沃地或针阔叶混交林下。

朝鲜淫羊藿为多年生草本，二回三出复叶，总状花序顶生，花瓣有距，花4数，蒴果狭纺锤形。

马齿苋 马齿苋科 马齿苋属

Portulaca oleracea

Little Hogweed | mǎchǐxiàn

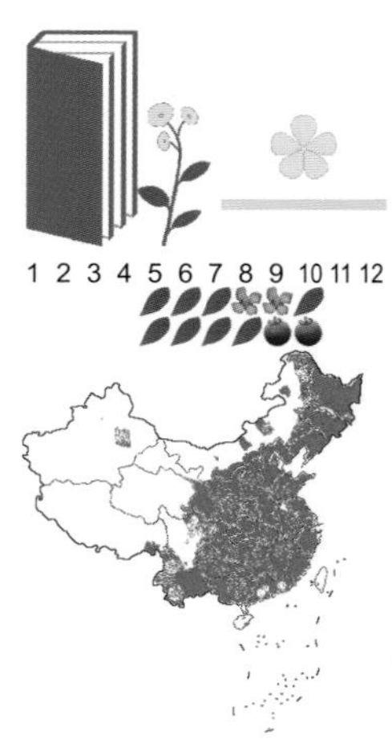

一年生草本；全株无毛。茎平卧或斜倚，伏地铺散，多分枝，圆柱形，淡绿色或带暗红色②。叶互生，有时近对生，叶片扁平，肥厚，倒卵状匙形，似马齿状①，顶端圆钝或平截，有时微凹，基部楔形，全缘，叶柄粗短。花无梗，常3～5朵簇生枝端，午时盛开；苞片2～6，叶状，膜质，近轮生；萼片2，对生；花瓣5，稀4，黄色，倒卵形③；雄蕊8或更多；柱头4～6裂，线形。蒴果卵球形，盖裂④。种子细小，多数，偏斜球形，黑褐色，有光泽。

全省各地均有分布。生于路旁、荒地、田间、田边及住宅附近。

马齿苋为一年生草本，全株无毛，茎平卧，叶倒卵状匙形，扁平，肥厚，花小，黄色，蒴果卵球形，盖裂。

1
2
3
4
1
3
2
4

驴蹄草　毛茛科 驴蹄草属

Caltha palustris

Yellow Marsh Marigold | lǘtícǎo

多年生草本；全部无毛，有多数肉质须根。基生叶3～7，有长柄；叶片圆形，基部深心形或基部二裂片互相覆压①，边缘全部密生正三角形小牙齿；茎生叶通常向上逐渐变小。茎或分枝顶部有由2朵花组成的简单的单歧聚伞花序③，苞片三角状心形，边缘生牙齿；萼片5～6，黄色④，倒卵形或狭倒卵形，顶端圆形；心皮5～12。蓇葖果具横脉，喙长约1毫米。种子狭卵球形，黑色，有光泽②，有少数纵皱纹。

产长白山区。生于溪流边湿草地、林下湿地、沼泽及浅水中。

驴蹄草为多年生草本，基生叶3～7，叶片圆形，单歧聚伞花序，萼片5～6，黄色，倒卵形或狭倒卵形，蓇葖果具横脉。

毛茛　毛建草　毛茛科 毛茛属

Ranunculus japonicus

Japanese Buttercup | máogèn

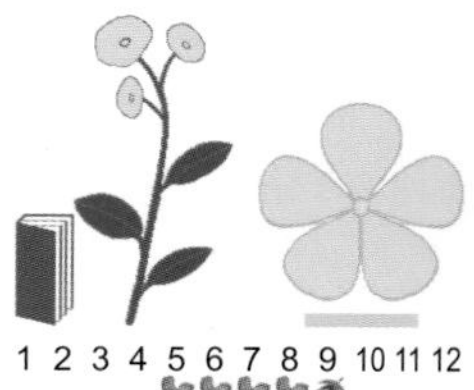

多年生草本；茎直立，中空。基生叶多数，叶片圆心形或五角形。聚伞花序①，萼片椭圆形，花瓣5，倒卵状圆形，基部有爪，花托短小。聚合果近球形，瘦果扁平，边缘有棱，喙短直或外弯②。

产全省各地。生于向阳山坡稍湿地、沟边、路旁。

相似种：深山毛茛【*Ranunculus franchetii*，毛茛科 毛茛属】花单生，花梗细，贴生细柔毛。聚合果近球形，瘦果两面鼓凸，密生细毛③。产长白山区；生于杂木林缘及灌丛下或沟边湿地。**匍枝毛茛**【*Ranunculus repens*，毛茛科 毛茛属】茎下部匍匐地面。花序有疏花④，萼片卵形，花瓣5～8，橙黄色至黄色。聚合果卵球形，瘦果扁平。产长白山区；生于湿地或湿草甸子上。

1 2 3 4 5 6 7 8 9 10 11 12

1 2 3 4 5 6 7 8 9 10 11 12

毛茛瘦果扁平，无毛；深山毛茛瘦果两面鼓凸，密生细毛；匍枝毛茛茎下部匍匐地面，瘦果扁平，其余二者茎直立。

路边青 水杨梅 蔷薇科 路边青属

Geum aleppicum

Yellow Avens | lùbiānqīng

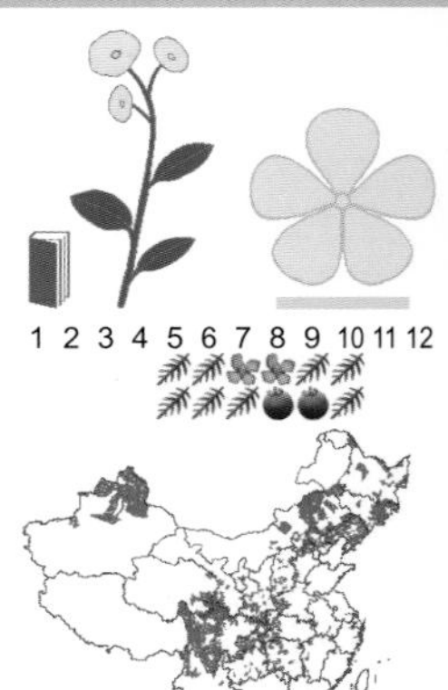

多年生草本；茎直立。基生叶为大头羽状复叶，通常有小叶2～6对①，叶柄被粗硬毛，小叶大小极不均衡，顶生小叶最大，菱状广卵形或宽扁圆形；茎生叶羽状复叶，有时重复分裂，向上小叶逐渐减少，茎生叶托叶大。花序顶生，花瓣黄色，几圆形②，比萼片长，萼片卵状三角形，顶端渐尖，副萼片狭小，披针形；花柱顶生，在上部1/4处扭曲③，成熟后自扭曲处脱落。聚合果倒卵球形④，瘦果被长硬毛，花柱宿存部分无毛，顶端有小钩，果托被短硬毛。

全省广泛分布。生于山坡、林缘、草地、沟边、路旁、河边、灌丛、荒地及住宅附近。

路边青为多年生草本，茎直立，基生叶为大头羽状复叶，花序顶生，茎生叶托叶大，花瓣黄色，花柱上部扭曲，聚合果倒卵球形。

蕨麻 鹅绒委陵菜 蔷薇科 委陵菜属

Potentilla anserina

Silverweed | juémá

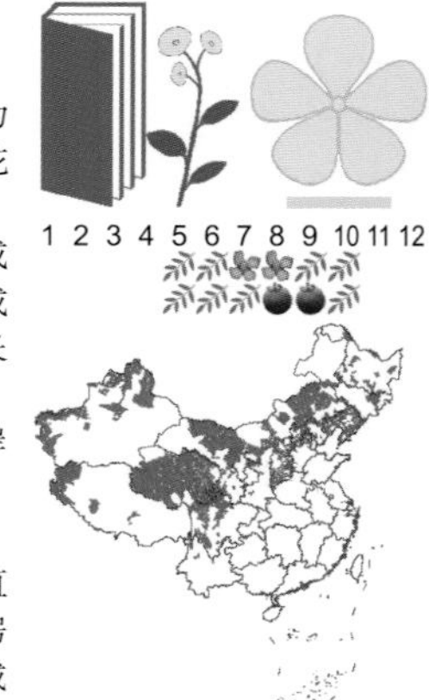

多年生草本；茎匍匐，在节处生根。基生叶为间断羽状复叶，有小叶6～11对①。单花腋生；花梗长2.5～8厘米，被疏柔毛，花直径1.5～2厘米；萼片三角卵形，顶端急尖或渐尖，副萼片椭圆形或椭圆披针形，常2～3裂稀不裂，与副萼片近等长或稍短，花瓣黄色，倒卵形，顶端圆形②，比萼片长1倍。瘦果卵形，具洼点，背部有槽。

产延边、通化、白山、吉林、白城。生于河岸沙质地、路旁、田边及住宅附近。

相似种：狼牙委陵菜【*Potentilla cryptotaeniae*，蔷薇科 委陵菜属】一年生或二年生草本；花茎直立或上升③。基生叶三出复叶，茎生叶3小叶。伞房状聚伞花序多花，花瓣黄色，倒卵形，顶端圆钝或微凹④，比萼片长或近等长。产长白山区；生于草甸、山坡草地、林缘湿地、林缘路旁及水沟边。

蕨麻茎匍匐，羽状复叶，花单生叶腋；狼牙委陵菜茎直立，三出复叶，聚伞花序多花，顶生。

1
2
3
4
1
3
2
4

委陵菜 萎陵菜 蔷薇科 委陵菜属

Potentilla chinensis

Chinese Cinquefoil | wěilíngcài

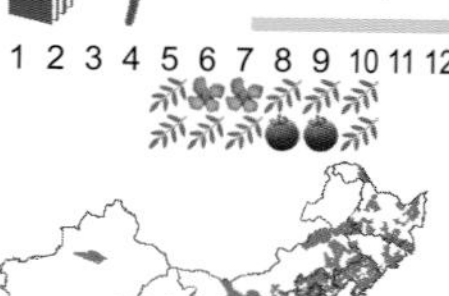

多年生草本；基生叶为羽状复叶①，有小叶5～15对，小叶片对生或互生，茎生叶叶片对数较少；基生叶托叶近膜质，茎生叶托叶草质。伞房状聚伞花序①，萼片三角卵形，顶端尖，花瓣黄色②，宽倒卵形，顶端微凹，比萼片稍长，花柱近顶生，基部微扩大，稍有乳头或不明显，柱头扩大。瘦果卵球形，深褐色，有明显皱纹。

全省广泛分布。生于山坡、林缘、草地、沟边、路旁、河边、灌丛、荒地及住宅附近。

相似种：莓叶委陵菜【*Potentilla fragarioides*，蔷薇科 委陵菜属】多年生草本；花茎丛生、上升或铺散。基生叶羽状复叶，有小叶2～3对。伞房状聚伞花序顶生③，多花，松散，花梗纤细，花瓣黄色，倒卵形，顶端圆钝或微凹④。产长白山区、长春、四平；生于地边、沟边、草地、灌丛及疏林下。

委陵菜小叶5～15对，等大；莓叶委陵菜有小叶2～3对，顶端3小叶明显大。

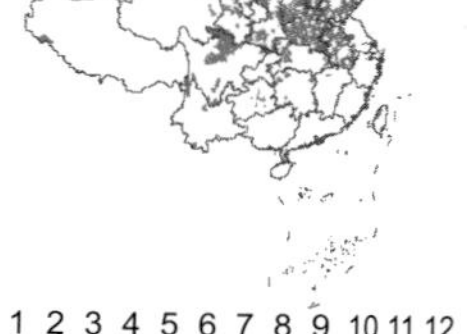

林石草 蔷薇科 林石草属

Waldsteinia ternata

Barren Strawberry | línshícǎo

多年生草本；根茎匍匐，光滑无毛。基生叶为掌状3小叶，叶柄纤细①，小叶片倒卵形或宽椭圆形。花单生或2～3朵，花梗无毛，稀稍有短柔毛，基部有膜质小苞片，卵状披针形，全缘，萼片5，副萼片5，披针形，花瓣5，黄色②，倒卵形。瘦果长圆形，黑褐色，外被白色柔毛。

产长白山区。生于林下阴湿处。

相似种：三叶委陵菜【*Potentilla freyniana*，蔷薇科 委陵菜属】多年生草本；基生叶掌状三出复叶，小叶片长圆形③。伞房状聚伞花序顶生，多花，花梗被疏柔毛，萼片三角卵形，副萼片与萼片近等长，外面被平铺柔毛，花瓣淡黄色④，长圆倒卵形，顶端微凹或圆钝。产延边、通化、吉林；生于山坡草地、溪边、林缘、草甸及疏林下阴湿处。

林石草花单生或2～3朵，花梗无毛；三叶委陵菜为聚伞花序，多花，花梗被疏柔毛。

1
3
2
4
1
3
2
4

蛇莓 鸡冠果 蔷薇科 蛇莓属

Duchesnea indica

Indian Strawberry | shéméi

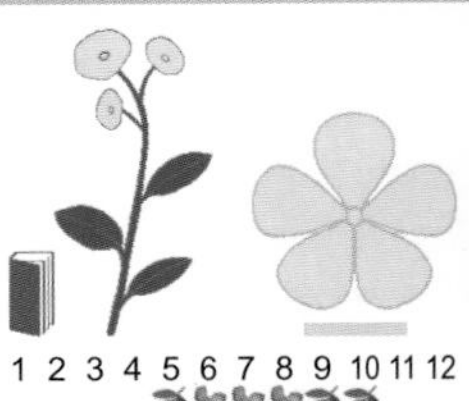

多年生草本；匍匐茎多数①。具3小叶①，小叶片倒卵形至菱状长圆形，先端圆钝，边缘有钝锯齿，两面皆有柔毛，或上面无毛，具小叶柄，托叶窄卵形至宽披针形。花单生于叶腋，萼片卵形，外面有散生柔毛；副萼片倒卵形，比萼片长，先端常具3～5锯齿；花瓣倒卵形，黄色③，先端圆钝；雄蕊20～30，心皮多数，离生；花托在果期膨大，海绵质，鲜红色②，有光泽，外面有长柔毛，形成聚合果。瘦果卵形，光滑或具不明显突起，鲜时有光泽④。

产通化、白山。生于山坡、草地、路旁、田埂及沟谷边。

蛇莓为多年生草本，具3小叶，花黄色，单生于叶腋，副萼片大，先端3裂，花托在果期膨大，海绵质，鲜红色，瘦果卵形。

费菜 土三七 景天科 费菜属

Phedimus aizoon

Fei Cai | fèicài

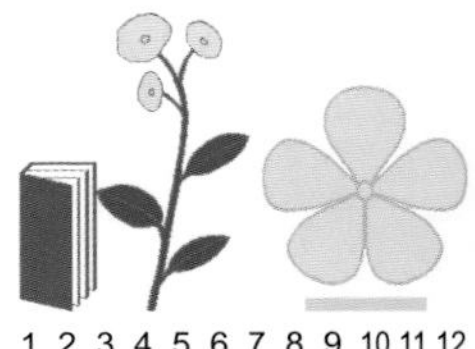

多年生草本；茎直立，不分枝。叶互生，狭披针形、椭圆状披针形，先端渐尖，基部楔形，边缘有不整齐的锯齿，叶坚实，近革质。聚伞花序有多花①，水平分枝，平展，下托以苞叶；萼片5，线形，肉质，不等长；花瓣5，黄色①，长圆形至椭圆状披针形，有短尖；雄蕊10，较花瓣短。蓇葖果星芒状排列②。

全省广泛分布。生于山地林缘、林下、灌丛中、草地及荒地。

相似种：吉林费菜【*Phedimus middendorffianus*，景天科 费菜属】多年生草本；茎多数，丛生。叶线状匙形③。聚伞花序有多花③，萼片5，线形，花瓣5，黄色，披针形至线状披针形，雄蕊10，花丝黄色，花药紫色。蓇葖果星芒状，喙短④。产长白山区；生于山地林下石上或山坡岩石缝处。

费菜根状茎短粗，具胡萝卜状块根，花密生；吉林费菜根状茎匍匐，无块根，花疏生。

1
3
2
4
1
3
2
4

蒺藜 刺蒺藜 蒺藜科 蒺藜属

Tribulus terrestris

Puncturevine | jíli

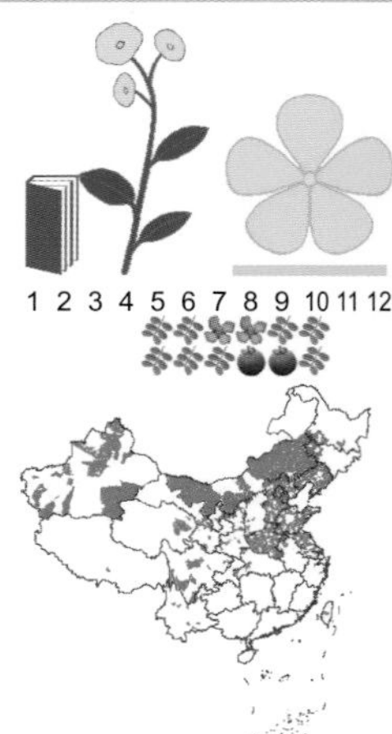

一年生或多年生草本；全株密被灰白色柔毛，茎匍匐。偶数羽状复叶，对生①，卵形至卵状披针形，小叶5～7对，长椭圆形，先端短尖或急尖②。花单生叶腋间，花梗丝状；萼片5，卵状披针形，边缘膜质透明；花瓣5，黄色，倒广卵形③；花盘环状，雄蕊10，生于花盘基部，花药椭圆形，花丝丝状；子房上位，卵形，通常5室，花柱短，圆柱形，柱头5，线形。果实五角形，由5个果瓣组成，果瓣两端有硬尖齿各一对④。

产白城、松原、四平、延边、通化、白山。生于沙丘、荒野、草地及路旁。

蒺藜为一年生或多年生平卧草本，偶数羽状复叶对生，花单生叶腋间，花瓣5，黄色，果实由5个果瓣组成，有刺。

北柴胡 柴胡 伞形科 柴胡属

Bupleurum chinense

Chinese Thorowax | běicháihú

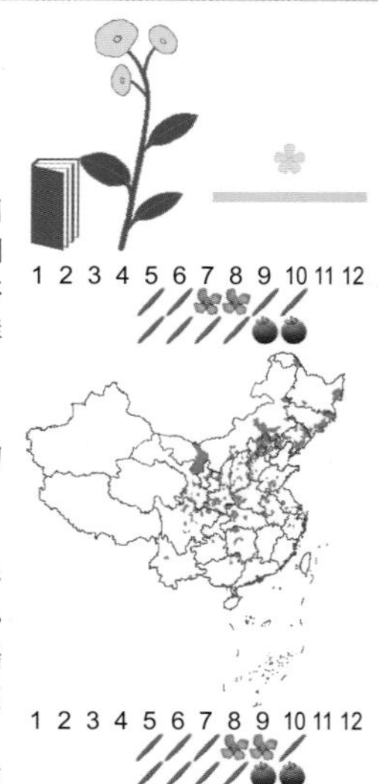

多年生草本；主根较粗大，棕褐色，质坚硬。茎单一或数茎，表面有细纵槽纹，实心，上部多回分枝①。基生叶倒披针形或狭椭圆形，茎中部叶倒披针形；茎顶部叶同形，但更小。复伞形花序很多①，小总苞片5，披针形，顶端尖锐，3脉；花瓣鲜黄色，上部向内折，中肋隆起，花柱基深黄色②。果广椭圆形，棕色，两侧略扁。

产长白山区、长春。生于灌丛、林缘及干燥的石质山坡上。

相似种：大叶柴胡【*Bupleurum longiradiatum*，伞形科 柴胡属】高大草本；叶大形，基生叶广卵形至椭圆形或披针形③，叶基部扩大成叶鞘抱茎。小伞形花序有花5～16，花深黄色，花瓣扁圆形，顶端内折，花柱黄色，特肥厚④。产长白山区；生于灌丛、林缘、山坡及林间草地上。

北柴胡叶倒披针形，不抱茎；大叶柴胡叶宽大，具叶耳，抱茎。

1
3
2
4
1
2
3
4

黄海棠 长柱金丝桃 金丝桃科/藤黄科 金丝桃属

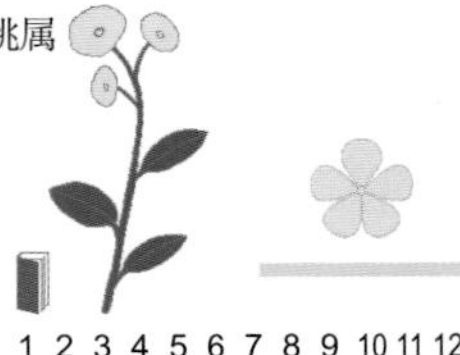

Hypericum ascyron

Great St. Johnswort | huánghǎitáng

多年生草本；叶对生，无柄①，叶片披针形或狭长圆形，全缘。花序具1～5花，顶生，近伞房状至狭圆锥状，萼片卵形，花瓣金黄色，倒披针形①，雄蕊极多数，5束，花药金黄色，子房宽卵珠三角形，5室，具中央空腔，花柱5。蒴果卵珠形②，成熟后棕褐色。

产长白山区、白城。生于山坡、林缘、草丛、向阳山坡溪流及河岸湿草地。

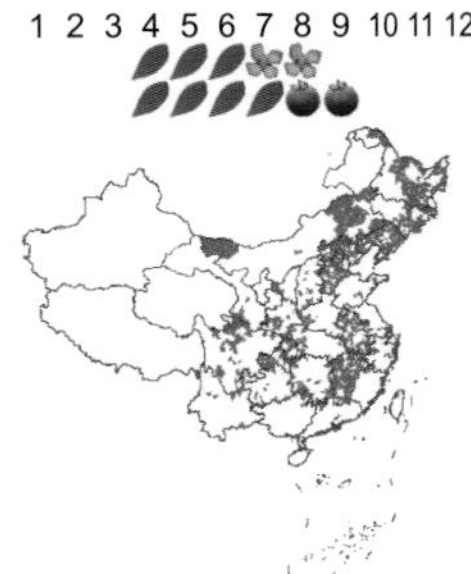

相似种：赶山鞭【*Hypericum attenuatum*，金丝桃科/藤黄科 金丝桃属】多年生草本；叶无柄，叶片卵状长圆形，全缘。圆锥花序顶生③，苞片长圆形；花瓣淡黄色，长圆状倒卵形，表面及边缘有黑腺点④，宿存；雄蕊3束，花药具黑腺点。产长白山区及四平、长春；生于石质山坡、灌丛、林缘及半湿草地。

黄海棠柱头、心皮及雄蕊束均为5数，茎、叶、花无黑色腺点；赶山鞭则为3数，茎、叶、萼片、花瓣及花药散生黑腺点。

黄连花 黄花珍珠菜 报春花科 珍珠菜属

Lysimachia davurica

Dahurian Yellow Loosestrife | huángliánhuā

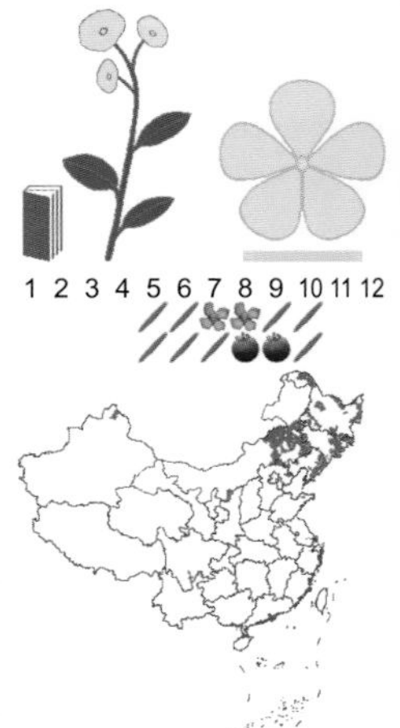

多年生草本；具横走的根茎，茎直立。叶对生或3～4枚轮生，椭圆状披针形至线状披针形①。总状花序顶生，通常复出而成圆锥花序②，苞片线形，花萼分裂近达基部，裂片狭卵状三角形；花冠深黄色，分裂近达基部③，裂片长圆形，先端圆钝，有明显脉纹，内面密布淡黄色小腺体；雄蕊比花冠短，花丝基部合生成筒，分离部分密被小腺体，花药卵状长圆形，花粉粒具3孔沟。蒴果褐色④。

产长白山区及西部草原。生于草甸、河岸、林缘及灌丛中。

黄连花为多年生草本，叶对生或3～4枚轮生，披针形，叶表面密布黑色腺点，圆锥花序顶生，花黄色，蒴果褐色。

1
2
3
4
1
2
3
4

萍蓬草　睡莲科 萍蓬草属

Nuphar pumila

Short Nuphar | píngpéngcǎo

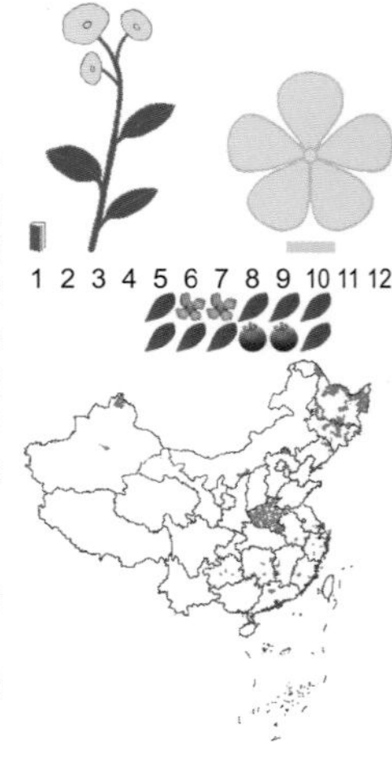

多年生水生草本；根状茎横卧，肥厚肉质。叶生于根状茎先端，漂浮水面，叶片纸质，宽卵形或卵形①，基部深裂，先端圆钝，中央主脉明显，侧脉羽状，几次二歧分枝，叶柄扁柱形，有柔毛。顶生一花，萼片5，呈花瓣状，黄色②，外面中央绿色，长圆状椭圆形或椭圆状倒卵形，花瓣多数，短小，倒卵状楔形，长5～7毫米，先端微凹；雄蕊多数，花丝扁平③，子房广卵形，柱头盘状，常10浅裂，淡黄色或带红色。浆果卵形④。种子长圆形，褐色，有光泽。

产延边、通化、吉林、长春、松原。生于水塘或池沼中。

萍蓬草为多年生水生草本，根状茎横卧，叶漂浮水面，萼片5，花瓣状，黄色，浆果卵形。

北芸香　芸香科 拟芸香属

Haplophyllum dauricum

Dahurian Haplophyllum | běiyúnxiāng

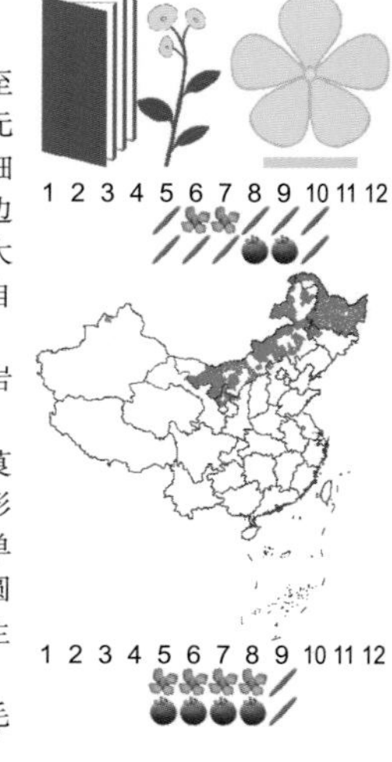

多年生宿根草本；茎枝甚多①。叶狭披针形至线形，通常倒披针形，灰绿色，中脉不明显，几无叶柄。伞房状聚伞花序顶生，通常多花①，苞片细小，线形，萼片5，基部合生；花瓣5，黄色②，边缘薄膜质，淡黄或白色，长圆形，散生半透明颇大的油点；雄蕊10枚，与花瓣等长或略短。成熟果自顶部开裂，种子肾形，褐黑色。

产白城、松原、四平。生于山坡、草地及岩石间。

相似种：碱毛茛【*Halerpestes sarmentosa*，毛茛科 碱毛茛属】匍匐茎细长。叶多数，近圆形或肾形③。花莛单一或上部分枝，无叶或有苞片③；花单朵顶生，萼片绿色，草质，花瓣黄色。聚合果椭圆球形④，瘦果小而极多。产白城、松原、四平；生于盐碱性沼泽地、塔头草甸及河边湿地。

北芸香茎直立，叶披针形，果实为蒴果；碱毛茛匍匐茎横走，叶肾形，果实为聚合果。

1
3
2
4
1
3
2
4

苘麻 锦葵科 苘麻属

Abutilon theophrasti

Velvet-leaf | qǐngmá

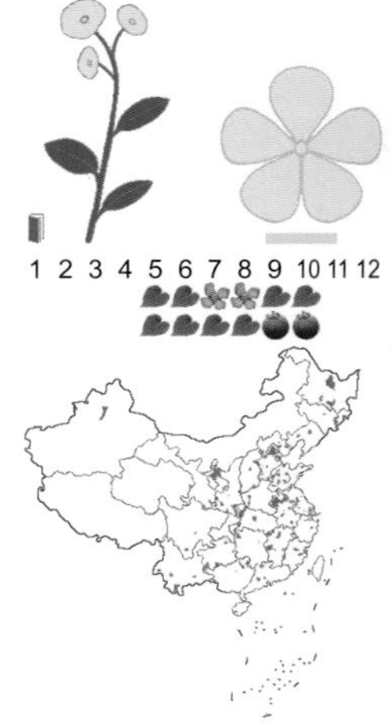

一年生亚灌木状草本①；茎枝被柔毛。单叶，叶互生，圆心形，先端长渐尖②，基部心形，边缘具细圆锯齿，两面均密被星状柔毛。花单生于叶腋，花梗近顶端具节，花萼杯状，密被短茸毛，裂片5，卵形；花黄色，花瓣倒卵形③，瓣上有明显的脉；雄蕊多数，连合成筒，雄蕊柱平滑无毛；心皮15～20，顶端平截，具扩展、被毛的长芒2，排列成轮状，密被软毛。蒴果半球形，分果室15～20，被粗毛，顶端具长芒2。

全省广泛分布。生于田野、路旁、荒地及村屯附近。

苘麻为一年生亚灌木状草本，全株被柔毛，单叶，互生，圆心形，花单生叶腋，果为分果，顶端有2长芒尖。

二色补血草 白花丹科 补血草属

Limonium bicolor

Bicolor Sea Lavender | èrsèbǔxuècǎo

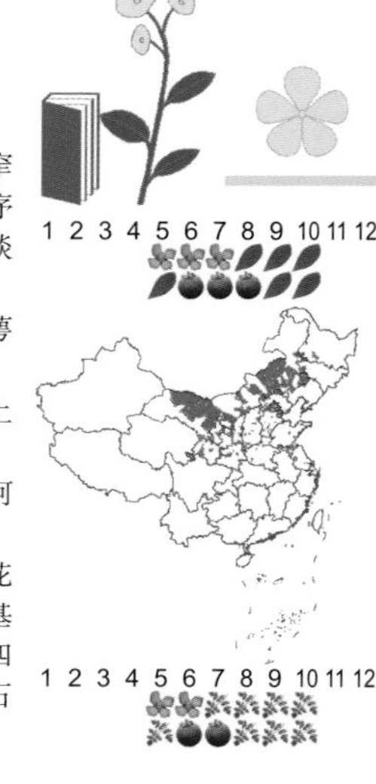

多年生草本植物；全体光滑无毛。茎丛生①，直立或倾斜。叶多根出，匙形或长倒卵形，基部窄狭成翅柄，近于全缘①。花茎直立，多分枝，花序着生于枝端而位于一侧；萼筒漏斗状，萼檐初时淡粉红色，后来变白，宿存②；花瓣匙形至椭圆形，花冠黄色；雄蕊着生于花瓣基部。蒴果5棱，包于萼内。

产白城、松原、四平。喜生于含盐的钙质土上或沙地、海滨、山坡、草甸及沙丘。

相似种：硬阿魏【*Ferula bungeana*，伞形科 阿魏属】多年生草本；叶片轮廓为广卵形至三角形，二至三回羽状全裂。复伞形花序③，萼齿卵形，花瓣黄色，椭圆形④，顶端渐尖，向内弯曲，花柱基扁圆锥形，边缘增宽，花柱延长，柱头增粗。产四平、松原、白城；生于沙地、旱田、路边以及砾石质山坡上。

二色补血草叶不裂，花序圆锥状，萼漏斗状；硬阿魏叶羽状全裂，复伞形花序，萼齿卵形。

1
2
3
1
2
3
4

荇菜 莕菜 睡菜科/龙胆科 荇菜属

Nymphoides peltata

Yellow Floatingheart | xìngcài

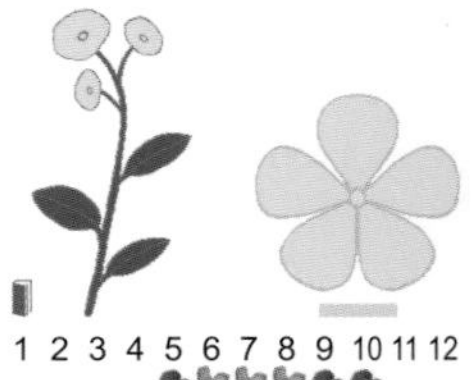

多年生水生植物；长枝匍匐于水底，如横走茎；短枝从长枝的节处长出。叶柄长度变化大，叶卵形，上表面绿色，下表面紫色，基部深裂成心形①。花冠黄色，5裂，裂片边缘呈须状②，花冠裂片中间有一明显的皱痕，裂片口两侧有毛，裂片基部各有一丛毛，具有5枚腺体，雄蕊5枚，柱头2裂。蒴果无柄，椭圆形，花柱宿存。

产全省各地。生于水泡子、池塘及不甚流动的河溪中。

相似种：天仙子【*Hyoscyamus niger*，茄科 天仙子属】全体生腺毛。叶全部茎生，卵形或椭圆形。花单生于叶腋，在茎上端则单生于苞状叶腋内，蝎尾式总状花序③；花冠钟状，黄色而脉纹紫堇色④。蒴果卵圆状。产白城、松原、通化、吉林、长春、四平；生于村舍、路边及田野。

荇菜为水生植物，植株光滑，花冠金黄色；天仙子为陆生植物，全株生腺毛，花黄色有紫堇色脉纹。

败酱 黄花败酱 忍冬科/败酱科 败酱属

Patrinia scabiosifolia

Pincushions-leaf Patrinia | bàijiàng

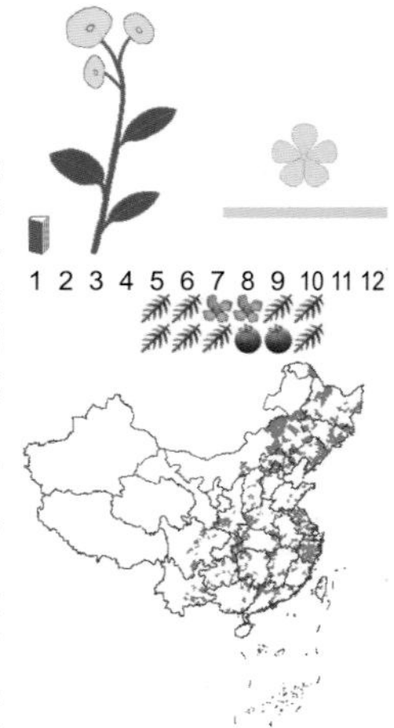

多年生草本；茎直立。基生叶丛生，花时枯落；茎生叶对生，宽卵形至披针形。大型伞房花序顶生，具5～7级分枝①；总苞线形，甚小，苞片小；花小，花冠钟形，黄色，花冠裂片卵形；雄蕊4，花丝不等长，花药长圆形，子房椭圆状长圆形。瘦果长圆形，具3棱，略扁平，向两侧延展成窄边状②。

产全省各地。生于森林草原带及山地的草甸子、山坡林下、林缘和灌丛中及路边和田边的草丛中。

相似种：岩败酱【*Patrinia rupestris*，忍冬科/败酱科 败酱属】多年生草本；叶长圆形或椭圆形，羽状深裂至全裂③。花冠黄色，漏斗状钟形，花冠裂片长圆形，花药长圆形。瘦果小，倒卵圆柱状，背部贴有椭圆形的大膜质苞片④。产长白山区；生于石质丘陵坡地石缝或较干燥的阳坡草丛中。

败酱植株高，瘦果无翅状苞片；岩败酱植株稍低，瘦果有翅状大膜质苞片。

1
3
2
4
1
3
2
4

大苞萱草　阿福花科/百合科 萱草属

Hemerocallis middendorffii

Amur Daylily | dàbāoxuāncǎo

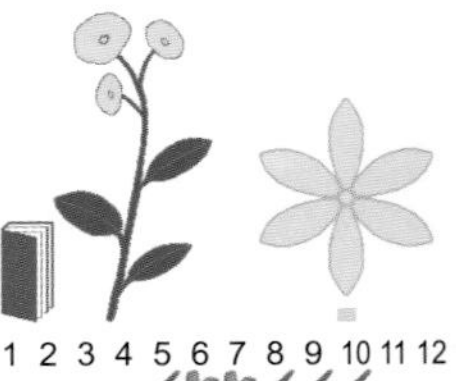

多年生草本；具短的根状茎和绳索状的须根。叶条形，基生，花莛与叶近等长。花3～4朵簇生于顶端①，具很短的花梗，花金黄色或橘黄色，花被裂片狭倒卵形至狭长圆形②，雄蕊6，着生于花被管上端。蒴果椭圆形，稍有3钝棱。

产通化、白山、吉林、延边。生于林下、湿地、草甸或草地上。

相似种：北黄花菜【*Hemerocallis lilio-asphodelus*，阿福花科/百合科 萱草属】花莛由叶丛中抽出，花序分枝，常由4～10花组成③。产长白山区、松原；生于山坡草地、湿草甸子、草原、灌丛及林下。**小黄花菜**【*Hemerocallis minor*，阿福花科/百合科 萱草属】花莛由叶丛中抽出，顶端1～2朵花，较少3朵④。产长白山区及西部草原；生于草甸、湿草地、林间及山坡稍湿草地。

1 2 3 4 5 6 7 8 9 10 11 12

1 2 3 4 5 6 7 8 9 10 11 12

大苞萱草花3～4朵簇生；北黄花菜花序疏生，分枝具4～10花；小黄花菜花序疏生，顶端1～2花。

红毛七　类叶牡丹　小檗科 红毛七属

Caulophyllum robustum

Robust Cohosh | hóngmáoqī

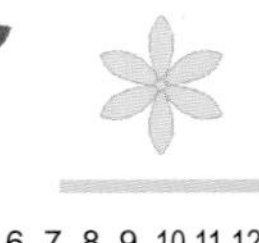

1 2 3 4 5 6 7 8 9 10 11 12

多年生草本；根状茎粗短。茎生2叶，互生，二至三回三出复叶，下部叶具长柄，小叶卵形、长圆形或阔披针形①，先端渐尖，基部宽楔形，全缘。圆锥花序顶生②，花淡黄色，苞片3～6，萼片6，倒卵形，花瓣状，先端圆形；花瓣6，远较萼片小，基部缢缩呈爪状③；雄蕊6，花丝稍长于花药；雌蕊单一，子房1室，具2枚基生胚珠，花后子房开裂，露出2枚球形种子。果熟时柄增粗，浆果状，微被白粉，熟后蓝黑色④，外被肉质假种皮。

产长白山区。生于山坡阴湿肥沃地或针阔叶混交林下。

红毛七根状茎横生，茎生2叶，互生，聚伞状圆锥花序，花淡黄色，花瓣6，较萼小，花后心皮脱落，种子裸出，果实浆果状。

1
2
3
4
1
3
2
4

牡丹草 小檗科 牡丹草属

Gymnospermium microrrhynchum

Small-beak Gymnospermium | mǔdancǎo

多年生草本；顶生1叶，叶为三出或二回三出羽状复叶①，叶片3深裂至基部，裂片长圆形至长圆状披针形，全缘，先端钝圆，表面绿色，背面淡绿色，托叶大。总状花序顶生，具花5～10朵，花梗纤细，苞片宽卵形；花淡黄色②，萼片5～6枚，倒卵形，先端钝圆，花瓣6枚，蜜腺状，先端平截。蒴果扁球形，5瓣裂至中部（①左下）。

产通化、白山。生于林中或林缘。

相似种：楼斗菜【*Aquilegia viridiflora*，毛茛科 楼斗菜属】多年生草本；茎有少数分枝。花3～7朵，倾斜或微下垂③；苞片3全裂，萼片黄绿色，长椭圆状卵形，顶端微钝，疏被柔毛；花瓣片与萼片同色，直立，倒卵形④，距直或弯。蓇葖果长1.5厘米（③左上）。产通化、白山、吉林；生于石质山坡、林缘、路旁和疏林下。

牡丹草茎不分枝，花无距，果实为蒴果；楼斗菜茎分枝，花有距，果实为蓇葖果。

长叶碱毛茛 毛茛科 碱毛茛属

Halerpestes ruthenica

Ruthenian Buttercup | chángyèjiǎnmáogèn

多年生草本；匍匐茎。叶簇生，叶片卵状或长圆形，长1.5～5厘米，宽0.8～2厘米，顶端有3～5个圆齿①，常有3条基出脉，无毛，叶柄长2～14厘米，基部有鞘。花葶上有1～3花，苞片线形，萼片绿色，卵形，花瓣黄色，6～12枚，倒卵形②，花托圆柱形，有柔毛。聚合果卵球形，瘦果极多，紧密排列，斜倒卵形，无毛，边缘有狭棱；两面有3～5条分歧的纵肋，喙短而直③。

产白城、松原、四平。生于盐碱沼泽地及湿草地。

长叶碱毛茛为多年生草本，匍匐茎，叶簇生，叶片卵状或长圆形，花葶上有1～3花，花瓣6～12枚，聚合果球形。

1
3
2
4
1
3
2

侧金盏花 冰凉花 毛茛科 侧金盏花属

Adonis amurensis

Amur Adonis | cèjīnzhǎnhuā

多年生草本；茎下部叶有长柄，叶片正三角形，3全裂②，全裂片有长柄，二至三回细裂，末回裂片狭卵形至披针形。萼片9，常带淡灰紫色，长圆形或倒卵状长圆形，与花瓣等长或稍长（①左下）；花瓣约10，黄色①，心皮多数，子房有短柔毛，花柱向外弯曲，柱头球形。瘦果倒卵球形，有短宿存花柱②。

产长白山区。生于山坡、草甸及林下较肥沃处。

相似种：辽吉侧金盏花【*Adonis ramosa*，毛茛科 侧金盏花属】多年生草本；叶约4枚，近无柄，叶片宽菱形③。花单生于茎或枝的顶端，萼片约5枚，灰紫色④；花瓣约13枚，黄色，长圆状倒披针形；雄蕊长达4.5毫米，花药长圆形；心皮近无毛。产通化；生于山坡、草甸及林下较肥沃处。

侧金盏花花萼与花瓣近等长，瘦果被短柔毛；辽吉侧金盏花花萼长度为花瓣的一半，瘦果无毛。

长瓣金莲花 毛茛科 金莲花属

Trollius macropetalus

Longpetal Globeflower | chángbànjīnliánhuā

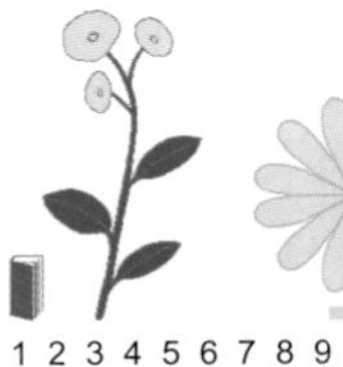

多年生草本；基生叶2～4个，有长柄。聚伞花序①，萼片5～7片，金黄色，宽卵形或倒卵形，顶端圆形，生不明显小齿；花瓣14～22枚，在长度方面稍超过萼片，狭线形，常尖锐②。

产长白山区。生于草甸、湿草地、林缘及草地。

相似种：短瓣金莲花【*Trollius ledebourii*，毛茛科 金莲花属】花单独顶生或2～3朵组成稀疏的聚伞花序，花瓣10～22枚，长度超过雄蕊，但比萼片短，顶端变狭③。产白山、延边；生于灌丛、林间、草地及沼泽地。**长白金莲花【*Trollius japonicus*，毛茛科 金莲花属】**花单生或2～3朵组成疏松的聚伞花序，花瓣约9枚，与雄蕊近等长④。产延边、白山；生于草地及苔原带。

长白金莲花花瓣少，长度与雄蕊近等长，其余二者花瓣多；短瓣金莲花花瓣长度超出雄蕊，但比萼片短；长瓣金莲花花瓣长度超出萼片。

1
3
2
4
1
2
3
4

蒙古黄芪　豆科 黄芪属

Astragalus membranaceus **var.** ***mongholicus***

Mtlkvetch Huangchi | měnggǔhuángqí

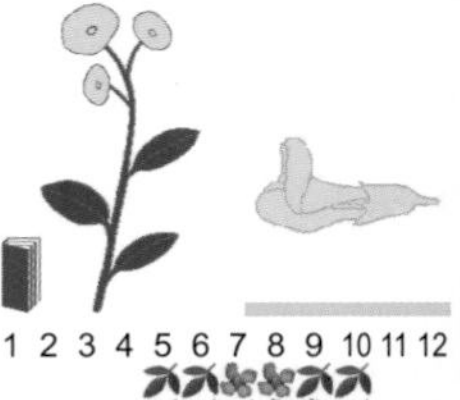

多年生草本；茎直立，上部多分枝①。羽状复叶，有6～13对小叶，长5～10厘米；小叶椭圆形。总状花序稍密，有10～20朵花②；总花梗与叶近等长，至果期显著伸长，苞片线状披针形，花萼钟状，萼齿短；花冠黄色或淡黄色③，旗瓣倒卵形，长12～20毫米，顶端微凹，基部具短瓣柄，翼瓣较旗瓣稍短，瓣片长圆形，基部具短耳，瓣柄较瓣片长约1.5倍，龙骨瓣与翼瓣近等长，瓣片半卵形，瓣柄较瓣片稍长。荚果薄膜质，稍膨胀，半椭圆形④。

产松原及长春以东地区。生于山坡、林缘、灌丛及林间草地。

蒙古黄芪为多年生草本，上部多分枝，羽状复叶，小叶6～13对，总状花序有花10～20朵，花冠黄色或淡黄色，荚果薄膜质，稍膨胀，半椭圆形。

披针叶野决明　豆科 野决明属

Thermopsis lanceolata

Lanceolate Goldenbanner | pīzhēnyèyějuémíng

多年生草本；全株被密生白色长柔毛，茎直立，稍有分枝。小叶常为3，互生，叶片长圆状倒卵形至倒披针形，背面密生紧贴的短柔毛①。总状花序顶生，苞片3个轮生，基部连合；花轮生②，萼筒状，5裂，密生平伏短柔毛；花冠蝶形，黄色，旗瓣近圆形，翼瓣稍短，龙骨瓣半圆形，短于翼瓣。荚果线形，先端具尖喙。

产白城、松原。生于草原沙丘、河岸和砾石滩。

相似种：天蓝苜蓿【*Medicago lupulina*，豆科苜蓿属】一至多年生草本；茎平卧或上升，多分枝。叶茂盛，羽状三出复叶③。花序小头状，具花10～20朵④，花冠黄色，旗瓣近圆形，顶端微凹，冀瓣和龙骨瓣近等长，均比旗瓣短。荚果肾形，表面具同心弧形脉纹，被稀疏毛。产全省各地；生于路旁、沟边、荒地及田边。

1 2 3 4 5 6 7 8 9 10 11 12

披针叶野决明为总状花序，荚果线形；天蓝苜蓿为头状花序，荚果肾形。

草木樨 黄花草木樨 豆科 草木樨属

Melilotus officinalis

Yellow Sweetclover | cǎomùxī

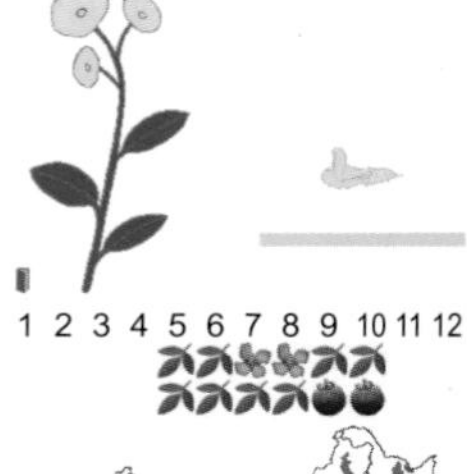

二年生草本；茎直立，粗壮，多分枝。羽状三出复叶①，托叶镰状线形，叶柄细长，小叶倒卵形至线形，侧脉8～12对，平行直达齿尖。总状花序长6～20厘米，腋生，具花30～70朵③，初时稠密，花开后渐疏松，花序轴在花期中显著伸展；苞片刺毛状，花梗与苞片等长或稍长；萼钟形，萼齿三角状披针形②；花冠黄色，旗瓣倒卵形，与翼瓣近等长，龙骨瓣稍短或三者均近等长；雄蕊筒在花后常宿存包于果外。荚果卵形，先端具宿存花柱④。

原产亚洲西部，现由栽培逸为野生。全省广泛分布。

草木樨为二年生草本，茎多分枝，羽状三出复叶，小叶边缘具疏锯齿，总状花序，腋生，花黄色，荚果卵形，花柱宿存。

大山黧豆 茳茳香豌豆 豆科 山黧豆属

Lathyrus davidii

David's Pea | dàshānlídòu

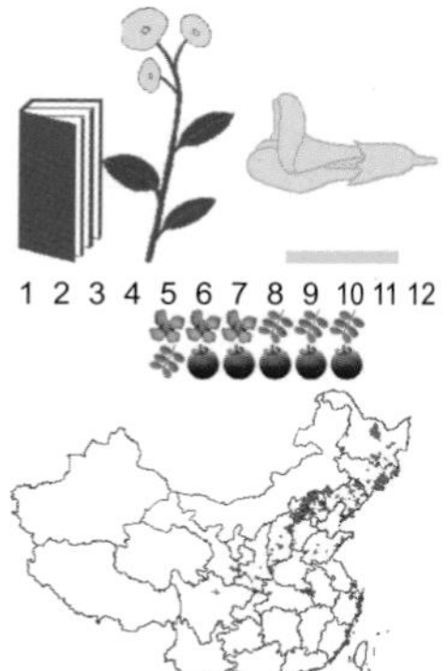

多年生草本；具块根。茎粗壮，具纵沟，直立或上升。托叶大，半箭形，叶轴末端具分枝的卷须，小叶2～5对，通常为卵形，全缘①。总状花序腋生，约与叶等长，有花10余朵②；萼钟状，萼齿短小；花深黄色③，旗瓣扁圆形，瓣柄狭倒卵形，与瓣片等长，翼瓣与旗瓣等长，具耳及线形长瓣柄，龙骨瓣约与翼瓣等长，瓣片卵形，先端渐尖，基部具耳及线形瓣柄；子房线形，无毛。荚果线形，具长网纹④。种子紫褐色，宽长圆形，光滑。

产长白山区。生于山坡、草地、林缘及灌丛。

大山黧豆为多年生草本，具块根，托叶大，半箭形，羽状复叶，叶轴末端有卷须，总状花序腋生，花深黄色，荚果线形，具长网纹。

1
2
3
4
1
3
2
4

豆茶山扁豆 山扁豆 豆科 山扁豆属

Chamaecrista nomame

Nomame Senna | dòucháshānbiǎndòu

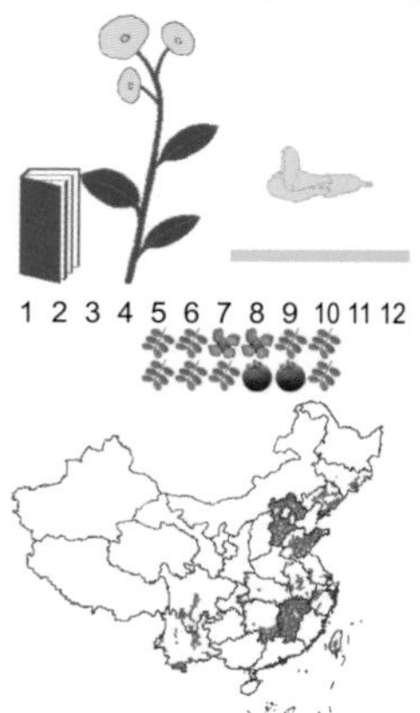

一年生直立草本；茎直立或铺散①，茎上密生或疏生弯曲的细毛。偶数羽状复叶②，互生，小叶8～28对，线状长圆形，两端稍偏斜，先端具刺尖，全缘，两面无毛或微有毛，托叶锥形，长3～7毫米，宿存，叶柄短。花黄色，腋生1～2朵，花梗纤细，苞片小，锥形或线状披针形，萼片5，披针形，分离，5深裂，外面疏被毛；花瓣5，倒卵形③，雄蕊4，稀5，子房密被短柔毛。荚果扁平，长圆状条形，两端稍偏斜，被短毛④。

产长白山区与中部地区。生于林缘、沟边、路边及荒山坡。

豆茶山扁豆为一年生直立草本，茎纤细，偶数羽状复叶，小叶8～28对，花黄色，荚果扁平，长圆状条形。

红纹马先蒿 列当科/玄参科 马先蒿属

Pedicularis striata

Striate Lousewort | hóngwénmǎxiānhāo

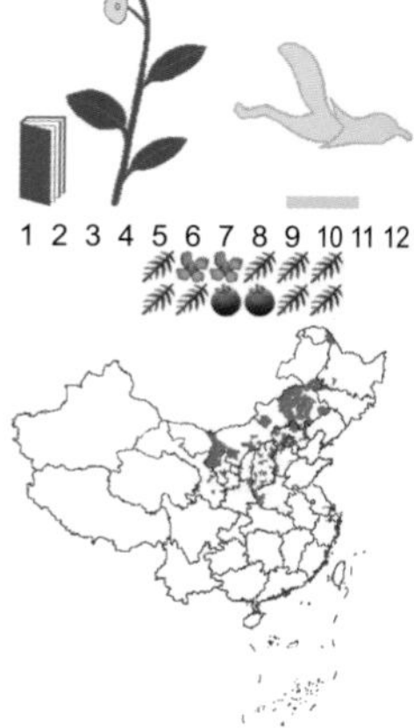

多年生草本；叶互生，基生者成丛，茎叶很多①，渐上渐小，至花序中变为苞片，叶片均为披针形，羽状深裂至全裂。花序穗状②，伸长，稠密；苞片三角形或披针形；萼钟形，齿5枚；花冠黄色，具绛红色的脉纹③，管在喉部以下向右扭旋，使花冠稍稍偏向右方，下唇不很张开，稍短于盔，3浅裂，侧裂斜肾脏形，中裂宽过于长，叠置于侧裂片之下；花丝有一对被毛。蒴果卵圆形④，两室相等，稍稍扁平，有短凸尖。

产白城。生于山坡、草原及疏林中。

红纹马先蒿为多年生草本，叶互生，花序穗状，花冠黄色，具绛红色的脉纹，蒴果卵圆形。

1
3
2
4
1
2
3
4

大黄花 达乌里芯芭 列当科/玄参科 大黄花属

Cymbaria daurica

Dahurian Cymbaria | dàhuánghuā

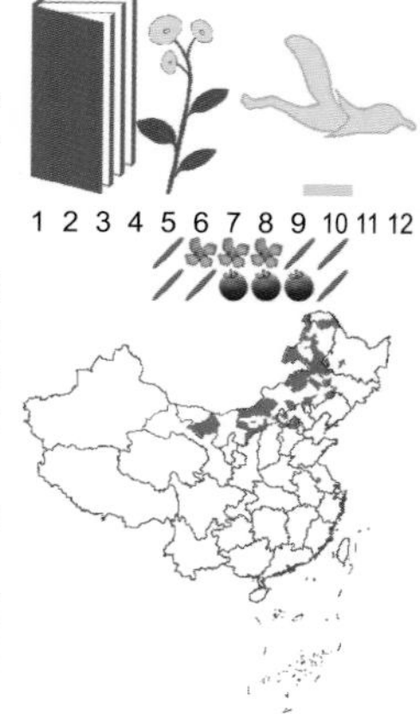

多年生草本；密被白色绢毛。茎多条自根茎分枝顶部发出，成丛①。叶对生，线形至线状披针形②。总状花序顶生，花少数，每茎约1～4朵，单生于苞腋，直立或斜伸；小苞片长11～20毫米，线形或披针形；萼下部筒状；花冠黄色，长30～45毫米，二唇形③；雄蕊4枚，微露于花冠喉部，前方一对较长，花药背着，药室2枚，纵裂，长倒卵形；子房长圆形，花柱细长，柱头头状。蒴果革质，长卵圆形④，先端有喙。

产白城、松原。生于山坡、荒地、路旁、林缘及草甸。

大黄花为多年生草本，叶对生，线形至线状披针形，花单生于苞腋，花冠黄色，二唇形，蒴果革质，有喙。

阴行草 刘寄奴 列当科/玄参科 阴行草属

Siphonostegia chinensis

Chinese Siphonostegia | yīnxíngcǎo

一年生草本；直立。茎中空，基部常有少数宿存膜质鳞片，下部常不分枝，而上部多分枝；枝对生，细长，坚挺，约以45度角分叉，稍具棱角，密被无腺短毛。叶对生，叶片厚纸质，广卵形。花对生于茎枝上部，或有时假对生，构成稀疏的总状花序①；苞片叶状，较萼短；花萼管部很长，10条主脉质地厚而粗壮，齿5枚；花冠上唇红紫色③，下唇黄色，上唇镰状弓曲②，顶端截形，下唇顶端3裂，裂片卵形；雄蕊2强，花药2室；柱头头状，常伸出于盔外。蒴果被包于宿存的萼内④。

产白城、松原、四平、通化、延边、吉林、长春、辽源。生于山坡沙质地、荒地及路旁。

阴行草为一年生草本，茎直立，叶对生，羽状分裂，花对生于茎枝上部，上唇红紫色，下唇黄色，蒴果包于萼内。

1
3
2
4
1
2
3
4

柳穿鱼

车前科/玄参科 柳穿鱼属

Linaria vulgaris **subsp.** ***chinensis***

Chinese Yellow Toadflax | liǔchuānyú

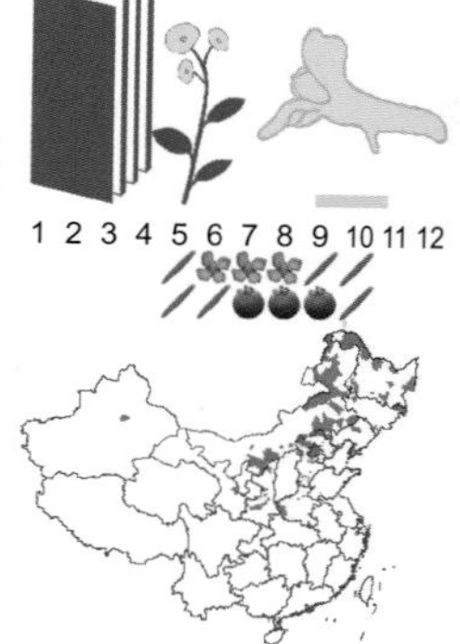

多年生草本；茎叶无毛，茎直立，常在上部分枝。叶通常互生或下部叶轮生，叶条形①。总状花序顶生，花冠黄色，上唇比下唇长，裂片卵形，下唇侧裂片卵圆形，中裂片舌状，距稍弯曲②；雄蕊4，2枚较长；子房上位，2室。蒴果椭圆状球形或近球形（②右上），种子圆盘形，边缘有宽翅。

产通化、延边、白城、松原、白山。生于山坡、河岸石砾地、草地、沙地草原、固定沙丘、田边。

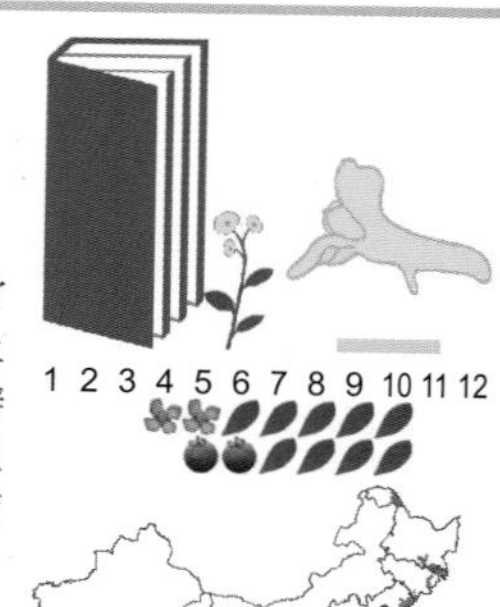

相似种：弯距狸藻【*Utricularia vulgaris* subsp. *macrorhiza*，狸藻科　狸藻属】水生草本；叶器裂片轮廓呈卵形、椭圆形或长圆状披针形。捕虫囊通常多数，斜卵球状③。花序直立，花冠黄色④，距筒状，基部宽圆锥状。蒴果球形，周裂。产长白山区、白城、松原；生于水塘中、河边水中或沼泽地。

柳穿鱼叶条形，不着生附属器，蒴果椭圆形；弯距狸藻叶轮廓呈卵形，着生多数捕虫囊，蒴果球形。

东方堇菜

堇菜科 堇菜属

Viola orientalis

Oriental Violet | dōngfāngjǐncài

多年生草本；基生叶卵形、宽卵形或椭圆形，边缘具钝锯齿，茎生叶呈对生状①。花黄色，通常1～3朵，生于茎生叶叶腋；小苞片2，位于花梗上部，通常对生；花瓣倒卵形，上方花瓣与侧方花瓣向外翻转，上方花瓣里面有暗紫色纹，侧方花瓣里面有明显须毛②，下方花瓣较短，具囊状短距。蒴果椭圆形，淡绿色，常有紫黑色斑点。

产通化、延边。生于山地疏林下、林缘、灌丛及山坡草地。

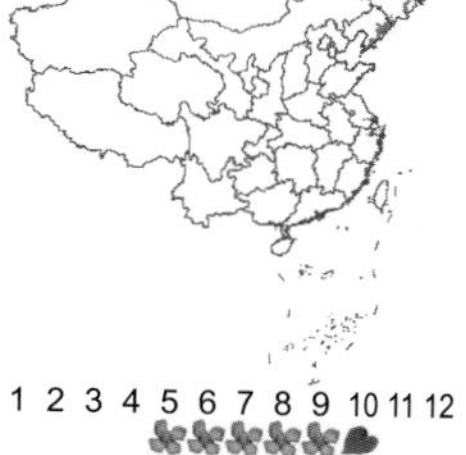

相似种：双花堇菜【*Viola biflora*，堇菜科　堇菜属】多年生草本；叶片肾形，先端钝圆，基部深心形或心形，边缘具钝齿③。花黄色或淡黄色，花瓣长圆状倒卵形，具紫色脉纹，侧方花瓣里面无须毛④，下方花瓣连距长约1厘米，距短筒状。产白山、延边；生于暗针叶林和高山草地、林缘、林下及高山冻原带上。

东方堇菜叶卵形，侧方花瓣里面有明显须毛；双花堇菜叶肾形，侧方花瓣里面无须毛。

1
3
2
4
1
3
2
4

珠果黄堇 珠果紫堇 罂粟科 紫堇属

Corydalis speciosa

Beautiful Fumewort | zhūguǒhuángjǐn

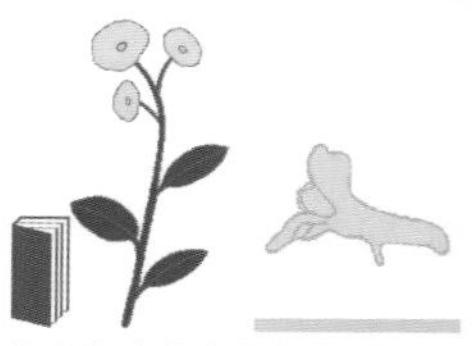

多年生灰绿色草本；叶片狭长圆形，二回羽状全裂。总状花序生茎和腋生枝的顶端，密具多花；苞片披针形至菱状披针形；花金黄色①，萼片小，近圆形，中央着生，外花瓣较宽展，通常渐尖，近具短尖，内花瓣顶端微凹；雄蕊束披针形，较狭。蒴果线形，俯垂，念珠状②，具1列种子。

产长白山区。生于林下、林缘、坡地、河岸石砾地、水沟边及路旁。

相似种：黄紫堇【*Corydalis ochotensis*，罂粟科紫堇属】无毛草本；茎柔弱。叶宽卵形或三角形，三回三出分裂。总状花序③，苞片宽卵形至卵形，花瓣黄色，上花瓣背部突起，下花瓣中部稍缢缩，下部呈浅囊状。蒴果狭倒卵形④，有6～10枚种子，排成2列。产长白山区；生于杂木林下或水沟边。

珠果黄堇叶二回羽状全裂，蒴果缢缩成念珠状；黄紫堇叶三回三出分裂，蒴果不为念珠状。

水金凤 灰菜花 凤仙花科 凤仙花属

Impatiens noli-tangere

Yellow Balsam | shuǐjīnfèng

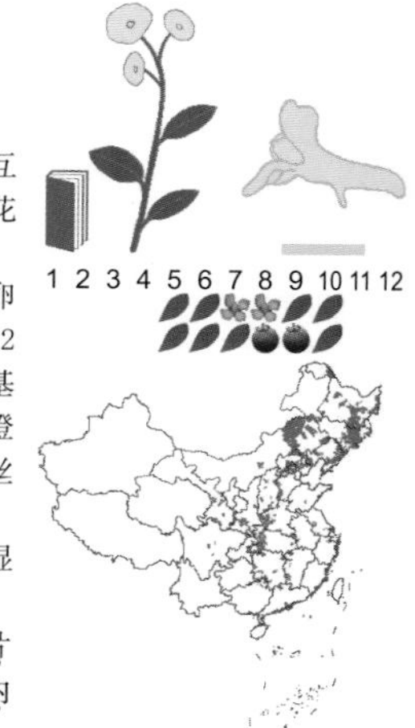

一年生草本；茎肉质，下部节常膨大。叶互生，叶片卵状椭圆形①，边缘有粗圆齿状齿。总花梗长1～1.5厘米，具2～4花，中上部有1枚苞片，苞片披针形；花黄色，侧生2萼片，卵形或宽卵形，先端急尖，旗瓣圆形或近圆形，翼瓣无柄，2裂，下部裂片小，长圆形，上部裂片宽斧形，近基部散生橙红色斑点②，唇瓣宽漏斗状，喉部散生橙红色斑点，基部渐狭成内弯的距③；雄蕊5，花丝线形；子房纺锤形。蒴果线状圆柱形④。

产长白山区。生于山沟溪流旁、林中、林缘湿地及路旁。

水金凤为一年生草本，茎肉质，叶互生，叶片卵状椭圆形，花黄色，喉部散生橙红色斑点，有内弯的距，蒴果线状圆柱形。

1
3
2
4
1
2
3
4

黄花乌头 毛茛科 乌头属

Aconitum coreanum

Korean Monk's Hood | huánghuāwūtóu

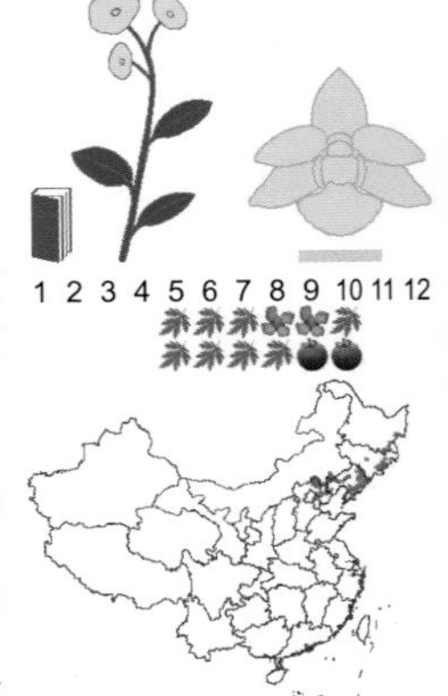

多年生草本；块根倒卵球形或纺锤形。茎下部叶在开花时枯萎，中部叶具稍长柄，叶片宽菱状卵形，3全裂，全裂片细裂，叶柄长为叶片的1/4，具狭鞘②。顶生总状花序短，有花2～7朵①；下部苞片羽状分裂，其他苞片不分裂，线形；萼片淡黄色，上萼片船状盔形或盔形③，外缘在下部缢缩，喙短，侧萼片斜宽倒卵形，下萼片斜椭圆状卵形；花丝全缘；心皮3。蓇葖直立④。种子椭圆形，具3条纵棱，表面稍皱，沿棱具狭翅。

产长白山区、长春、四平。生于干燥荒草甸子、石砾质山坡、山坡草丛、疏林及灌木丛间。

黄花乌头为多年生草本，块根纺锤形，叶片宽菱状卵形，顶生总状花序，萼片淡黄色，花瓣无毛，蓇葖直立。

山兰 兰科 山兰属

Oreorchis patens

Spreading Oreorchis | shānlán

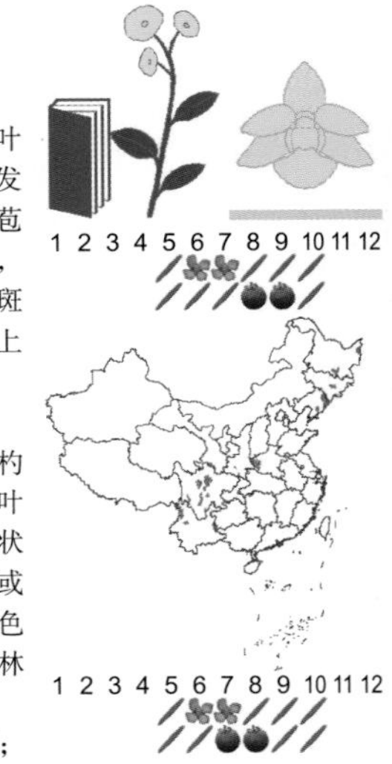

多年生草本；假鳞茎卵球形至近椭圆形。叶1～2枚，线形或狭披针形。花葶从假鳞茎侧面发出，直立。总状花序疏生数朵至10余朵花①，花苞片狭披针形，花黄褐色至淡黄色，萼片狭长圆形，侧萼片稍镰曲，花瓣狭长圆形，唇瓣白色并有紫斑②，3裂，侧裂片线形，中裂片近倒卵形，唇盘上有2条肥厚纵褶片。蒴果长圆形。

产白山、通化。生于林下、灌丛及沟谷。

相似种:杓兰【*Cypripedium calceolus*，兰科 杓兰属】多年生草本；茎直立，基部具数枚鞘，叶3～4枚，叶片卵状椭圆形③。花序顶生，花瓣线状披针形，内表面基部与背面脉上被短柔毛，栗色或紫红色萼片和花瓣，唇瓣深囊状，椭圆形，黄色（③左下）。产延边、通化、白山；生于林下、林缘、灌木丛中及林间草地上。

山兰花黄褐色至淡黄色，唇瓣白色有紫斑，3裂；杓兰花具紫红色萼片和花瓣，唇瓣黄色，深囊状。

蓬子菜 蓬子菜拉拉藤 茜草科 拉拉藤属

Galium verum

Yellow Spring Bedstraw | péngzicài

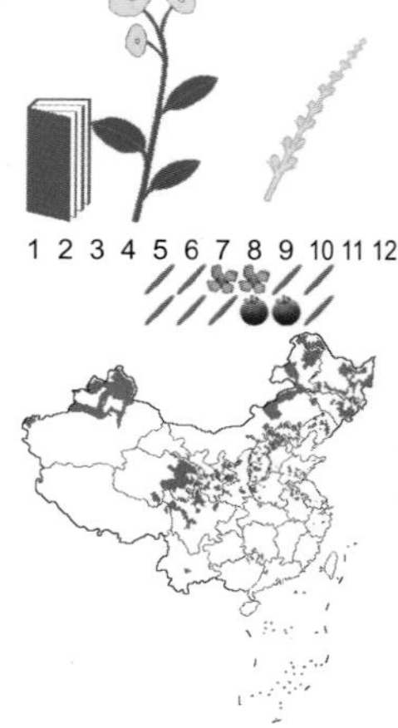

多年生近直立草本；基部稍木质，茎有4角棱。叶纸质，6～10片轮生，线形①，顶端短尖，边缘极反卷，常卷成管状，上面无毛，稍有光泽，下面有短柔毛，稍苍白，干时常变黑色，1脉，无柄。聚伞花序顶生和腋生，较大，多花，通常在枝顶结成带叶的圆锥花序状②，总花梗密被短柔毛，花小，稠密④，花冠黄色，辐状，无毛，花冠裂片卵形或长圆形，顶端稍钝，花药黄色，花柱顶部2裂。果小，果爿双生，近球状③。

产全省各地。生于林缘、灌丛、路旁、山坡及沙质湿地。

蓬子菜为多年生近直立草本，叶6～10片轮生，线形，聚伞花序顶生和腋生，花黄色，辐状，无毛，果爿双生，近球形。

龙牙草 仙鹤草 蔷薇科 龙牙草属

Agrimonia pilosa

Hairy Agrimony | lóngyácǎo

多年生草本；叶为间断奇数羽状复叶。花序穗状，总状顶生，分枝或不分枝①，苞片通常深3裂，裂片带形，小苞片对生，卵形，全缘或边缘分裂；萼片5，三角卵形；花瓣黄色，长圆形②；雄蕊5～15枚；花柱2，丝状，柱头头状。果实倒卵圆锥形，外面有10条肋，顶端有数层钩刺。

全省广泛分布。生于荒地沟边、路旁及住宅附近。

相似种：黄花瓦松【*Orostachys spinosa*，景天科瓦松属】二年生草本；叶长圆形，先端有半圆形、白色、软骨质的附属物③。花序顶生，狭长，穗状或呈总状③，花瓣5，黄绿色④，雄蕊10，较花瓣稍长。蓇葖5，椭圆状披针形，直立，基部狭，有喙。产白山、通化；生于石质山坡、岩石中及屋顶上。

龙牙草为奇数羽状复叶，叶纸质；黄花瓦松单叶长圆形，先端有白色、软骨质的附属物，叶肉质。

1
2
3
4
1
2
3
4

草苁蓉　列当科 草苁蓉属

Boschniakia rossica

Russian Boschniakia | cǎocōngróng

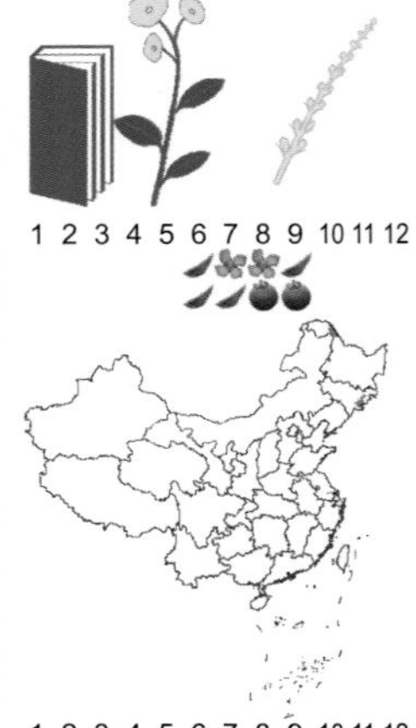

多年生寄生草本；根状茎横走，圆柱状；通常有2～3条直立的茎，茎不分枝，粗壮。叶密集生于茎近基部，三角形或宽卵状三角形①。花序穗状，圆柱形；花萼杯状，顶端具不整齐的3～5齿裂，裂片狭三角形或披针形；花冠宽钟状，暗紫色或暗紫红色，筒膨大成囊状②，上唇直立，近盔状，下唇极短，3裂。蒴果近球形，2瓣开裂。

产白山、延边。生于山坡、林下低湿处及河边，常寄生于桤木属植物根上。

相似种：黄花列当【*Orobanche pycnostachya*，列当科 列当属】二至多年生草本；全株密被腺毛。叶卵状披针形或披针形，黄褐色。花序穗状，顶端具多数花③；花萼2深裂至基部，每裂片又再2裂；花冠黄色，裂片5枚④。蒴果长圆形。产长白山区及白城、松原、长春；寄生于草地、灌丛、疏林等蒿属植物根上。

草苁蓉植株粗壮，花冠暗紫色，呈囊状；黄花列当植株纤细，花冠黄色，向上稍增大。

旋覆花　日本旋覆花　菊科 旋覆花属

Inula japonica

Japanese Yellowhead | xuánfùhuā

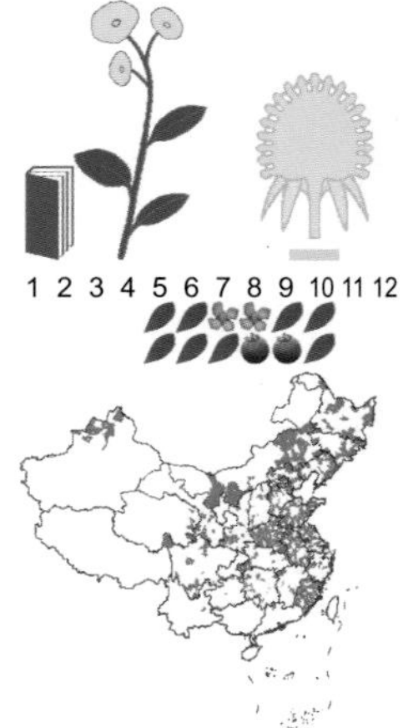

多年生草本；基部叶常较小；中部叶长圆状披针形或披针形，基部多少狭窄，常有圆形半抱茎的小耳，无柄；上部叶渐狭小，线状披针形①。头状花序排列成疏散的伞房花序①，花序梗细长。总苞半球形，总苞片约6层，线状披针形；舌状花黄色，较总苞长2～2.5倍，舌片线形②。

产全省各地。生于山坡、路旁、湿草地、河岸及田埂上。

相似种：欧亚旋覆花【*Inula britannica*，菊科 旋覆花属】多年生草本；叶长椭圆形或披针形③，基部宽大，无柄，半抱茎。头状花序，总苞半球形，总苞片4～5层，舌状花，黄色④，管状花花冠上部稍宽大，有三角披针形裂片。产长白山区和西部草原；生于山沟旁湿地、湿草甸子、河滩、田边、路旁湿地。

旋覆花叶基部渐狭，总苞片约6层，最外层叶质，不反折；欧亚旋覆花叶基部宽大，总苞片4～5层，最外层草质，常反折。

1
2
3
4
1
2
3
4

菊芋 菊科 向日葵属

Helianthus tuberosus

Jerusalem Artichoke | júyù

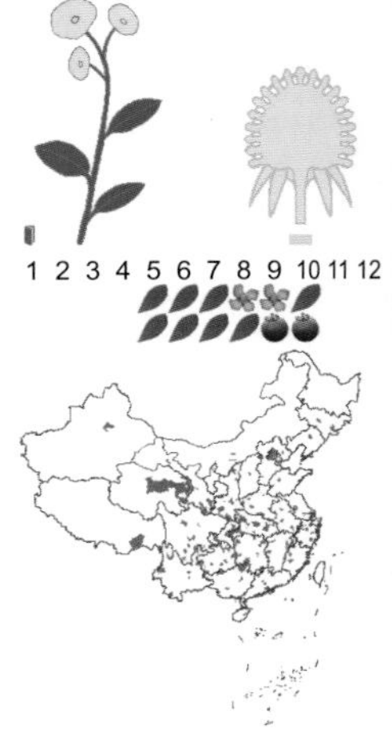

多年生草本；有块状的地下茎及纤维状根。茎直立，有分枝，被白色短糙毛或刚毛。下部叶对生，卵圆形或卵状椭圆形①，有长柄，边缘有粗锯齿，有离基三出脉；上部叶互生，长椭圆形至阔披针形，基部渐狭，下延成短翅状，顶端渐尖，短尾状。头状花序较大，少数或多数，单生于枝端②，有1～2个线状披针形的苞叶；总苞片多层，披针形④，顶端长渐尖，托片长圆形；舌状花通常12～20个，舌片黄色③，开展，长椭圆形；管状花花冠黄色。瘦果小，楔形。

原产北美，全省各地广泛栽培，有的逸为野生。生于山地林缘、荒地、山坡、农田及住宅附近。

菊芋为多年生草本，有块茎，叶卵圆形或卵状椭圆形，叶柄有翼，头状花序较大，舌状花12～20个，管状花黄色，瘦果小，楔形。

野菊 少花野菊 菊科 菊属

Chrysanthemum indicum

Indian Chrysanthemum | yějú

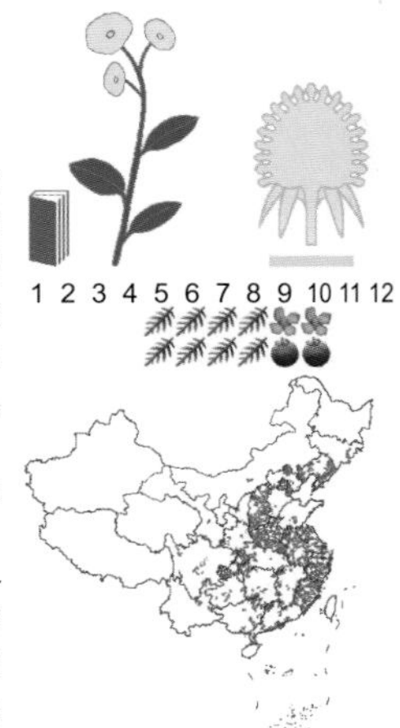

多年生草本；有地下匍匐茎，茎枝被稀疏的毛。基生叶和下部叶花期脱落；中部茎叶卵形或椭圆状卵形，羽状半裂、浅裂①，两面同色或几同色，淡绿色。头状花序，多数在茎枝顶端排成疏松的伞房圆锥花序；总苞片约5层，边缘白色或褐色宽膜质，顶端钝或圆；舌状花黄色，顶端全缘或具2～3齿②。瘦果长1.5～1.8毫米。

产通化、白山。生于山坡草地、灌丛、河边水湿地、田边及路旁。

相似种：甘菊【*Chrysanthemum lavandulifolium*，菊科 菊属】多年生草本；中部茎叶卵形或椭圆状卵形，二回羽状分裂，一回为全裂，二回为半裂，先端尖，羽轴栉齿状③。总苞碟形，边缘白色或浅褐色膜质；舌状花黄色，舌片椭圆形④。产通化；生于山坡、岩石缝隙中、河谷、河岸及荒地。

野菊中部叶羽状半裂、浅裂，裂片先端为浅锯齿；甘菊中部叶二回羽状分裂，侧裂片先端尖。

线叶菊 菊科 线叶菊属

Filifolium sibiricum

Filifolium | xiànyèjú

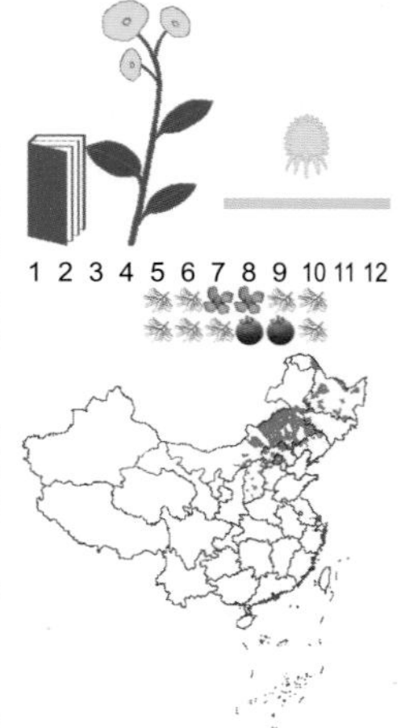

多年生草本；茎丛生①。基生叶有长柄，倒卵形或矩圆形，茎生叶较小，互生，全部叶二至三回羽状全裂，末次裂片丝形①，无毛，有白色乳头状小凸起。头状花序在茎枝顶端排成伞房花序②，总苞球形或半球形，无毛，总苞片3层，卵形至宽卵形，边缘膜质④，顶端圆形，背部厚硬，黄褐色；边花约6朵，花冠筒状③，压扁，顶端稍狭，具2～4齿，有腺点；盘花多数，花冠管状，黄色，顶端5裂齿。瘦果倒卵形或椭圆形稍压扁，黑色，无毛，腹面有2条纹。

产白城、松原、四平、延边。生于干山坡、多石质地、草原、固定沙丘及盐碱地上。

线叶菊为多年生草本，叶二至三回羽状全裂，末次裂片丝形，头状花序排列成伞房花序，边花6朵，盘花多数。

蹄叶橐吾 肾叶橐吾 菊科 橐吾属

Ligularia fischeri

Fischers Ragwort | tíyètuówú

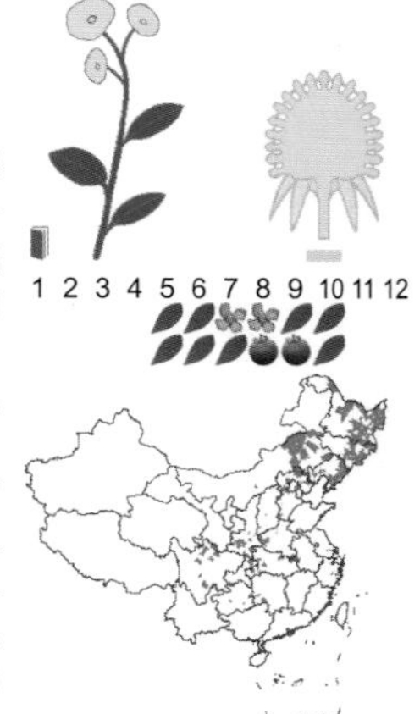

多年生草本；叶片肾形①，边缘有整齐的锯齿，叶背面无毛。总状花序，苞片卵形或卵状披针形，先端具短尖，边缘有齿，花序梗细；头状花序多数，小苞片狭披针形，舌状花黄色，舌片长圆形，先端钝圆②，管状花多数，冠毛红褐色。

产长白山区。生于水边、草甸子、山坡、灌丛中、林缘及林下。

相似种：全缘橐吾【*Ligularia mongolica*，菊科 橐吾属】叶全缘或波状缘③，冠毛黄褐色。产通化、白山；生于沼泽草甸、山坡、林间及灌丛。**狭苞橐吾**【*Ligularia intermedia*，菊科 橐吾属】叶边缘具整齐的三角状齿或小齿，总状花序④，苞片线形或线状披针形，冠毛紫褐色。产白山、延边；生于水边、山坡、林缘及林下。

全缘橐吾叶全缘或波状缘，苞片披针形，其余二者叶边缘有整齐锯齿；蹄叶橐吾苞片长卵形；狭苞橐吾苞片线形。

猫耳菊　菊科 猫耳菊属

Hypochaeris ciliata

Common Achyrophorus | māo'ěrjú

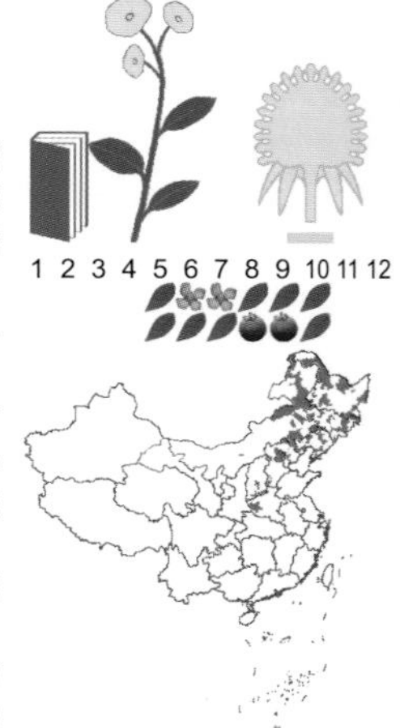

多年生草本；茎直立①。基生叶椭圆形、长椭圆形或倒披针形，边缘有尖锯齿或微尖齿①；下部茎生叶与基生叶同形，但通常较宽；向上的茎叶渐小；全部茎生叶基部平截或圆形，无柄，半抱茎，全部叶两面粗糙，被稠密的硬刺毛②。头状花序单生于茎端，总苞宽钟状或半球形，总苞片3～4层，覆瓦状排列，边缘无缘毛，顶端急尖，全部总苞片或中外层总苞片外面沿中脉被白色卷毛④；舌状小花多数，金黄色③。瘦果圆柱状，浅褐色，顶端截形，无喙。

产长白山区、松原、白城。生于向阳山坡及草甸子。

猫耳菊多年生草本，叶长椭圆形，全部叶两面粗糙，被稠密的硬刺毛，头状花序，舌状小花多数，金黄色。

麻叶千里光　菊科 千里光属

Senecio cannabifolius

Hempleaf Groundsel | máyèqiānlǐguāng

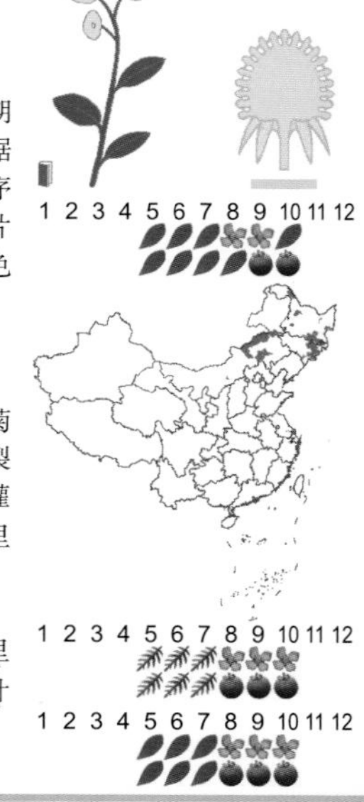

多年生根状茎草本；基生叶和下部茎叶在花期凋萎；中部茎叶长圆状披针形，边缘具内弯的尖锯齿；上部叶沿茎上渐小。头状花序辐射状①，花序梗细，具2～3层线形苞片，舌状花8～10朵，舌片黄色，管状花黄色。瘦果扁平，冠毛白色或淡褐色②。

产白山、通化、吉林、延边。生于湿草甸子、林下或林缘。

相似种：额河千里光【*Senecio argunensis*，菊科 千里光属】叶卵状长圆形，羽状深裂至羽状全裂③。产长白山区、西部草原；生于山坡、林缘及灌丛间。**林荫千里光**【*Senecio nemorensis*，菊科 千里光属】叶边缘密锯齿，羽状脉④。产白山、通化、延边；生于林下阴湿地、森林草甸及岩石缝间。

林荫千里光叶不裂，边缘具密锯齿；麻叶千里光叶分裂或羽状分裂成4～7个裂片；额河千里光叶羽状深裂至羽状全裂。

1
2
3
4
1
2
3
4

屋根草 还阳参 菊科 还阳参属

Crepis tectorum

Narrowleaf Hawksbeard | wūgēncǎo

一年生或二年生草本；基生叶及下部茎叶全形披针状线形、披针形或倒披针形②，顶端急尖，基部楔形渐窄成短翼柄，羽片披针形或线形；中部茎叶与基生叶及下部茎叶同形或线形，但无柄，基部尖耳状或圆耳状抱茎；上部茎叶线状披针形或线形，边缘全缘。头状花序多数或少数，在茎枝顶端排成伞房花序①；总苞钟状，总苞片3～4层；舌状小花黄色③，花冠管外面被白色短柔毛。瘦果纺锤形，向顶端渐狭，顶端无喙，有10条等粗的纵肋。冠毛白色④。

产长白山区、松原。生于田间、荒地、路旁。

屋根草为一年生或二年生草本，叶披针形，头状花序在枝顶排列成伞房花序，舌状小花黄色，花冠管外面被白色短柔毛。

中华苦荬菜 山苦荬菜 菊科 苦荬菜属

Ixeris chinensis

Chinese Ixeris | zhōnghuákǔmǎicài

多年生草本；基生叶长椭圆形、倒披针形、线形或舌形，顶端钝或急尖或向上渐窄，基部渐狭成有翼的短柄或长柄，全缘，茎生叶2～4枚①。头状花序通常在茎枝顶端排成伞房花序，含舌状小花21～25枚②；总苞圆柱状，总苞片3～4层，外层及最外层宽卵形，顶端急尖，内层长椭圆状倒披针形，顶端急尖；舌状小花黄色或白色③，干时带红色。瘦果褐色，长椭圆形，有10条高起的钝肋，肋上有上指的小刺毛，顶端急尖成细喙，冠毛白色，微糙④。

全省广泛分布。生于山野、田间、荒地及路旁。

中华苦荬菜为多年生草本，叶线形或舌形，头状花序含舌状小花21～25枚，舌片黄色，瘦果长椭圆形，有10条高起的钝肋。

1
2
3
4
1
3
2
4

狗舌草 丘狗舌草 菊科 狗舌草属

Tephroseris kirilowii

Kirilow's Groundsel | gǒushécǎo

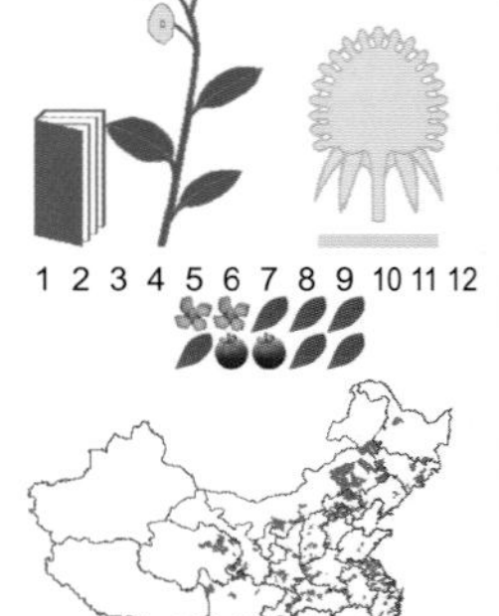

多年生草本；茎单生，近莛状，被密白色蛛丝状毛。基生叶莲座状，茎叶少数，下部叶倒披针形①，或倒披针状长圆形，上部叶小，披针形，顶端尖。头状花序排列成伞房花序①；总苞近圆柱状钟形，无外层苞片，舌状花13～15个，舌片黄色②，长圆形，管状花多数，花冠黄色。瘦果圆柱形。

产长白山区、西部草原。生于丘陵坡地、山野向阳地及草地。

相似种：红轮狗舌草【*Tephroseris flammea*，菊科 狗舌草属】舌状花13～15个，舌片深橙色或橙红色，线形③。产吉林、延边、通化；生于林缘、灌丛、湿草甸子。**湿生狗舌草**【*Tephroseris palustris*，菊科 狗舌草属】舌状花20～25个；舌片浅黄色，椭圆状长圆形④。产吉林、延边；生于沼泽及潮湿地或水池边。

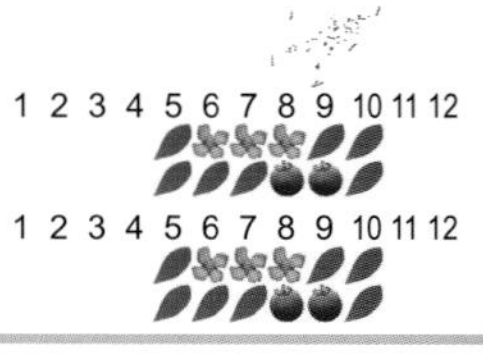

狗舌草舌状花13～15个，花黄色；红轮狗舌草舌状花13～15个，花橙红色；湿生狗舌草舌状花20～25个，花浅黄色。

款冬 菊科 款冬属

Tussilago farfara

Coltsfoot | kuǎndōng

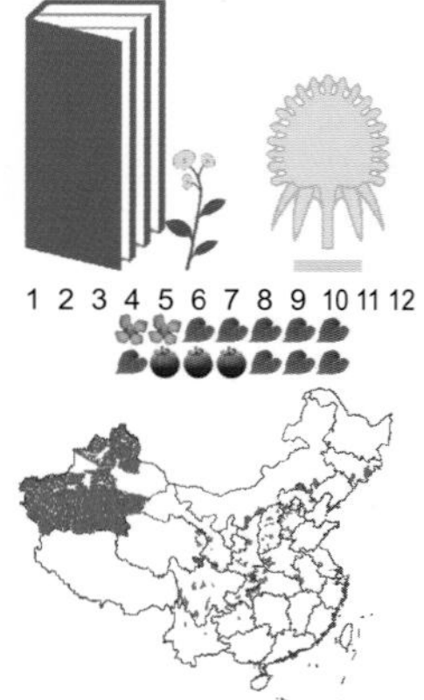

多年生草本；早春花叶抽出数个花莛①，密被白色茸毛，有鳞片状、互生的苞叶，苞叶淡紫色①。头状花序单生顶端，初时直立，花后下垂；总苞片1～2层，总苞钟状，总苞片线形；边缘有多层雌花，花冠舌状，黄色②，中央的两性花少数，花冠管状。瘦果圆柱形，冠毛白色③。后生出基生叶阔心形④，具长叶柄，边缘有波状、顶端增厚的疏齿，掌状网脉，下面密被白色茸毛；叶柄被白色绵毛。

产通化、白山、延边。生于山谷湿地、林下、林缘及路旁。

款冬为多年生草本，早春抽出花莛，有互生的苞叶，花单生，花冠舌状，黄色，瘦果圆柱形，冠毛白色，后生出阔心形基生叶。

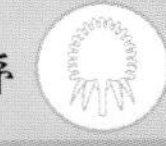

1
2
3
4
1
3
2
4

长裂苦苣菜 曲麻菜 菊科 苦苣菜属

Sonchus brachyotus

Short-auriculate Sowthistle | chánglièkǔjùcài

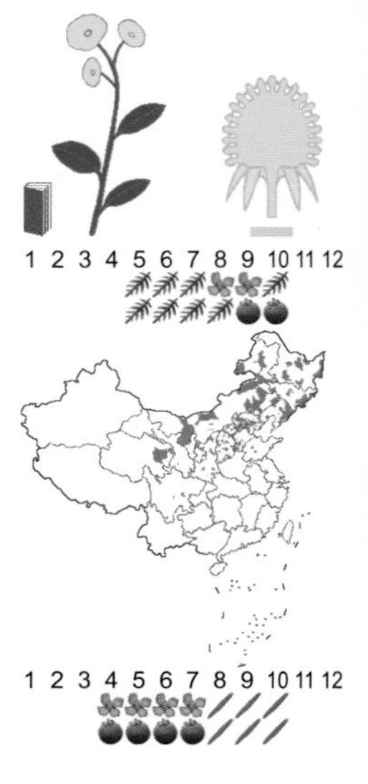

多年生草本；叶长椭圆形或倒披针形，羽状深裂、半裂或浅裂①。头状花序少数在茎枝顶端排成伞房状花序；总苞钟状，总苞片4～5层，全部总苞片顶端急尖，外面光滑无毛；舌状小花多数，黄色①。瘦果长椭圆状，褐色，稍压扁，每面有5条高起的纵肋。冠毛白色，纤细，柔软，纠缠，单毛状②。

全省广泛分布。生于田间、路旁、撂荒地。

相似种：鸦葱【*Scorzonera austriaca*，菊科 鸦葱属】多年生草本；基生叶线状长椭圆形③。头状花序单生茎端，总苞片外面光滑无毛，顶端急尖、钝或圆形，舌状小花黄色③。瘦果圆柱状，有多数纵肋。冠毛淡黄色，与瘦果连接处有蛛丝状毛环，大部为羽毛状④，上部为细锯齿状。产白城、松原；生于山坡草地。

长裂苦苣菜叶羽状深裂，瘦果长椭圆状，稍压扁；鸦葱叶线状不裂，瘦果圆柱状，不压扁。

蒲公英 婆婆丁 菊科 蒲公英属

Taraxacum mongolicum

Mongolian Dandelion | púgōngyīng

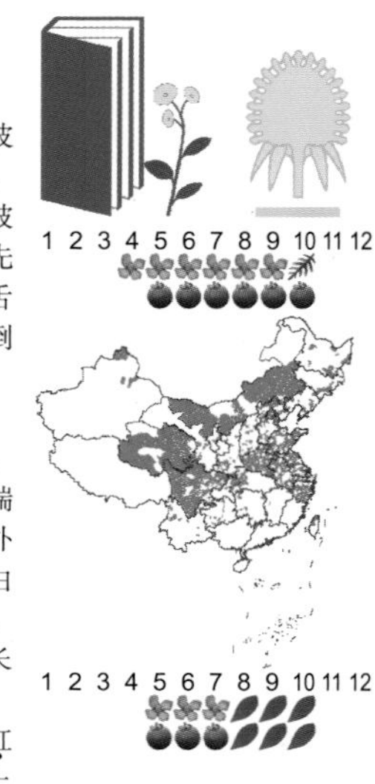

多年生草本；叶倒卵状披针形，边缘有时具波状齿或羽状深裂①，顶端裂片较大，三角状戟形。头状花序，总苞钟状，淡绿色，外层总苞片卵状披针形，边缘宽膜质，基部淡绿色，上部紫红色，先端增厚或具角状突起，内层总苞片先端紫红色，舌状花黄色，舌片背面边缘具紫红色条纹②。瘦果倒卵状披针形，上部具小刺。

全省广泛分布。生于田间、路旁、山野。

相似种：东北蒲公英【*Taraxacum ohwianum*，菊科 蒲公英属】多年生草本；叶倒披针形，先端尖或钝，不规则羽状浅裂至深裂③。头状花序，外层总苞片花期伏贴，宽卵形，暗紫色，具狭窄的白色膜质边缘，边缘疏生缘毛，内层总苞片先端钝，舌状花黄色④，边缘花舌片背面有紫色条纹。产长春、白山、通化；生于田间、路旁、山野、撂荒地。

蒲公英叶规则羽状分裂，内层总苞片上部紫红色；东北蒲公英叶不规则羽状分裂，内层总苞片上部绿色。

1
2
3
4
1
3
2
4

翅果菊 山莴苣 菊科 莴苣属

Lactuca indica

Indian Lettuce | chìguǒjú

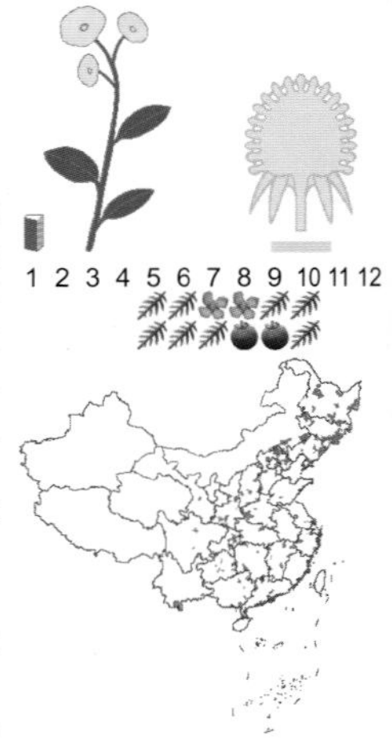

一年生或二年生草本；根肉质，圆锥形，多自顶部分枝；茎直立，单生，全部茎枝无毛。中部茎叶长椭圆形或倒披针状长椭圆形，中下部茎叶边缘有稀疏的尖齿或几全缘或全部茎叶椭圆形，中上部茎叶边缘有三角形锯齿或偏斜卵状大齿①。头状花序果期卵球形，多数沿茎枝顶端排成圆锥花序或总状圆锥花序②；总苞片4层，全部苞片边缘染紫红色；舌状小花25枚，黄色③。瘦果椭圆形，黑色，压扁，边缘有宽翅，冠毛2层，白色，几单毛状④。

产全省各地。生于林缘、荒地、山坡及灌丛。

翅果菊为一至二年生草本，叶长椭圆形或倒披针状长椭圆形，多数头状花序组成总状圆锥花序，总苞片边缘染紫红色，舌状小花25枚，黄色，瘦果椭圆形。

华北鸦葱 笔管草 菊科 鸦葱属

Scorzonera albicaulis

White-stem Scorzonera | huáběiyācōng

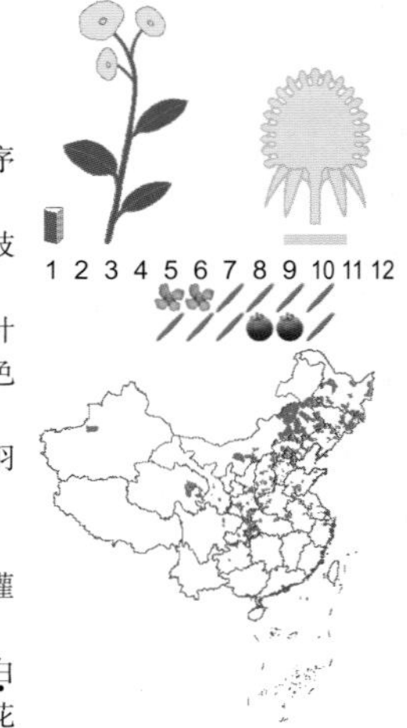

多年生草本；全部茎枝被白色茸毛，但在花序脱毛，茎基被棕色的残鞘。基生叶与茎生叶同形，线形、宽线形或线状长椭圆形①。头状花序在茎枝顶端排成伞房花序；总苞圆柱状，总苞片约5层，外层三角状卵形或卵状披针形，中内层椭圆状披针形、长椭圆形至宽线形；舌状小花白色③或黄色②。瘦果圆柱状，有高起的纵肋，无毛，无脊瘤，向顶端渐细成喙状；冠毛污黄色，大部羽毛状，羽枝蛛丝毛状④，上部为细锯齿状，基部连合成环，整体脱落。

产长白山区、西部草原。生于山坡、林缘及灌丛。

华北鸦葱为多年生草本，茎直立，绿色，被白色绵毛，基生叶线形，头状花序圆筒形，舌状小花白色或黄色，瘦果圆柱形，冠毛污黄色。

1
2
3
4
1
2
3
4

水珠草 露珠草 柳叶菜科 露珠草属

Circaea canadensis* subsp. *quadrisulcata

Enchanter's nightshade | shuǐzhūcǎo

多年生草本；叶狭卵形、阔卵形至矩圆状卵形①，基部圆形至近心形，先端短渐尖至长渐尖，边缘具锯齿。总状花序，花梗与花序轴垂直，被腺毛②；萼片通常紫红色，反曲；花瓣倒心形，通常粉红色，先端凹缺至花瓣长度的1/3或1/2。果实梨形至近球形，基部通常不对称地渐狭至果梗，果上具明显纵沟。

产长白山区。生于林缘、灌丛及疏林下。

相似种：露珠草【*Circaea cordata*，柳叶菜科露珠草属】全株被毛，叶狭卵形至宽卵形③。总状花序，萼片淡绿色，先端钝圆形；花瓣白色，倒卵形至阔倒卵形，先端倒心形，花瓣裂片阔圆形，雄蕊伸展，略短于花柱或与花柱近等长④。产长白山区、长春；生境同上。

水珠草全株无毛，萼片紫红色；露珠草全株被毛，通常较密，萼片淡绿色。

吉林延龄草 藜芦科/百合科 延龄草属

Trillium camschatcense

Kamchatka Trillium | jílínyánlíngcǎo

多年生草本；茎丛生于粗短的根状茎上①。茎基部有1～2枚褐色的膜质鞘叶，叶3枚，无柄，轮生于茎顶，广卵状菱形或卵圆形②。花单生，花梗自叶丛中抽出，花被片6，外轮3片卵状披针形，绿色，内轮3片白色，少有淡紫色，椭圆形或广椭圆形③；雄蕊6，花药比花丝长，药隔稍突出；子房上位，圆锥状，柱头3深裂，裂片反卷。浆果卵圆形④，具多数种子。

产通化、白山、延边。生于林下阴湿处及林缘。

吉林延龄草为多年生草本，叶3枚，无柄，轮生于茎顶，花单生于叶轮中央，花被6片，浆果卵圆形。

1
2
3
4
1
3
2
4

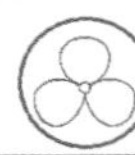

野慈姑 狭叶慈姑 泽泻科 慈姑属

Sagittaria trifolia

Three-leaf Arrowhead | yěcígu

多年生水生或沼生草本；挺水叶箭形①，叶片长短、宽窄变异很大，通常顶裂片短于侧裂片②，顶裂片与侧裂片之间缢缩；叶柄基部渐宽，鞘状，边缘膜质，具横脉。花莛直立，挺水。花序总状或圆锥状，具分枝1～2枚，具花多轮，每轮2～3花③；苞片3枚，基部多少合生，先端尖；花单性，花被片反折，外轮花被片椭圆形或广卵形，内轮花被片白色，基部收缩，雌花通常1～3轮，花梗短粗，心皮多数，雄花多轮，花梗斜举，雄蕊多数，花药黄色，花丝长短不一。瘦果两侧压扁，倒卵形，具翅，背翅多少不整齐，果喙短，自腹侧斜上④。

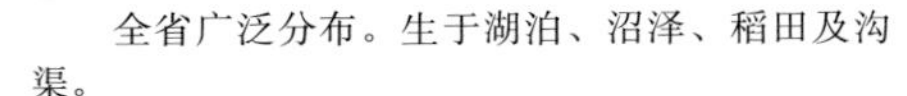

全省广泛分布。生于湖泊、沼泽、稻田及沟渠。

野慈姑为多年生水生或沼生草本，挺水叶箭形，总状或圆锥状花序，花单性，白色，瘦果两侧压扁，具翅。

东方泽泻 泽泻 泽泻科 泽泻属

Alisma orientale

Water-plantain | dōngfāngzéxiè

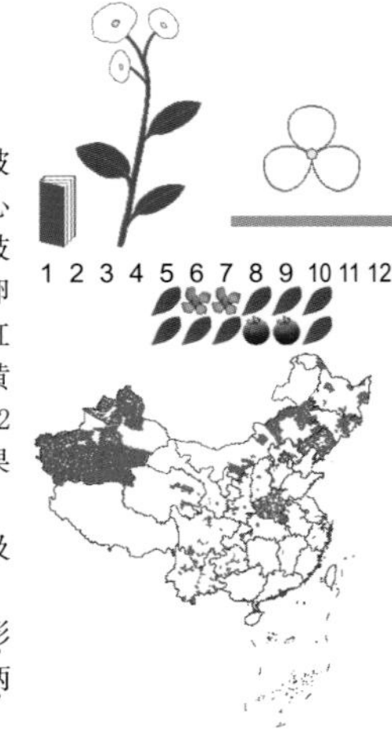

多年生水生或沼生草本；叶多数，挺水叶宽披针形、椭圆形②，先端渐尖，基部近圆形或浅心形，叶脉5～7条。花序具3～9轮分枝，每轮分枝3～9枚①；花两性，花梗不等长；外轮花被片卵形，内轮花被片近圆形，比外轮大，白色③、淡红色；心皮排列不整齐，花柱直立，花药黄绿色或黄色；花托在果期呈凹凸。瘦果椭圆形，背部具1～2条浅沟④，腹部自果喙处凸起，呈膜质翅，两侧果皮纸质，半透明，或否，果喙自腹侧中上部伸出。

产全省各地。生于湖泊、水塘、稻田、沟渠及沼泽中。

东方泽泻为多年生水生草本，挺水叶宽披针形或椭圆形，花序具3～9轮分枝，花两性，花被两轮，白色，瘦果椭圆形。

1
3
2
4
1
2
3
4

欧菱 千屈菜科/菱科 菱属

Trapa natans

Water Caltrop | ōulíng

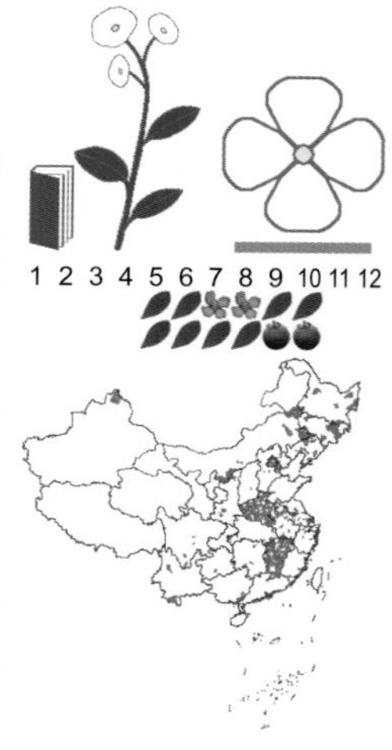

一年生浮水水生草本植物①；根二型：着泥根细铁丝状，生水底泥中；同化根，羽状细裂，裂片丝状，绿褐色。茎柔弱，分枝。叶二型：浮水叶互生，聚生于主茎和分枝茎顶端，形成莲座状菱盘②，叶片长2～3厘米，宽2.5～4厘米；沉水叶小，早落。花小，单生于叶腋，两性；花瓣4，白色③；雄蕊4，花丝纤细，花药丁字形着生，背部着生，内向；子房半下位；花盘鸡冠状，包围子房。果三角状菱形，具4刺角④，2肩角斜上伸，2腰角向下伸，刺角扁锥状；果喙圆锥状、无果冠。

产白城、松原、延边、通化。生于河流、湖泊、沼泽、池塘中。

欧菱为一年生浮水水生草本植物，根二型，茎柔弱，分枝，叶二型，花小，单生于叶腋，果三角状菱形，具4刺角。

白花碎米荠 山芥菜 十字花科 碎米荠属

Cardamine leucantha

White-flower Bittercress | báihuāsuìmǐjì

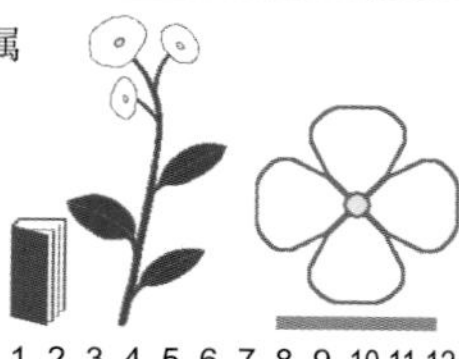

多年生草本；茎单一，表面有沟棱。基生叶有长叶柄，小叶2～3对，茎中部叶有较长的叶柄，茎上部叶有小叶1～2对。总状花序顶生②，花后伸长，花梗细弱，萼片长椭圆形，边缘膜质，外面有毛，花瓣白色，长圆状楔形。长角果线形，果梗直立开展①。

产长白山区。生于路边、山坡湿草地、杂木林下及山谷沟边阴湿处。

相似种：伏水碎米荠【*Cardamine prorepens*，十字花科 碎米荠属】茎下部伏卧，匍匐生根，并分生匐枝，上部上升，通常无毛。叶为羽状全裂或复叶④。总状花序生于茎顶及分枝顶端，具8～20朵花，花瓣广倒卵形③，子房无毛。产延边、白山；生于林下林间、湿草地。

白花碎米荠根状茎短而匍匐，但不生根，全株密被短毛；伏水碎米荠茎下部伏卧，匍匐生根，通常无毛。

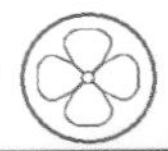

1
3
2
4
1
2
3
4

菥蓂 遏兰菜 十字花科 菥蓂属

Thlaspi arvense

Field Pennycress | xīmì

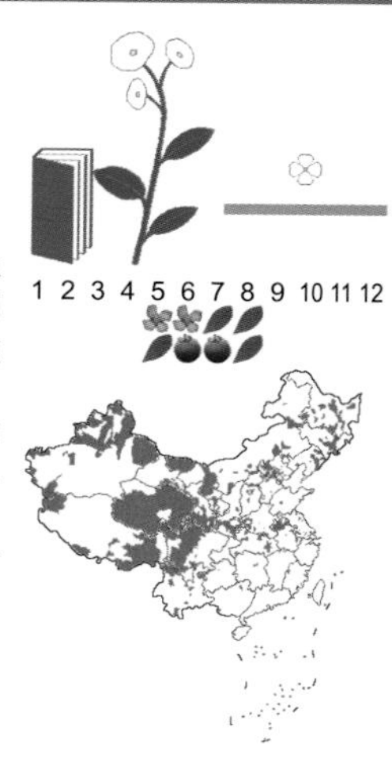

一年生草本；无毛。茎直立，不分枝或分枝，具棱。基生叶倒卵状长圆形②，顶端圆钝或急尖，基部抱茎，两侧箭形，边缘具疏齿。总状花序顶生①；花白色，花梗细，萼片直立，卵形，顶端圆钝；花瓣长圆状倒卵形，长2～4毫米，顶端圆钝或微凹③。短角果倒卵形或近圆形，长13～16毫米，宽9～13毫米，扁平，顶端凹入，边缘有翅④。种子每室2～8个，倒卵形，稍扁平，黄褐色，有同心环状条纹。

产全省各地。生于路旁、荒地、田野及住宅附近。

菥蓂为一年生草本，基生叶倒卵状长圆形，顶生总状花序，花白色，短角果倒卵形或近圆形，边缘有翅，种子每室2～8个。

草瑞香 瑞香科 草瑞香属

Diarthron linifolium

Lilac Daphne | cǎoruìxiāng

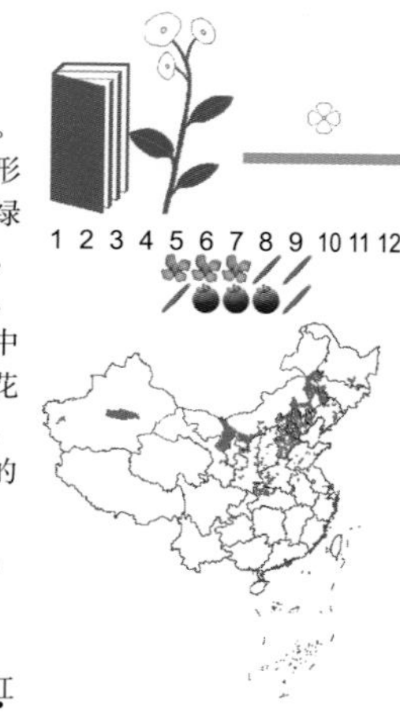

一年生草本；多分枝，扫帚状，小枝纤细①。叶互生，散生于小枝上，草质，线形至线状披针形或狭披针形，先端钝圆形，基部楔形或钝形。花绿色，顶生总状花序，无苞片，花梗短，顶端膨大，花萼筒细小，筒状，裂片4，卵状椭圆形，渐尖，直立或微开展②；雄蕊4，一轮，着生于花萼筒中部以上，不伸出，花丝短，花药极小，宽卵形；花盘不明显，子房具柄，椭圆形，无毛，花柱纤细，柱头棒状略膨大。果实卵形或圆锥状，果实上部的花萼筒宿存，果皮膜质③。

产白城、松原、四平、通化。生于石砾质地、沙质荒地、干燥山坡及灌丛中。

草瑞香为一年生草本，茎多分枝，单叶互生，顶生总状花序，花绿色，无苞片，萼片4裂，紫红色，果实卵形或圆锥状。

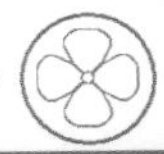

花锚 西伯利亚花锚 龙胆科 花锚属

Halenia corniculata

Corniculate Spur-gentian | huāmáo

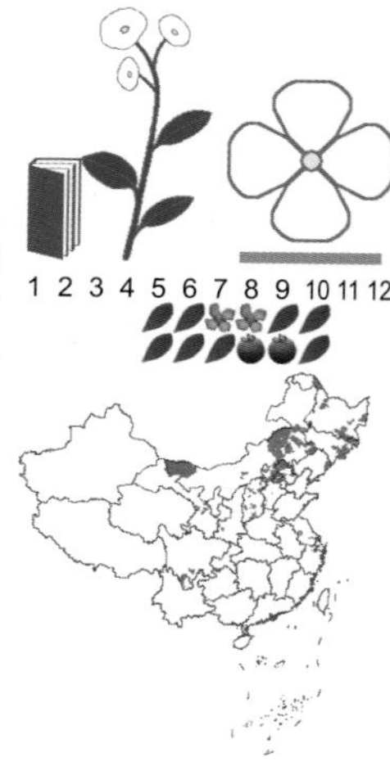

一年生草本；直立。茎近四棱形，具细条棱，从基部起分枝。基生叶倒卵形或椭圆形②，通常早枯萎，茎生叶椭圆状披针形或卵形，先端渐尖，基部宽楔形或近圆形，全缘，有时粗糙密生乳突，叶片上面幼时常密生乳突，后脱落。聚伞花序顶生和腋生①；花4数，直径1.1～1.4厘米；花萼裂片狭三角状披针形，先端渐尖，具1脉，两边及脉粗糙，被短硬毛；花冠黄白色、钟形③，裂片卵形或椭圆形，先端具小尖头，距长4～6毫米。蒴果卵圆形④、淡褐色，顶端2瓣开裂。

产延边、白山。生于山坡、草地、林缘及高山苔原带上。

花锚为一年生草本，叶对生，聚伞花序，花4数，花冠黄色，裂片卵圆形，先端有距，蒴果卵圆形，2裂。

舞鹤草 天门冬科/百合科 舞鹤草属

Maianthemum bifolium

False Lily of the Valley | wǔhècǎo

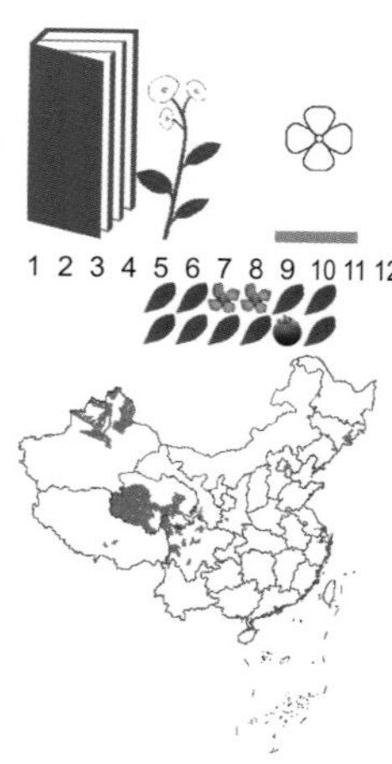

多年生草本；根状茎细长，匍匐，节上生有少数根。茎直立，光滑。叶2～3枚互生于茎的上部，卵状心形①，基部广心形，先端凸头或锐尖，两面光滑，边缘具半圆形的小突起，叶柄光滑。花通常10～20朵排成顶生的总状花序②，花序轴直立，光滑，每2或3朵花从小苞腋内抽出；苞片小，披针形；花白色，花被片4，椭圆形，先端钝，具1脉；雄蕊4，花丝锥形，花药卵形；子房球形③。浆果球形，红色④。

产延边、白山。生于针阔叶混交林或针叶林下阴湿处。

舞鹤草为多年生草本，茎直立，叶及花轴光滑，叶2～3枚，顶生总状花序，花白色，浆果熟时红色。

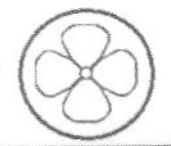

1
2
3
4
1
3
2
4

狼毒 瑞香科 狼毒属

Stellera chamaejasme

Chinese Stellera | lángdú

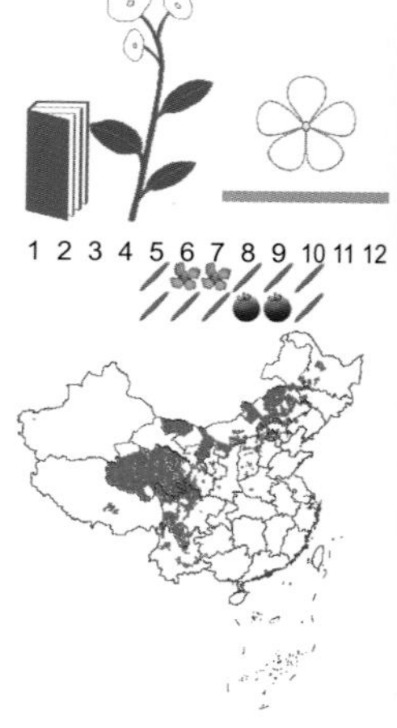

多年生草本；叶散生，长圆状披针形①，先端渐尖或急尖，基部圆形至钝形或楔形，全缘，中脉在上面扁平，侧脉4～6对，叶柄短，基部具关节。花白色③、黄色④至带紫色，芳香；多花的头状花序，顶生，圆球形②，具绿色叶状总苞片，无花梗；花萼筒细瘦，具明显纵脉，裂片5，卵状长圆形，顶端圆形，常具紫红色的网状脉纹；雄蕊10，2轮，花丝极短，花药黄色；子房椭圆形，花柱短，柱头头状，顶端微被黄色柔毛。蒴果卵球状，花柱宿存。

产白城、松原、四平、通化。生于干燥而向阳的高山草坡、草坪及河滩台地。

狼毒为多年生草本，茎丛生，单叶互生，头状花序，花白色、黄色至带紫色，芳香，蒴果卵球状，花柱宿存。

毛蕊卷耳 寄奴花 石竹科 卷耳属

Cerastium pauciflorum* var. *oxalidiflorum

Woodsorrel-flower Chickweed | máoruǐjuǎn'ěr

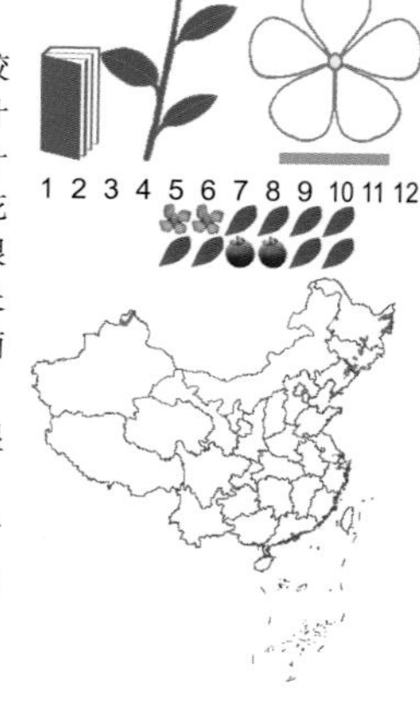

多年生草本；茎丛生。叶无柄①，下部叶较小，倒披针形（③左上），基部渐狭；中部茎生叶渐大，广披针形或卵状披针形，长4～8厘米；上叶较小，多为卵状披针形。花较小，通常7～10朵花于茎顶成二歧聚伞花序③，花梗密被短腺毛；苞很小，萼片5，卵状长圆形；花瓣白色，倒披针状长圆形②，基部边缘疏生睫毛，先端圆，不分裂。蒴果圆柱形，顶端10裂齿。

产长白山区。生于林下、林缘、路旁及河边湿地。

毛蕊卷耳为多年生草本，叶无柄，茎叶广披针形或卵状披针形，二歧聚伞花序，花较小，花瓣白色，蒴果圆柱形。

1
3
2
4
1
2
3

老牛筋 石竹科 老牛筋属

Eremogone juncea

Rush-like Sandworts | lǎoniújīn

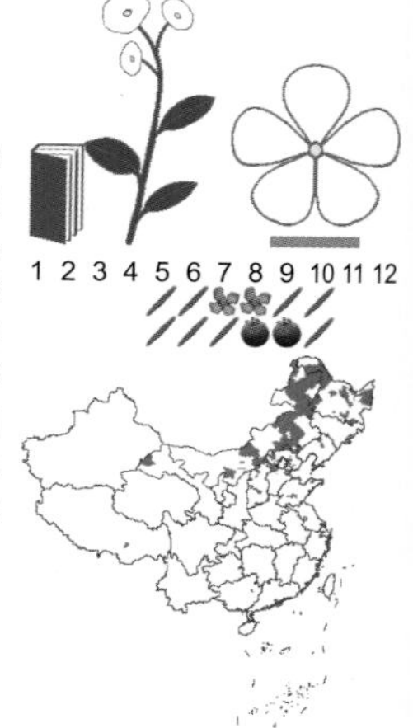

多年生草本；茎下部无毛，接近花序部分被腺柔毛。叶片细线形①，基部较宽，呈鞘状抱茎，边缘具疏齿状短缘毛，常内卷或扁平，顶端渐尖，具1脉。聚伞花序，具数花至多花②，花梗密被腺柔毛；萼片5，卵形，顶端渐尖或急尖，边缘宽膜质③，具1～3脉；花瓣5，白色，顶端钝圆④，基部具短爪；雄蕊10，花丝线形，花药黄色；子房卵圆形，花柱3，柱头头状。蒴果卵圆形，黄色，稍长于宿存花萼或与宿存花萼等长，顶端3瓣裂，裂片2裂。

产延边、白城、白山。生于草原、荒漠化草原、山地疏林边缘、山坡草地、石隙间。

老牛筋为多年生草本，茎上接近花序部分被腺柔毛，叶片细线形，花白色，花柱3，柱头头状，蒴果卵圆形。

缝瓣繁缕 石竹科 繁缕属

Stellaria radians

Radiant Stitchwort | suìbànfánlǚ

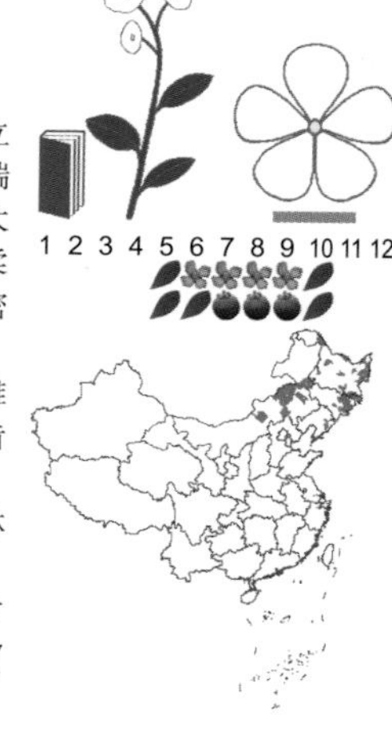

多年生草本；伏生绢毛，上部毛较密，茎直立或上升。叶片长圆状披针形至卵状披针形①，顶端渐尖，基部急狭成极短柄。二歧聚伞花序顶生，大型②；苞片草质，披针形，被密柔毛；花梗密被柔毛，花后下垂；萼片长圆状卵形或长卵形，外面密被绢柔毛③；花瓣5，白色，轮廓宽倒卵状楔形，5～7裂深达花瓣中部或更深，裂片近线形④；雄蕊10，短于花瓣。蒴果卵形，微长于宿存萼，6齿裂，含2～5粒种子。

产长白山区、西部草原。生于草甸、林缘、林下、河岸及灌丛间。

缝瓣繁缕为多年生草本，全株伏生绢毛，叶片长圆状披针形，二歧聚伞花序，花瓣5，掌状5～7中裂，白色，蒴果卵形。

狗筋蔓 石竹科 蝇子草属

Silene baccifera

Cucubalus | gǒujīnmàn

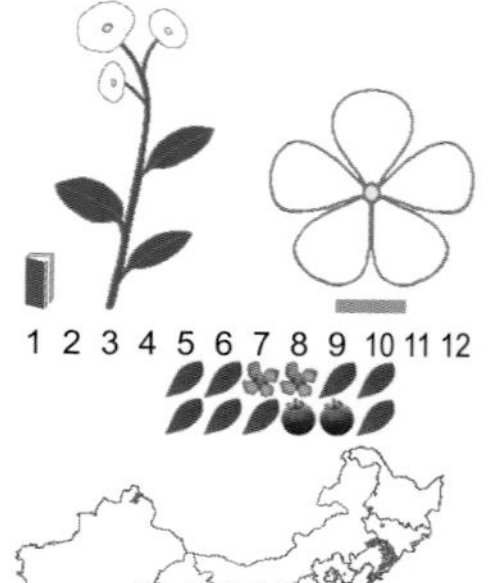

多年生草本；全株被逆向短绵毛①，根颈粗壮，多头。茎铺散，俯仰，多分枝。叶片卵形、卵状披针形或长椭圆形，基部渐狭成柄状，顶端急尖②。圆锥花序疏松，花梗细，具1对叶状苞片；花萼宽钟形，草质，后期膨大呈半圆球形，萼齿卵状三角形，边缘膜质，果期反折④；花瓣白色，倒披针形③，雄蕊不外露，花丝无毛，花柱细长，不外露。蒴果圆球形，呈浆果状，成熟时薄壳质，黑色④，具光泽，不规则开裂。

产长白山区、长春。生于山坡、路旁、灌丛及林缘。

狗筋蔓为多年生草本，茎铺散，叶片卵形，圆锥花序疏松，花萼宽钟形，后膨大呈半球形，花白色，倒披针形，蒴果呈浆果状，黑色，具光泽。

白玉草 石竹科 蝇子草属

Silene vulgaris

Bladder Campion | báiyùcǎo

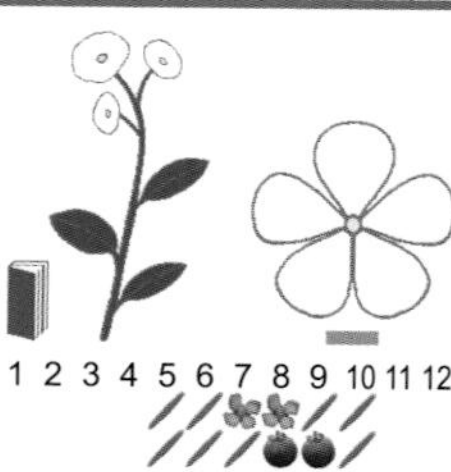

多年生草本；茎疏丛生，直立。叶片卵状披针形，下部茎生叶片基部渐狭成柄状，上部茎生叶片基部楔形，微抱茎①。二歧聚伞花序大型，花微俯垂，苞片卵状披针形；花萼宽卵形，呈囊状（①左上），近膜质，常显紫堇色；花瓣白色，瓣片倒卵形；花药蓝紫色，雄蕊、花柱明显外露。蒴果近圆球形，比宿存萼短。

产通化、白山、延边。生于草甸、荒地、林缘及山坡。

相似种：长柱蝇子草【*Silene macrostyla*，石竹科 蝇子草属】茎单生或丛生。叶片狭披针形。假轮伞状圆锥花序，具多数花②，花梗细，花萼宽钟形，有时淡紫色，萼齿短，花瓣白色，副花冠缺；雄蕊明显外露，花丝无毛，花柱明显外露③。蒴果卵形。产通化、延边；生于多砾石的草坡、干草原及岩石缝隙中。

白玉草叶片卵状披针形，花萼呈囊状；长柱蝇子草叶狭披针形，花萼宽钟形。

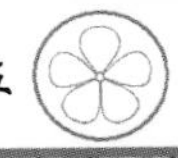

1
2
3
4
1
2
3

山酢浆草 山锄板 酢浆草科 酢浆草属

Oxalis griffithii

Triangular Woodsorrel | shāncùjiāngcǎo

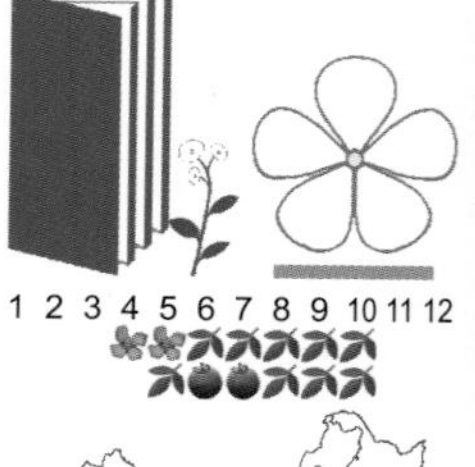

多年生草本；叶基生，小叶3，小叶宽倒三角形，先端凹陷。总花梗基生②，花梗被柔毛，苞片2，对生，卵形，被柔毛；萼片5，卵状披针形，先端具短尖，宿存；花瓣5，白色或稀粉红色，倒心形，先端凹陷①，基部狭楔形，具白色或带紫红色脉纹。蒴果近圆柱状②，有短柔毛。

产长白山区。生于腐殖质土较深处及杂木下。

相似种：白花酢浆草【*Oxalis acetosella*，酢浆草科 酢浆草属】叶基生，小叶3，倒心形③，先端凹陷。单花，苞片2，对生，卵形，萼片5，卵状披针形，先端具短尖，宿存，花瓣5，白色或稀粉红色，倒心形，具白色或带紫红色脉纹。蒴果卵球形④。产长白山区；生于针叶林、阔叶林、杂木林及灌丛阴湿地。

山酢浆草小叶宽倒三角形，蒴果近圆柱状；白花酢浆草小叶倒心形，蒴果卵球形。

曼陀罗 茄科 曼陀罗属

Datura stramonium

Jimsonweed | màntuóluó

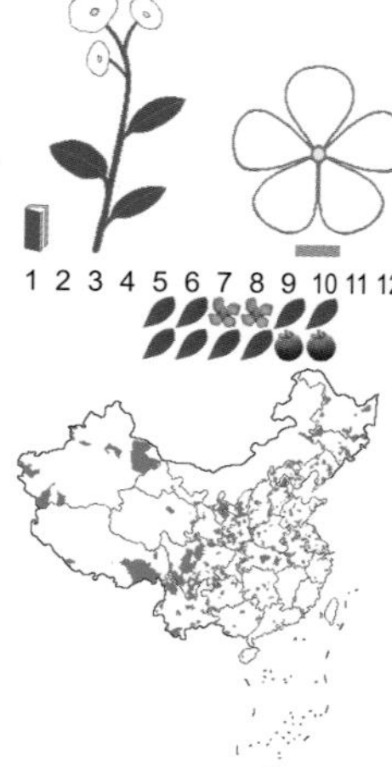

草本或半灌木状①；茎粗壮。叶广卵形，顶端渐尖，基部不对称楔形，边缘有不规则波状浅裂，裂片顶端急尖①。花单生于枝杈间或叶腋，直立②；花萼筒状，筒部有5棱角，两棱间稍向内陷，基部稍膨大，顶端紧围花冠筒，5浅裂，裂片三角形；花冠漏斗状，下半部带绿色，上部白色或淡紫色，檐部5浅裂，裂片有短尖头③，雄蕊不伸出花冠，子房密生柔针毛。蒴果直立，卵状，表面生有坚硬针刺④或有时无刺而近平滑，规则4瓣裂。

原产于里海地区，现逸为野生。产长白山区、白山、松原。

曼陀罗为草本或半灌木状，叶广卵形，花单生于枝杈间，花萼筒具5棱角，花冠漏斗状，上部白色或淡紫色，蒴果直立，规则4瓣裂。

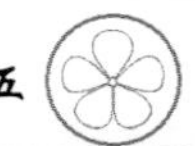

1
3
2
4
1
3
2
4

挂金灯 挂金灯酸浆 茄科 酸浆属

Physalis alkekengi* var. *franchetii

Franchet's Groundcherry | guàjīndēng

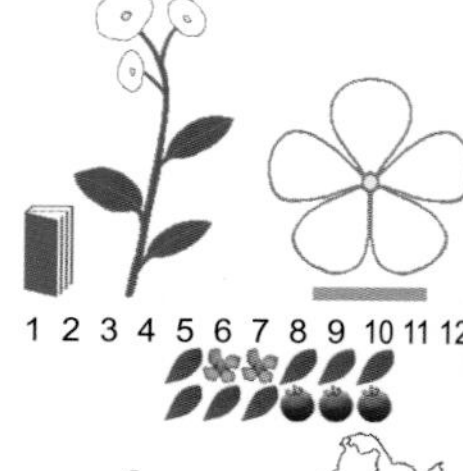

一年生或多年生草本；根状茎长，横走，茎直立①。单叶互生，叶片长卵形至广卵形或菱状卵形③。花单生于叶腋，花梗直立，花后向下弯曲；花萼钟状，绿色，萼齿三角形；花冠辐状，白色，5浅裂②，裂片广三角形；雄蕊与花柱短于花冠，花药黄色②。果梗无毛，果萼卵状，膨胀成灯笼状，橙红色至火红色，近革质，网脉显著，具10纵肋，顶端萼齿闭合，具缘毛；浆果球形，包于膨胀的宿存萼内，熟时橙红色④。

产全省各地。生于林缘、山坡草地、路旁、田间及住宅附近。

挂金灯为一年生或多年生草本，根状茎长，单叶互生，花单生于叶腋，花冠白色，浆果橙红色，包于膨胀的宿存萼内。

龙葵 苦葵 茄科 茄属

Solanum nigrum

Black Nightshade | lóngkuí

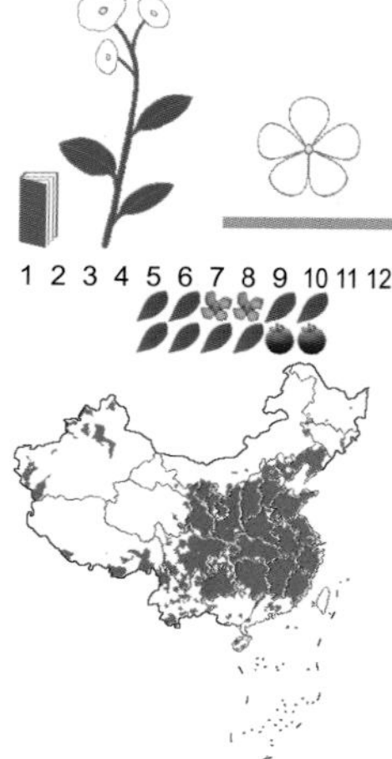

一年生直立草本植物；茎无棱或棱不明显，绿色或紫色，近无毛或被微柔毛。叶卵形，先端短尖④，基部楔形至阔楔形而下延至叶柄，全缘或每边具不规则的波状粗齿，光滑或两面均被稀疏短柔毛，叶脉每边5～6条。蝎尾状花序腋外生③，由3～10花组成；萼小，浅杯状，齿卵圆形；花冠白色，筒部隐于萼内，冠檐5深裂，裂片卵圆形；花丝短，花药黄色②。浆果球形，熟时黑色①。种子多数，近卵形，两侧压扁。

产全省各地。生于田野、荒地、路旁及居住区附近。

龙葵为一年生直立草本，叶无毛，蝎尾状花序3～10花，花冠白色，浆果球形，熟时黑色。

1
2
3
4
1
3
2
4

紫斑风铃草 吊钟花 桔梗科 风铃草属

Campanula punctata

Spotted Bellflower | zǐbānfēnglíngcǎo

多年生草本；全体被刚毛，具细长而横走的根状茎。茎直立，粗壮，通常在上部分枝。基生叶具长柄，叶片心状卵形，茎生叶下部的有带翅的长柄，上部的无柄，三角状卵形至披针形①。花顶生于主茎及分枝顶端，下垂②；萼筒先端5裂，裂片直立，狭三角形状披针形，裂片间有一个卵形至卵状披针形而反折的附属物，边缘有芒状长刺毛；花冠白色，带紫斑③，筒状钟形，下垂；雄蕊5，子房与萼筒合生，花柱无毛，柱头3裂，线形。蒴果半球状倒锥形④。

产长白山区。生于林缘、灌丛、山坡及路边草地。

紫斑风铃草为多年生草本，全体被刚毛，茎生叶下部的有带翅的长柄，花冠下垂，白色，带紫斑，筒状钟形，蒴果半球状倒锥形。

拟扁果草 毛茛科 拟扁果草属

Enemion raddeanum

Radde's False Rue-anemone | nǐbiǎnguǒcǎo

多年生草本；茎直立。基生叶1枚，早落；茎生叶通常仅1枚，为一回三出复叶，着生于茎的2/3以上处①，叶片三角形，小叶有柄，轮廓卵圆形。伞形花序有1～8花②，总苞片3，叶状，萼片5枚，白色，椭圆形，顶端微钝，花药黄色。蓇葖斜卵状椭圆形，表面有凸起的斜脉，宿存花柱微内弯。

产长白山区。生于山地林下。

相似种：阴地银莲花【*Anemone umbrosa*，毛茛科 银莲花属】叶片三角状卵形，基部心形，3全裂③，全裂片卵形，边缘有浅锯齿，两面有短伏毛。花葶细，近无毛，苞片3，萼片5，白色，椭圆形或卵状椭圆形④，顶端圆或钝，外面有短柔毛。产通化、吉林、延边、白山；生于林下、林缘、灌丛。

拟扁果草叶片为三出复叶，伞形花序有1～8花；阴地银莲花叶片为单叶三全裂，顶生1～2花。

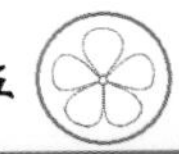

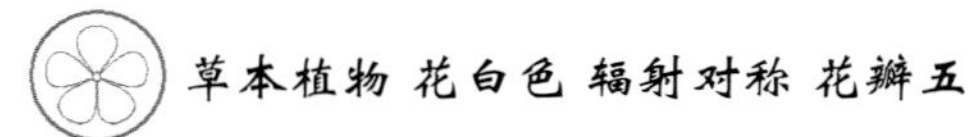

圆叶茅膏菜　茅膏菜科 茅膏菜属

Drosera rotundifolia

Round-leaved Sundew | yuányèmáogāocài

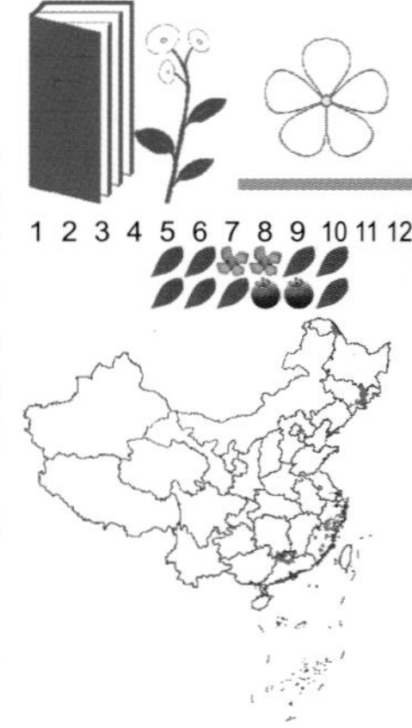

多年生草本；茎短。叶基生，密集，具长柄；叶片圆形或扁圆形，叶缘具长头状黏腺毛，上面腺毛较短，背面常无毛。螺状聚伞花序1～2条，腋生，花莛状，纤细，直立②，长8.5～21厘米，不分叉，具花3～8朵；苞片小，钻形；花萼下部合生，上部5裂，裂片卵形或狭卵形，边缘疏具小腺齿；花瓣5，白色①，匙形；雄蕊5；子房椭圆球形，1室，侧膜胎座3，胚球多数，花柱3，每个2深裂至基部。蒴果③，熟后开裂为3果室。

产延边、白山、通化。生于水甸子或沼泽湿地。

圆叶茅膏菜为多年生草本，叶基生莲座状，叶缘具长头状黏腺毛，螺状聚伞花序，花瓣5，白色，蒴果熟后3裂。

镜叶虎耳草　朝鲜虎耳草　虎耳草科 虎耳草属

Saxifraga fortunei* var. *koraiensis

Korean Saxifrage | jìngyèhǔ'ěrcǎo

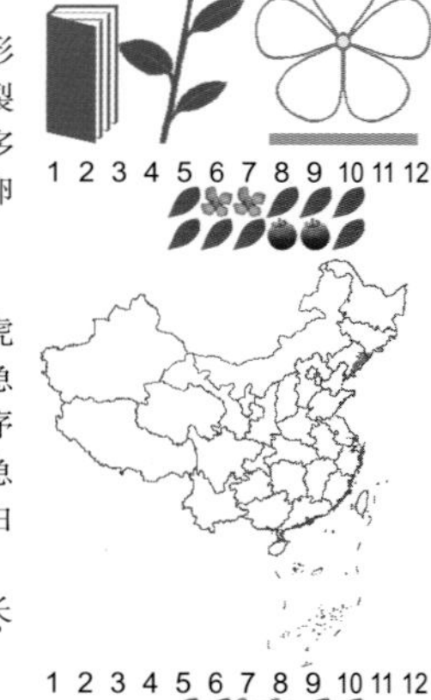

多年生草本；叶均基生，具长柄，叶片肾形至近心形，先端钝或急尖，基部心形，7～11浅裂①，叶柄被长腺毛，花莛被红褐色卷曲长腺毛。多歧聚伞花序圆锥状，苞片狭三角形，反曲，近卵形；花瓣白色至淡红色，先端渐尖②。

产通化、白山。生于林下、溪边及岩石缝隙。

相似种：长白虎耳草【*Saxifraga laciniata*，虎耳草科　虎耳草属】叶全部基生，稍肉质，先端急尖，边缘中上部具粗锯齿，中下部全缘。聚伞花序伞房状③，花瓣白色，基部具2黄色斑点，先端急尖或稍钝，基部狭缩成爪（③右上）。产延边、白山；生于岳桦林带、高山苔原带和荒漠带上。

镜叶虎耳草基生叶肾形，花瓣白色无斑点；长白虎耳草基生叶匙形，花瓣基部具2黄色斑点。

1
3
2
1
3
2

斑点虎耳草 虎耳草科 虎耳草属

Saxifraga nelsoniana

Dotted Saxifrage | bāndiǎnhǔ'ěrcǎo

多年生草本；茎直立，无毛。基生叶数枚，叶片肾形，基部心形，边缘有粗牙齿①。聚伞花序疏展，花轴与花梗被短腺毛，苞片条形；萼裂片5，花后反卷，花瓣白色或淡紫红色，基部具爪，先端钝圆；雄蕊10，花丝棒槌形，基部细②。蒴果，长约3毫米，先端具2喙状（②左上）。

产延边、白山。生于林下、溪流及石壁上。

相似种：腺毛虎耳草【*Saxifraga manchuriensis*，虎耳草科 虎耳草属】叶片肾形，边缘具圆状粗齿③，具掌状达缘脉序。聚伞花序紧密④；花梗密被白色腺柔毛，花瓣5，白色，长圆状倒披针形，雄蕊11～13，花丝棒状，子房近卵球形。产延边；生于溪边、林下、山坡石隙及湿草甸子。

斑点虎耳草花序疏展，花梗被短腺毛；腺毛虎耳草花序紧密，花梗密被白色腺毛。

梅花草 卫矛科/虎耳草科 梅花草属

Parnassia palustris

Wideword Parnassia | méihuācǎo

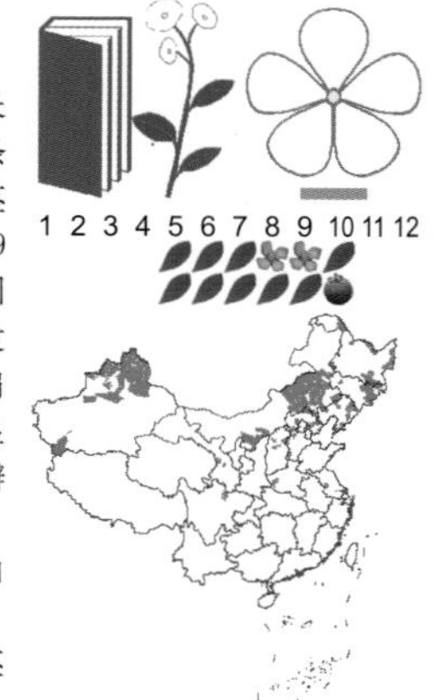

多年生草本；基生叶3至多数，叶片卵形至长卵形，偶有三角状卵形，叶柄两侧有窄翼，具长条形紫色斑点，茎生叶与基生叶同形①。花单生于茎顶，萼片椭圆形或长圆形，先端钝，全缘，具7～9条脉；花瓣5，白色，宽卵形或倒卵形②，先端圆钝或短渐尖，基部有宽而短的爪，有显著自基部发出的7～13条脉，常有紫色斑点；雄蕊5，花丝扁平，花药椭圆形，退化雄蕊5，呈分枝状，有明显主干；子房上位，卵球形③。蒴果卵球形，呈4瓣开裂④。

产长白山区。生于低湿草甸、林下湿地及高山苔原带上。

梅花草为多年生草本，叶卵形，花单生于茎顶，花瓣5，白色，常有紫色斑点，雄蕊5，丝状分裂成束，蒴果卵球形。

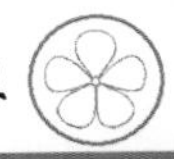

东方草莓 蔷薇科 草莓属

Fragaria orientalis

Oriental Strawberry | dōngfāngcǎoméi

多年生草本；茎被开展柔毛。三出复叶，小叶几无柄①，倒卵形或菱状卵形，叶柄被开展柔毛，有时上部较密。花序聚伞状，有花1～6朵②，花两性，稀单性；萼片卵圆披针形，顶端尾尖，副萼片线状披针形，偶有2裂；花瓣白色，几圆形③，基部具短爪，雄蕊近等长，雌蕊多数③。聚合果半圆形，成熟后紫红色④，宿存萼片开展或微反折，瘦果卵形，表面脉纹明显或仅基部具皱纹。

产延边、白山。生于山坡、林缘、草地、路旁及河边沙地上。

东方草莓为多年生草本，三出复叶，聚伞花序，花瓣白色，果熟时花托肉质，紫红色，聚合果半圆形，瘦果卵形。

野西瓜苗 香铃草 锦葵科 木槿属

Hibiscus trionum

Flower of an Hour | yěxīguāmiáo

一年生草本；叶二型，下部的叶圆形，上部叶掌状3～5深裂②，通常羽状全裂，叶柄被星状粗硬毛和星状柔毛。花单生于叶腋①，花梗果时延长，被星状粗硬毛；小苞片12，线形，被粗长硬毛，基部合生④；花萼钟形，淡绿色，裂片5，膜质，具纵向紫色条纹，中部以上合生；花淡黄色，内面基部紫色③，花瓣5，倒卵形，外面疏被极细柔毛；花丝纤细，花药黄色；花柱5。蒴果长圆状球形，被粗硬毛，果室5，果皮薄，黑色。

原产非洲中部，全省广泛分布。生于路旁、荒地、田间、田边及住宅附近。

野西瓜苗为一年生草本，上部叶掌状3～5深裂，花单生，花萼钟形，花淡黄色，内面基部紫色，蒴果长圆状球形。

睡菜

睡菜科/龙胆科 睡菜属

Menyanthes trifoliata

Buckbean | shuìcài

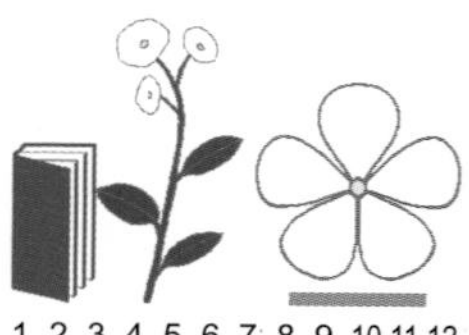

多年生沼生草本；匍匐状根状茎粗大。叶全部基生，挺出水面，三出复叶，小叶椭圆形①。花莛由根状茎顶端鳞片形叶腋中抽出；总状花序多花②，苞片卵形，先端钝，全缘，花梗斜伸；花萼筒甚短，裂片卵形；花冠白色，筒形，上部内面具白色长流苏状毛③，花瓣裂片椭圆状披针形；雄蕊着生于冠筒中部，整齐，花丝扁平，线形，花药箭形；子房椭圆形，花柱2裂。蒴果球形④。种子膨胀，圆形。

产长白山区。生于沼泽地、水甸子或湖边浅水中。

睡菜为多年生沼生草本，根状茎匍匐，叶基生，花5数，花冠白色，上部内面具白色长流苏状毛，蒴果球形。

潮风草

夹竹桃科/萝藦科 鹅绒藤属

Cynanchum ascyrifolium

Goatweed-leaf Swallow-wort | cháofēngcǎo

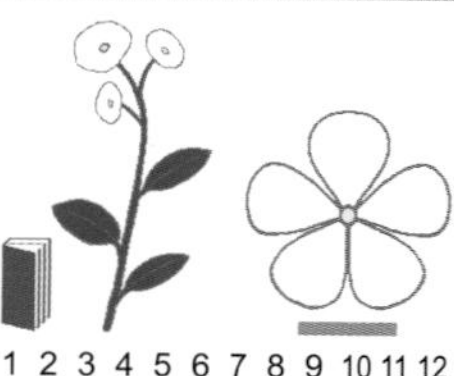

多年生直立草本；叶对生或四叶轮生，薄膜质，椭圆形或宽椭圆形①，顶端渐尖。伞形聚伞花序顶生及腋生，花梗及花序梗均被柔毛，内面基部具小腺体5个；花冠白色②，副花冠杯状，5裂至中部，裂片卵形；花粉块每室1个，下垂，近球形，柱头扁平。蓇葖单生，披针形，长渐尖，外果皮具柔毛。

产长白山区。生于疏林下向阳处、山坡草地上及沟边。

相似种：地梢瓜【*Cynanchum thesioides*，夹竹桃科/萝藦科 鹅绒藤属】直立半灌木；叶对生或近对生，线形，全缘，向背面反卷。花冠绿白色，5深裂④，裂片椭圆状披针形，副花冠杯状，5深裂，裂片三角状披针形。蓇葖纺锤形，先端渐尖③，中部膨大。产白城、松原；生于山坡、沙丘、山谷、荒地、田边。

潮风草叶对生或四叶轮生，广椭圆形，花冠白色；地梢瓜叶对生或近对生，线形，花冠绿白色。

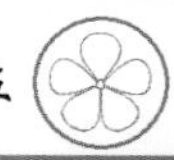

白芷 伞形科 当归属

Angelica dahurica

Dahurian Angelica | báizhǐ

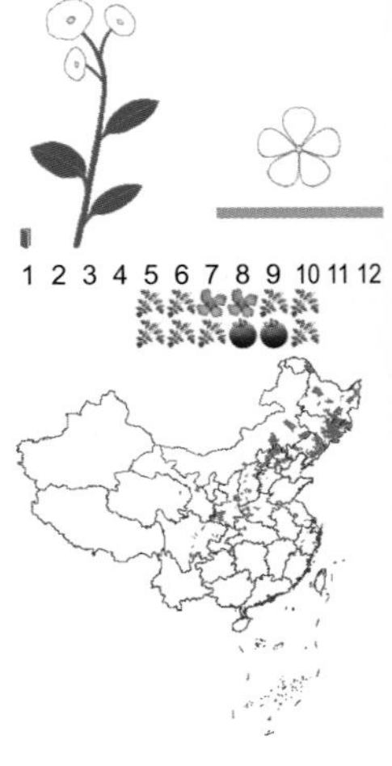

多年生高大草本；茎通常带紫色，中空，有纵长沟纹。基生叶一回羽状分裂，叶柄下部有叶鞘；茎上部叶二至三回羽状分裂②，叶片轮廓为卵形至三角形；叶柄下部为囊状膨大的膜质叶鞘，常带紫色，末回裂片长圆形，花序下方的叶简化成囊状叶鞘。复伞形花序顶生或侧生①，伞辐18～40，中央主伞有时伞辐多至70，总苞片成长卵形膨大的鞘，小总苞片线状披针形，花白色，花瓣倒卵形③。果实长圆形至卵圆形④，黄棕色，背棱扁，厚而钝圆。

产长白山区和西部草原。生于河谷湿地、林间草地、林缘灌丛及林间路旁。

白芷为多年生高大草本，叶二至三回羽裂分裂，花序下方的叶简化成囊状叶鞘，复伞形花序，花白色，果实长圆形。

峨参 伞形科 峨参属

Anthriscus sylvestris

Cow Parsley | éshēn

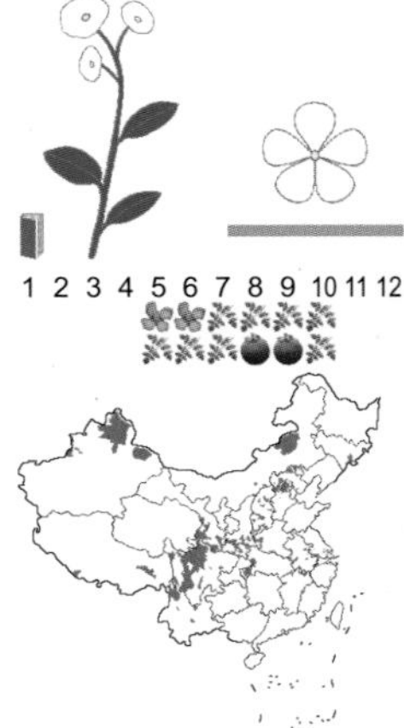

二年生或多年生草本；茎较粗壮，多分枝①。基生叶有长柄，基部有鞘，叶片轮廓呈卵形，二回羽状分裂②，一回羽片有长柄，卵形至宽卵形，有二回羽片3～4对，二回羽片有短柄，轮廓卵状披针形，羽状全裂或深裂，有粗锯齿；茎上部叶有短柄或无柄，基部呈鞘状。复伞形花序，小总苞片5～8，卵形至披针形，花白色③，通常带绿或黄色，花柱较花柱基长2倍。双悬果线状长圆形，基部有一圈白刺毛，先端呈短喙状④。

产长白山区。生于林缘、林间草地及沟谷湿地。

峨参为二年生或多年生草本，基生叶有长柄，二回羽状复叶，复伞形花序，花白色，双悬果线状长圆形，基部有一圈白刺毛。

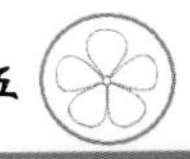

毒芹 芹叶钩吻 伞形科 毒芹属

Cicuta virosa

Mackenzie's Water Hemlock | dúqín

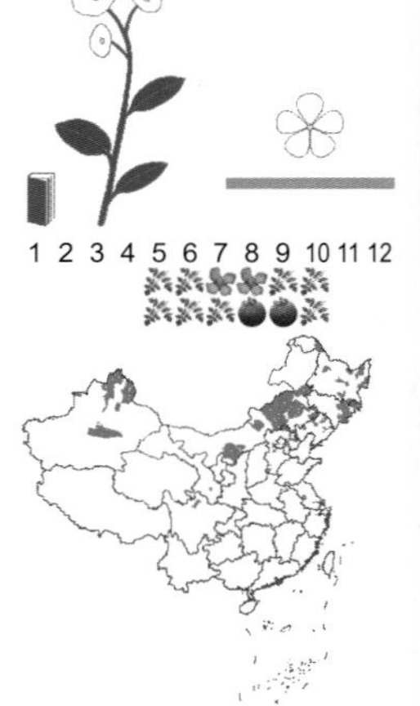

多年生粗壮草本；全株无毛，茎直立①，圆筒形。基生叶具柄，鞘膜质；叶片轮廓呈三角形或三角状披针形，二至三回羽状分裂②；上部的茎生叶有短柄，叶片的分裂形状如同基生叶；最上部的茎生叶一至二回羽状分裂。复伞形花序呈半球形，总苞片近线形，伞辐6～25，近等长，小总苞片多数，线状披针形，小伞形花序有花15～35，萼齿明显，卵状三角形，花瓣白色③，倒卵形或近圆形，花药近卵圆形。双悬果近圆形④，果棱肥厚，钝圆，带木栓质。

全草有毒。产全省各地。生于河边、水沟旁、沼泽、湿草甸子、林下水湿地。

毒芹为多年生粗壮草本，全株无毛，茎直立中空，叶二至三回羽状分裂，复伞形花序呈半球形，花白色，双悬果近圆形，果棱肥厚。

蛇床 伞形科 蛇床属

Cnidium monnieri

Monnier's Snowparsley | shéchuáng

一年生草本；根圆锥状，较细长。茎多分枝，中空，表面具条棱。下部叶具短柄，叶鞘短宽，边缘膜质，上部叶柄全部鞘状；叶片轮廓卵形至三角状卵形，二至三回三出式羽状全裂②，羽片轮廓卵形至卵状披针形，先端常略呈尾状，末回裂片线形，具小尖头。复伞形花序①，总苞片6～10，线形至线状披针形，伞辐8～20；小总苞片多数，线形，小伞形花序具花15～20，花瓣白色③，先端具内折小舌片，花柱基略隆起，向下反曲。果实广椭圆形④。

产全省各地。生于山野、路旁、沟边及湿草甸子。

蛇床为一年生草本，叶二至三回三出式羽状全裂，复伞形花序，花瓣白色，先端具内折小舌片，果实广椭圆形。

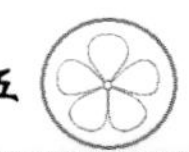

1
3
2
4
1
3
2
4

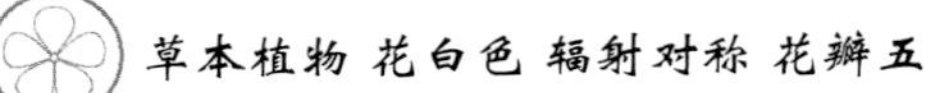

东北羊角芹 伞形科 羊角芹属

Aegopodium alpestre

Alpine Goutweed | dōngběiyángjiǎoqín

多年生草本；茎直立，中空。基生叶有柄，叶鞘膜质，叶片轮廓呈阔三角形，通常三出式二回羽状分裂②，羽片卵形或长卵状披针形，边缘有不规则的锯齿或缺刻状分裂，齿端尖；最上部的茎生叶小，三出式羽状分裂，羽片卵状披针形，先端渐尖至尾状。复伞形花序顶生或侧生①，伞辐9～17，小伞形花序有多数小花，花柄不等长，花瓣白色③，倒卵形，顶端微凹，花柱基圆锥形，花柱向外反折④。果实长圆形，主棱明显，棱槽较阔，无油管。

产长白山区。生于杂木林下、林缘及山坡草地。

东北羊角芹为多年生草本，茎上部稍有分枝，叶鞘膜质，叶片为三出或二回羽状分裂，复伞形花序，花瓣白色，果实长圆形，主棱明显。

防风 伞形科 防风属

Saposhnikovia divaricata

Saposhnikovia | fángfēng

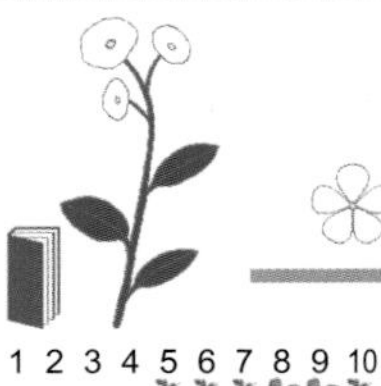

多年生草本；茎单生，自基部分枝较多，斜上升①，有细棱。基生叶丛生，有扁长的叶柄，基部有宽叶鞘，叶片卵形或长圆形，二回或近于三回羽状分裂②，第一回裂片卵形或长圆形，第二回裂片下部具短柄，末回裂片狭楔形；茎生叶与基生叶相似。复伞形花序多数，生于茎和分枝，伞辐5～7；小伞形花序有花4～10③，小总苞片4～6，线形或披针形，萼齿短三角形，花瓣倒卵形，白色③。双悬果狭圆形或椭圆形④。

产全省各地。生于灌丛、草原、沙地及干燥的石质山坡上。

防风为多年生草本，茎分枝较多有细棱，有宽叶鞘，叶二回羽状分裂，复伞形花序多数，花白色，双悬果狭圆形，幼时有疣状突起。

1
2
3
4
1
3
2
4

兴安独活　　伞形科 独活属

Heracleum dissectum

Dissected Cowparsnip | xīng'āndúhuó

多年生草本；植株较粗糙多毛，茎直立。基生叶有长柄，基部呈鞘状，叶片三出羽状分裂，有3～5小叶①，小叶广卵形或卵状长圆形，有柄，基部心形、楔形或不整齐，多少呈羽状深裂或缺刻，叶背面密被灰白色短茸毛；茎上部叶渐简化，叶柄全部呈宽鞘状。复伞形花序，伞辐20～30，不等长；小总苞片数片，线状披针形；萼齿三角形；花瓣白色②，花柱基短圆锥形。果实椭圆形或倒卵形，无毛或有稀疏的细毛③。

产白山、延边。生于林下、林缘及河岸湿草地。

兴安独活为多年生草本，植株粗糙多毛，叶片三出羽状分裂，复伞形花序，伞辐20～30，花瓣白色，二型，果实椭圆形，无毛。

水芹　　伞形科 水芹属

Oenanthe javanica

Java Waterdropwort | shuǐqín

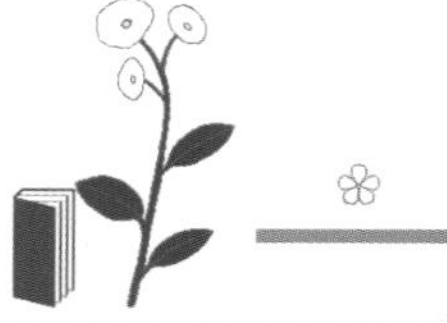

多年生草本；具须根，茎中空，直立或基部匍匐。基生叶有柄，叶片轮廓三角形，一至二回羽状分裂②，末回裂片卵形至菱状披针形；茎上部叶无柄，裂片和基生叶的裂片相似，较小。复伞形花序顶生①，小总苞片线形，小伞形花序有花20余朵，萼齿线状披针形；花瓣白色，倒卵形③，有一长而内折的小舌片，花柱基圆锥形，花柱直立或两侧分开。果实近于四角状椭圆形或筒状长圆形④，侧棱较背棱和中棱隆起，分生果横剖面近于五边状的半圆形。

产长白山区、长春、四平。生于沼泽、湿地、沟边及水田中。

水芹为多年生草本，具须根，茎中空，叶片轮廓三角形，一至二回羽状分裂，复伞形花序顶生，花瓣白色，果实近于四角状椭圆形。

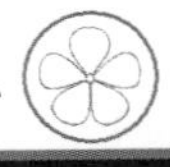

短果茴芹 大叶芹 伞形科 茴芹属

Pimpinella brachycarpa

short-fruit pimpinella | duǎnguǒhuíqín

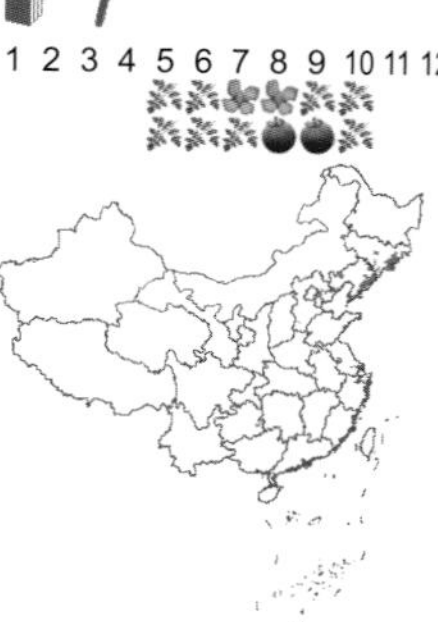

多年生草本；基生叶及茎中下部叶有柄，叶鞘长圆形①，叶片三出分裂，成三小叶②，裂片有短柄，两侧的裂片卵形，顶端的裂片宽卵形，基部楔形，顶端短尖；茎上部叶无柄，叶片3裂，裂片披针形。复伞形花序，通常无总苞片，稀1～3，线形，伞辐7～15；小总苞片线形，小伞形花序有花15～20，萼齿较大；花瓣阔倒卵形或近圆形，白色③，基部楔形，顶端微凹，有内折的小舌片，中脉和侧脉都比较明显，花柱基圆锥形向两侧弯曲。果实卵球形，果棱线形④。

产长白山区、四平。生于针阔叶混交林林下、林缘或肥沃、较阴湿的土壤。

短果茴芹为多年生草本，叶片三出分裂，成三小叶，花瓣白色，有内折的小舌片，果实卵球形，果棱线形。

棱子芹 伞形科 棱子芹属

Pleurospermum uralense

Kamchatka Pleurospermum | léngzǐqín

多年生草本；茎中空，表面有细条棱。基生叶或茎下部的叶有较长的柄，叶片轮廓宽卵状三角形，三出式二回羽状全裂①，末回裂片狭卵形或狭披针形①，茎上部的叶有短柄。顶生复伞形花序大②，总苞片多数，线形或披针形，伞辐20～60，不等长；侧生复伞形花序较小，伞辐10～15；小总苞片6～9，线状披针形，花多数，白色，花瓣宽卵形，花药黄色③。果实卵形，果棱狭翅状④。

产长白山区。生于林下、林缘、河岸及亚高山草地上。

棱子芹多年生草本，叶大型三出式二回羽状全裂，顶生复伞形花序大，侧生较小，花多数，白色，果实卵形，果棱狭翅状。

泽芹 伞形科 泽芹属

Sium suave

Hemlock Waterparsnip | zéqín

多年生草本；茎直立，粗大有条纹，有少数分枝，通常在近基部的节上生根①。叶片轮廓呈长圆形至卵形，一回羽状分裂，有羽片3～9对，羽片无柄②，疏离，披针形至线形，上部的茎生叶较小②。复伞形花序顶生和侧生①，花序梗粗壮，总苞片6～10，披针形或线形；小总苞片线状披针形，尖锐，全缘，伞辐10～20，细长；花白色③，萼齿细小，花柱基短圆锥形③。果实卵形，分生果的果棱肥厚，近翅状，心皮柄的分枝贴近合生面④。

产长白山区、白城、松原。生于沼泽、湿草甸子、溪边及水旁较阴湿处的山坡上。

泽芹为多年生草本，茎具明显的粗棱，茎生叶有5～9对小叶，复伞形花序顶生和侧生，花白色，果实卵形，分生果的果棱肥厚，近翅状。

石防风 珊瑚菜 伞形科 前胡属

Peucedanum terebinthaceum

Terebinthine Peucedanum | shífángfēng

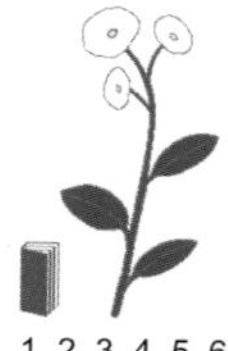

多年生草本；基生叶有长柄，叶片轮廓为椭圆形至三角状卵形，二回羽状全裂，第一回羽片3～5对，末回裂片披针形；茎生叶与基生叶同形，但较小，无叶柄，仅有宽阔叶鞘抱茎。复伞形花序多分枝①，小总苞片6～10，线形，花瓣白色，倒心形。分生果椭圆形，背部扁压，背棱和中棱线形突起②。

产长白山区。生于灌丛、草地及石质山坡。

相似种：刺尖前胡【*Peucedanum elegans*，伞形科 前胡属】多年生草本；叶片三回羽状全裂，末回裂片先端具刺状小尖头③。复伞形花序，花瓣白色或淡紫色，倒卵状圆形，小舌片内折。分生果长圆形，背棱与中棱丝状轻微突起，侧棱呈翅状④。产通化、白山、延边；生于多石山上、针叶疏林内碎石地。

1 2 3 4 5 6 7 8 9 10 11 12

石防风末回裂片披针形或狭披针形，先端无白色刺尖；刺尖前胡末回裂片线状披针形，先端具白色刺尖。

1
2
3
4
1
2
3
4

小窃衣 破子草 伞形科 窃衣属

Torilis japonica

Erect Hedgeparsley | xiǎoqièyī

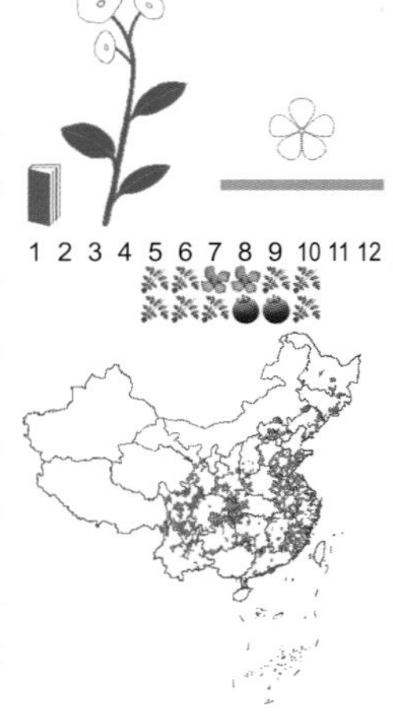

一年生草本；茎有纵条纹及刺毛。叶柄下部有窄膜质的叶鞘，叶片长卵形，二至三回羽状分裂②，第一回羽片卵状披针形，末回裂片披针形以至长圆形，边缘有条裂状的粗齿至缺刻或分裂。复伞形花序顶生或腋生①，总苞片线形，小总苞片5～8，线形或钻形，小伞形花序有花4～12朵，萼齿细小；花瓣白色③、紫红色或蓝紫色，倒圆卵形，顶端内折，外面中间至基部有紧贴的粗毛。双悬果圆卵形，密被钩状的皮刺④。

产长白山区。生于杂木林下、林缘、路旁、河沟边以及溪边草丛。

小窃衣为一年生草本，茎有纵条纹及刺毛，叶二至三回羽状分裂，末回裂片披针形，复伞形花序，花瓣白色、紫红色或蓝紫色，双悬果圆卵形，密被钩状的皮刺。

东北点地梅 报春花科 点地梅属

Androsace filiformis

Filiformis Rockjasmine | dōngběidiǎndìméi

一年生草本；莲座状叶丛单生，叶长圆形至卵状长圆形，先端钝或稍锐尖，基部短渐狭，边缘具稀疏小牙齿，无毛。花莛通常3至多枚，自叶丛中抽出；伞形花序多花①，苞片线状披针形；花萼杯状，裂片分裂约达中部，先端锐尖，具极狭的膜质边缘；花冠白色，裂片长圆形，先端尖②。蒴果近球形。

产松原及中部以东各地。生于湿地、荒地。

相似种：北点地梅【*Androsace septentrionalis*，报春花科 点地梅属】一年生草本；莲座状叶丛单生，叶倒披针形或长圆状披针形，中部以上边缘具稀疏牙齿。花莛1至数枚，伞形花序多花③，花萼钟状，先端锐尖，花冠白色，先端微凹④。蒴果近球形。产延边；生于路旁、山地阳坡及沟谷中。

东北点地梅叶无毛，花萼裂达中部，花瓣先端尖；北点地梅叶有短毛，花萼裂达全长的1/3，花瓣先端微凹。

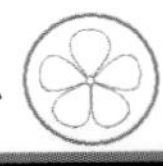

狼尾花

报春花科 珍珠菜属

Lysimachia barystachys

Chinese Fountaingrass | lángwěihuā

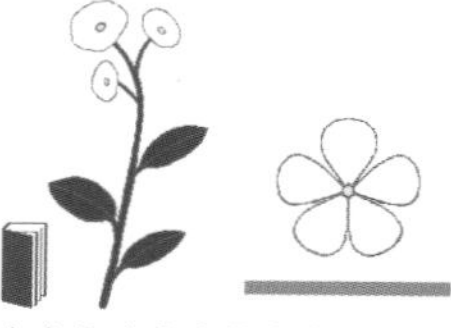

多年生草本；茎直立。叶互生或近对生，长圆状披针形、倒披针形以至线形。总状花序顶生①，花密集，苞片线状钻形，花萼分裂近达基部，裂片长圆形，周边膜质，顶端圆形，略呈啮蚀状；花冠白色，基部合生，裂片舌状狭长圆形，雄蕊内藏，花药椭圆形，花柱短。蒴果球形，直径2.5～4毫米②。

产长白山区、西部草原。生于草甸、沙地、路旁及灌丛间。

相似种：矮桃【*Lysimachia clethroides*，报春花科 珍珠菜属】多年生草本；全株无毛。叶互生，长椭圆形或阔披针形③。花萼裂齿近达基部，裂片卵状椭圆形。花冠白色，基部合生，裂片狭长圆形，先端圆钝；雄蕊内藏。蒴果近球形，直径2.5～3毫米④。产通化、白山、延边；生于林缘、山坡及杂木林下。

狼尾花叶较窄，果梗有毛，与主轴成锐角；矮桃叶较宽，果梗无毛，与主轴成直角。

海乳草

报春花科 海乳草属

Glaux maritima

Sea Milkwort | hǎirǔcǎo

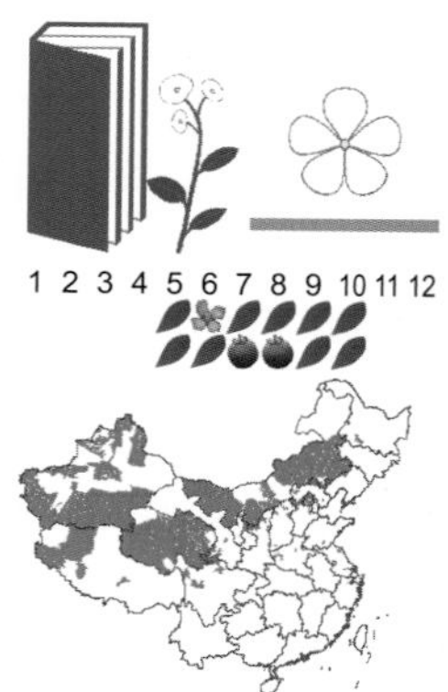

多年生草本；茎直立或下部匍匐①。叶近于无柄，交互对生或有时互生，间距极短，近茎基部的3～4对鳞片状，膜质，上部叶肉质，线形、线状长圆形或近匙形，先端钝或稍锐尖，基部楔形，全缘。花单生于茎中上部叶腋，花梗有时极短，不明显；花萼钟形，白色或粉红色②，花冠状，分裂达中部，裂片倒卵状长圆形，先端圆形③；雄蕊5，稍短于花萼；子房卵珠形。蒴果卵状球形，先端稍尖，略呈喙状④。

产白城、松原、四平。生于河漫滩盐碱地、沼泽草甸中及海岸。

海乳草为多年生草本，叶茎生，无柄，交互对生或有时互生，花单生叶腋，花萼钟形，花冠状，白色或粉红色，蒴果卵状球形。

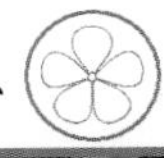

紫草 硬紫草 紫草科 紫草属

Lithospermum erythrorhizon

Lithospermum | zǐcǎo

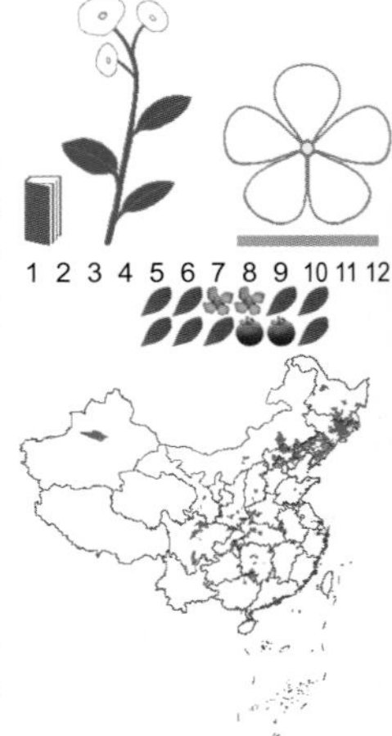

多年生草本；根富含紫色物质。茎通常1～3条，直立。叶无柄，卵状披针形至宽披针形②，先端渐尖。花序生于茎和枝上部①，长2～6厘米，果期延长，苞片与叶同形而较小，花萼裂片线形，花冠白色，外面稍有毛，檐部与筒部近等长，裂片宽卵形③，开展，全缘或微波状，先端有时微凹，喉部附属物半球形，无毛，雄蕊着生花冠筒中部稍上，柱头头状。小坚果卵球形，乳白色或带淡黄褐色，平滑，有光泽④。

产长白山区、长春。生于林缘、灌丛及石砾山坡。

紫草为多年生草本，根富含紫色物质，茎被开展的糙毛，叶无柄，宽披针形，花冠白色，小坚果乳白色。

砂引草 紫丹草 紫草科 紫丹属

Tournefortia sibirica

Siberian Sea Rosemary | shāyǐncǎo

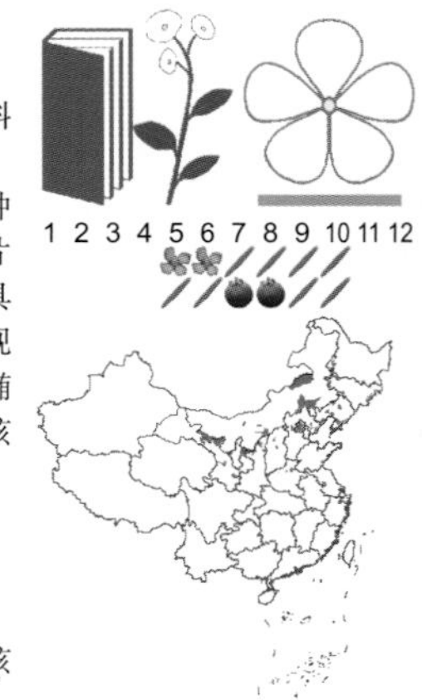

多年生草本；茎单一或数条丛生①，直立或斜升。叶披针形、倒披针形或长圆形。花序顶生②，萼片披针形，密生向上的糙伏毛；花冠黄白色，钟状③，裂片卵形或长圆形，外弯，花冠筒较裂片长，外面密生向上的糙伏毛；花药长圆形，先端具短尖，花丝极短，着生花筒中部；子房无毛，略现4裂，花柱细，柱头浅2裂，下部环状膨大。核果椭圆形或卵球形，粗糙，密生伏毛④，先端凹陷，核具纵肋。

产白城、松原、四平、延边。生于海滨沙地、干旱荒漠及山坡道旁。

砂引草为多年生草本，全株被灰白色长柔毛，叶披针形，伞房花序顶生，花白色，子房4裂，核果椭圆形。

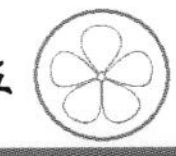

1
2
3
4
1
3
2
4

喜冬草 杜鹃花科/鹿蹄草科 喜冬草属

Chimaphila japonica

Japanese Wintergreen | xǐdōngcǎo

常绿草本状小半灌木；叶对生或3～4枚轮生，革质，阔披针形，先端急尖，基部圆楔形或近圆形①，鳞片状叶互生，褐色。花莛有细小疣，有1～2枚长圆状卵形苞片，先端急尖或短渐尖。花单一，顶生或叶腋生，半下垂②，白色，萼片膜质，卵状长圆形或长圆状卵形；花瓣倒卵圆形，先端圆形；雄蕊10，花丝短，花药有小角，顶孔开裂，黄色；花柱极短，倒圆锥形，柱头大，圆盾形，5圆浅裂。蒴果扁球形③。

产长白山区。生于山地针阔叶混交林、阔叶林或灌丛下。

喜冬草为常绿草本状小半灌木，叶长椭圆形，全部边缘有疏锯齿，花梗顶端着生1朵花，花半下垂，蒴果扁球形。

兴安鹿蹄草 杜鹃花科/鹿蹄草科 鹿蹄草属

Pyrola dahurica

Dahurian Pyrola | xīng'ānlùtícǎo

常绿草本状小半灌木；茎直立。叶2～7，基生，革质，近圆形或广卵形。花莛有1～2枚鳞片状叶，相距甚远，卵状披针形或卵状长圆形①。总状花序有5～10花，花倾斜，稍下垂，花冠展开，碗状，白色；花梗较短，萼片舌形，花瓣广倒卵形，质地较厚，先端圆钝；雄蕊10，花丝较短，花柱稍伸出花冠。蒴果扁球形②。

产延边、白山。生于针叶林、针阔叶混交林或阔叶林下。

相似种：肾叶鹿蹄草【*Pyrola renifolia*，杜鹃花科/鹿蹄草科 鹿蹄草属】常绿草本状小半灌木；叶2～6，基生，薄革质，肾形或圆肾形③。总状花序长，疏生，花倾斜，稍下垂，花冠宽碗状，白色微带淡绿色，花瓣倒卵圆形，雄蕊10，花药具小角，黄色，花柱弯曲，伸出花冠④。产延边、白山；生于云杉、冷杉及落叶松林下湿润的苔藓中。

兴安鹿蹄草叶近圆形或广卵形，花萼舌形；肾叶鹿蹄草叶肾形或圆肾形，花萼半圆形。

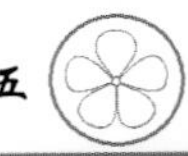

1
2
3
1
3
2
4

球果假沙晶兰 杜鹃花科 假沙晶兰属

Monotropastrum humile

Short Cheilotheca | qiúguǒjiǎshājīnglán

多年生腐生草本植物；肉质。叶鳞片状，无柄，互生，长圆形。花单一，顶生，下垂①，无色，花冠管状钟形，萼片2～5，长圆形，花瓣3～5，长方状长圆形；雄蕊8～12，花药近倒卵圆形，紧贴在柱头周围，橙黄色；子房1室，卵形或长圆形，柱头宽大。浆果近卵球形或椭圆形，下垂②。

产延边、白山、通化。生于林下、林缘及山坡。

相似种：松下兰【*Monotropa hypopitys*，杜鹃花科/鹿蹄草科 水晶兰属】全株无叶绿素，白色或淡黄色，肉质。叶鳞片状，互生，卵状长圆形。总状花序有花3～8朵③，长圆形或倒卵状长圆形；雄蕊8～10，中轴胎座，子房4～5室。蒴果椭圆状球形④。产地同上；生于针阔叶混交林下及林缘等土质肥沃处。

球果假沙晶兰花单一，顶生，浆果下垂；松下兰为总状花序，有花3～8朵，蒴果直立。

独丽花 杜鹃花科/鹿蹄草科 独丽花属

Moneses uniflora

Single Delight | dúlìhuā

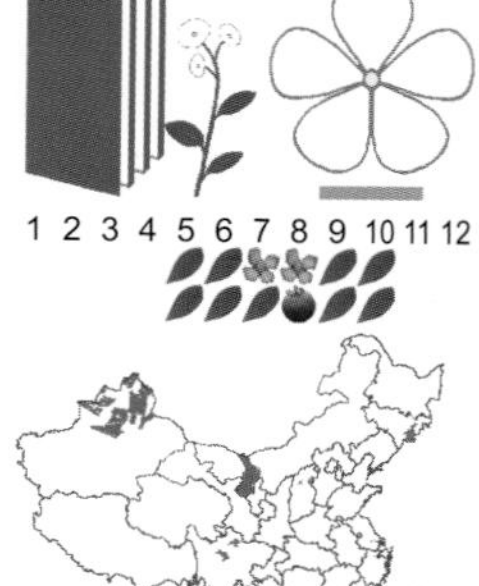

常绿草本状矮小半灌木；叶对生或近轮生于茎基部，薄革质，圆卵形或近圆形，先端圆钝，基部近圆形，边缘有锯齿①。花单生于花莛顶端，花冠水平广开展，碟状，下垂，白色②，具芳香；萼片卵圆形或卵状椭圆形，先端近圆头或钝头状，边缘有细缘毛，绿色或淡绿白色；花瓣卵形，雄蕊10，每2个与花瓣对生③，花丝细长，花药有较长的小角，在顶端孔裂，黄色；花柱直立，柱头5裂。蒴果近球形④，5瓣裂。

产长白山区。生于山地林下。

独丽花为常绿草本状矮小半灌木，叶对生或轮生于茎基部，卵圆形，花单生于花莛顶端，花萼卵圆形，绿白色，蒴果近球形，5瓣裂。

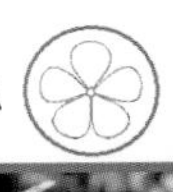

二歧银莲花

毛茛科 银莲花属

Anemone dichotoma

Dichotomous Anemone | èrqíyínliánhuā

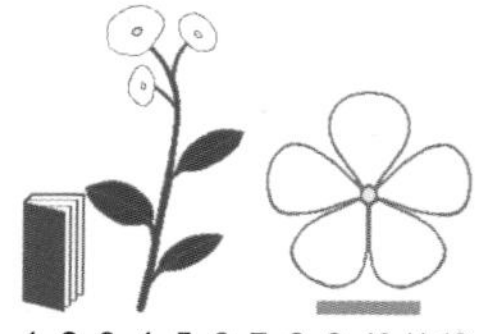

多年生草本；基生叶1，通常不存在。花莛有稀疏贴伏的短柔毛；总苞苞片2，扇形，3深裂近基部，深裂片近等长①，狭楔形或线状倒披针形，不明显3浅裂，表面近无毛，背面有短柔毛；花序二至三回二歧状分枝②；小总苞苞片似总苞苞片，花单生于花序分枝处；萼片5，白色或带粉红色，倒卵形或椭圆形③；心皮约30，无毛；子房长圆形，有向外弯的短花柱。瘦果扁平，卵形或椭圆形，有边缘和稍弯的宿存花柱④。

产吉林、通化、白山、延边。生于山坡湿草地、林下及草甸。

二歧银莲花为多年生草本，茎上部叉状分枝，茎生叶着生在分歧处，对生，无柄，3深裂，萼片5，白色或带粉红色，瘦果扁平，椭圆形。

毛果银莲花

毛茛科 银莲花属

Anemone baicalensis

Baikal Anemone | máoguǒyínliánhuā

多年生草本；根状茎细长。基生叶1～2，有长柄，叶片肾状五角形，3全裂①，中全裂片宽菱形，上部3浅裂，两面有短柔毛，叶柄有开展柔毛。花莛有与叶柄相同的毛；苞片3，无柄，菱形或宽菱形，3深裂；花梗有白色短柔毛；萼片5～6，白色，倒卵形③，顶端钝或圆形，外面有疏柔毛；雄蕊长约为萼片之半②，花药椭圆形，花丝丝形；子房密被柔毛，有短花柱，柱头近头形。果实椭圆形，有毛④。

产通化、白山、延边。生于林下、林缘及灌丛。

毛果银莲花为多年生草本，基生叶1～2，肾状五角形，花梗有白色短柔毛；萼片5～6，白色，倒卵形，果实椭圆形，有毛。

尖被藜芦

藜芦科/百合科 藜芦属

Veratrum oxysepalum

White False Hellebore | jiānbèilílú

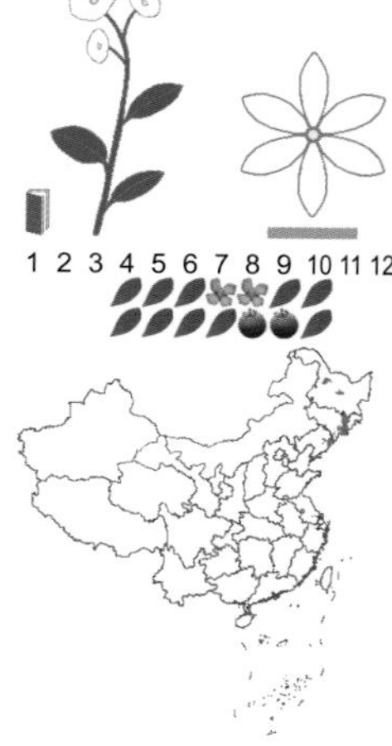

多年生草本；茎基部密生无网眼的纤维束。叶椭圆形或矩圆形，先端渐尖或短急尖，基部无柄①，抱茎。圆锥花序，密生或疏生多数花②，侧生总状花序近等长，花序轴密生短绵状毛；花被片背面绿色，内面白色，矩圆形至倒卵状矩圆形③，先端钝圆或稍尖，基部明显收狭，边缘具细牙齿，外花被片背面基部略生短毛；花梗比小苞片短；雄蕊长约为花被片的1/2～3/4；子房疏生短柔毛或乳突状毛。蒴果密被绵毛，花被片宿存④。

产长白山区。生于草甸、湿草地、林下、林缘及亚高山草地上。

尖被藜芦为多年生草本，茎基部密生无网眼的纤维束，叶椭圆形，基部无柄，抱茎，圆锥花序狭，花绿白色，蒴果密被绵毛。

鹿药

天门冬科/百合科 舞鹤草属

Maianthemum japonicum

Japanese False Solomon's Seal | lùyào

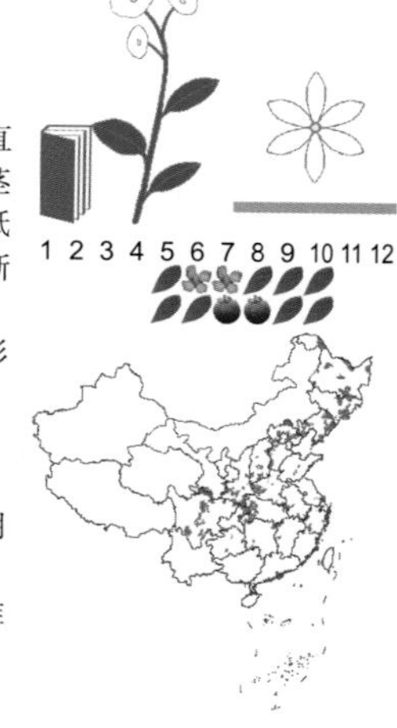

多年生草本；根状茎横走，肉质肥厚。茎直立，上部稍向外倾斜，密生粗毛。下部有鳞叶；茎中部以上或仅上部具粗伏毛，具4～9叶①；叶纸质，卵状椭圆形、椭圆形或矩圆形，先端近短渐尖，具短柄。圆锥花序有毛，具10～20余朵花②；花单生，白色花被片分离或仅基部稍合生，矩圆形或矩圆状倒卵形，基部贴生于花被片上；花药小；花柱与子房近等长，柱头几不裂③。浆果近球形，熟时红色④。

产长白山区。生于针阔叶混交林或杂木林下阴湿处。

鹿药为多年生草本，有多枚叶，具短柄，圆锥花序，花单生，白色，浆果近球形，熟时红色。

1
3
2
4
1
3
2
4

玉竹 葳蕤 天门冬科/百合科 黄精属

Polygonatum odoratum

Fragrant Solomon's Seal | yùzhú

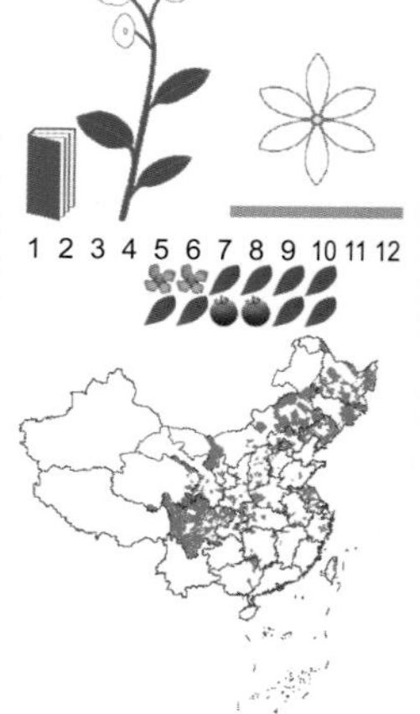

多年生草本；茎单一，上部倾斜。叶片7～14枚互生于茎中上部，椭圆形①，先端尖。花序常具1～4朵花，生于叶腋，花序梗弯而下垂；无苞片或有条状披针形苞片；花绿黄色或白色，有香气，花被片6，下部合生成筒状，先端6裂，裂片卵形，覆瓦状排列；雄蕊6，柱头3裂。浆果蓝黑色②。

产中东部。生于腐殖质肥沃的山地林下、林缘灌丛或沟边。

相似种：小玉竹【*Polygonatum humile*，天门冬科/百合科 黄精属】茎直立，有棱角。叶互生，无柄或下部叶有极短的柄，叶片长圆形、长圆状披针形或广披针形③，表面无毛，背面及边缘具短糙毛。花序通常仅具1花，花被白色，顶端带绿色。浆果蓝黑色④。产长白山区；生于山坡、林下、林缘、路旁。

1 2 3 4 5 6 7 8 9 10 11 12

玉竹茎上部倾斜，叶背无毛，花序常具1～4朵花；小玉竹茎直立，叶背有毛，花序通常仅具1朵花。

高山龙胆 龙胆科 龙胆属

Gentiana algida

Cold Gentian | gāoshānlóngdǎn

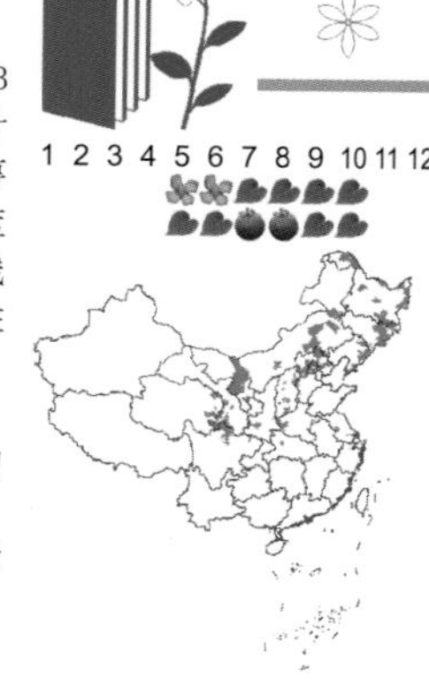

多年生草本；枝2～4个丛生。叶大部分基生，常对折，线状椭圆形和线状披针形②，叶脉1～3条；茎生叶1～3对，叶片狭椭圆形或椭圆状披针形。花常1～5朵，顶生①；花萼钟形或倒锥形，萼筒膜质，萼齿不整齐④；花冠黄白色，具多数深蓝色斑点③；雄蕊着生于冠筒中下部，整齐，花丝线状钻形，花药狭矩圆形；子房线状披针形，花柱细。蒴果椭圆状披针形④。种子黄褐色，有光泽，宽矩圆形或近圆形。

产延边、白山。生于高山苔原带及高山草甸上。

高山龙胆为多年生草本，叶长披针形，花冠黄白色，具多数深蓝色斑点，蒴果椭圆状披针形。

1
2
3
4
1
3
2
4

铃兰 天门冬科/百合科 铃兰属

Convallaria keiskei

Lily of the Valley | línglán

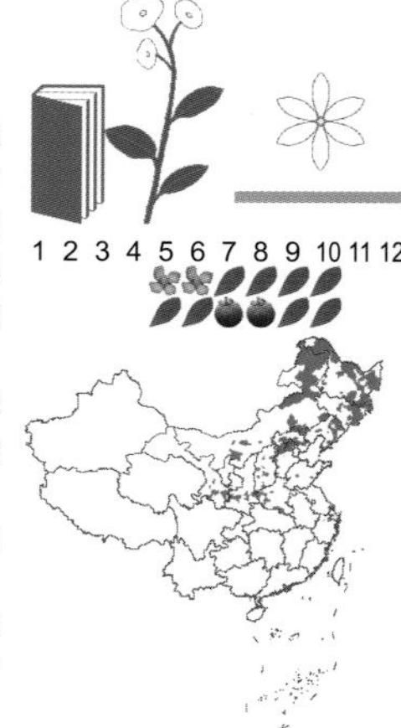

多年生草本；叶通常2枚，叶片椭圆形或卵状披针形，具弧形脉，叶柄呈鞘状互相抱着，基部有数枚鞘状的膜质鳞片。花莛由鳞片腋生出，花莛稍外弯①；苞片披针形，总状花序偏侧生，具6～10朵花②；花白色，短钟状，芳香，下垂；花被顶端6浅裂，裂片卵状三角形③，先端锐尖，有1脉；花丝稍短于花药，雄蕊6；雌蕊1，子房卵球形，3室，花柱柱状，柱头小。浆果熟后红色，稍下垂④。

产长白山区。生于腐殖质肥沃的山地林下、林缘灌丛及沟边。

铃兰为多年生草本，叶2～3枚基生，花莛由鳞片腋生，总状花序，花白色，短钟状，芳香，下垂，浆果熟后红色。

七筋姑 百合科 七筋姑属

Clintonia udensis

Asian Bluebead | qījīngū

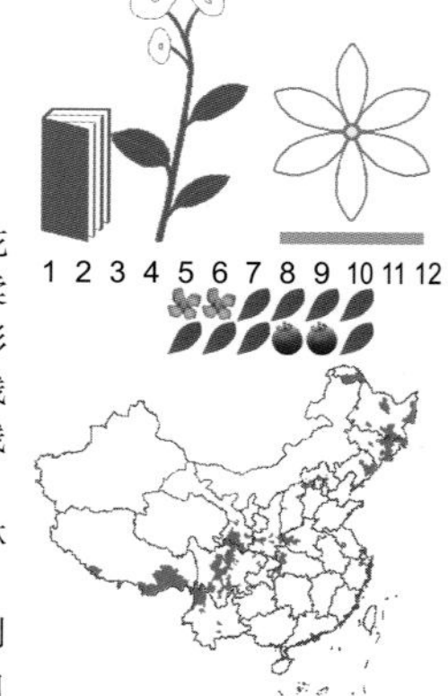

多年生草本；叶3～4枚，椭圆形或倒披针形，先端骤尖，基部呈鞘状抱茎或后期伸长成柄状①。花莛密生白色短柔毛，果期伸长；总状花序有花3～12朵②，花梗后期伸长。苞片披针形，密生柔毛，早落；花白色，少有淡蓝色；花被片矩圆形③，先端钝圆，外面有微毛，具5～7脉；柱头3浅裂。果实球形至矩圆形④，自顶端至中部沿背缝线作蒴果状开裂，每室有种子6～12颗。

产白山、延边、通化。生于山地针阔叶混交林及针叶林下、林缘。

七筋姑为多年生草本，叶3～4枚，椭圆形或倒披针形，总状花序，花莛密生白色短柔毛，花白色，果实球形至矩圆形。

1
2
3
4
1
3
2
4

棉团铁线莲 野棉花 毛茛科 铁线莲属

Clematis hexapetala

Six-petal Clematis | miántuántiěxiànlián

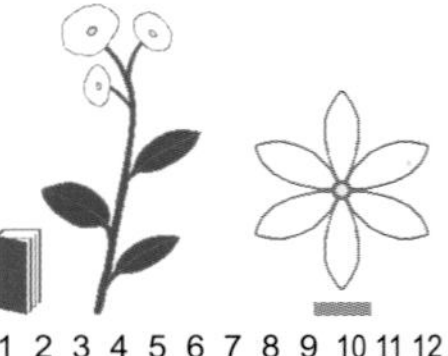

多年生草本；茎直立，疏生柔毛②，后变无毛。叶片近革质，对生，单叶至复叶，一至二回羽状深裂，长椭圆状披针形至椭圆形，顶端锐尖或凸尖，有时钝，全缘，两面或沿叶脉疏生长柔毛或近无毛，网脉突出。花序顶生①，聚伞花序或为总状、圆锥状聚伞花序，有时花单生；萼片4～8，通常6，白色，长椭圆形或狭倒卵形，外面密生绵毛③，雄蕊无毛。瘦果倒卵形，扁平，密生柔毛，宿存花柱有灰白色长柔毛④。

产全省各地。生于干燥的山坡、草地、灌丛及固定沙地。

棉团铁线莲为多年生草本，叶一至二回羽状深裂，裂片长椭圆状披针形至椭圆形，花萼白色，开展，外面被白色绵毛，瘦果倒卵形，扁平。

菟葵 毛茛科 菟葵属

Eranthis stellata

Winter Aconite | tùkuí

多年生草本；基生叶1或不存在，小，有长柄，无毛，叶片圆肾形，3全裂。花莛无毛，苞片在开花时尚未完全展开①，花谢后深裂成披针形或线状披针形的小裂片，花梗果期增长②；花萼黄色，狭卵形或长圆形，顶端微钝，无毛；花瓣约10枚③，漏斗形，基部渐狭成短柄，上部二叉状；雄蕊无毛；心皮6～9，子房通常有短毛。蓇葖果星状展开，有短柔毛，喙细④。种子暗紫色，近球形，种皮表面有皱纹。

产长白山区。生于山地、沟谷、林缘及杂木林下。

菟葵为多年生草本，单叶，掌状分裂，萼片白色，花瓣约10枚，漏斗形，蓇葖果星状展开，喙细。

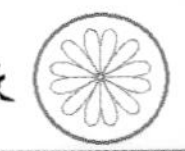

多被银莲花 竹节香附 毛茛科 银莲花属

Anemone raddeana

Radde's Anemone | duōbèiyínliánhuā

多年生草本；基生叶1，有长柄，叶片3全裂，全裂片有细柄，叶柄有疏柔毛。花莛近无毛，苞片3，3全裂，中全裂片倒卵形或倒卵状长圆形，顶端圆形，上部边缘有少数小锯齿，侧全裂片稍斜；萼片9～15枚，白色①，长圆形或线状长圆形，顶端圆或钝，无毛。瘦果密被短柔毛，长卵形，聚拢②。

产长白山区。生于山地林下或阴湿草地。

1 2 3 4 5 6 7 8 9 10 11 12

相似种：黑水银莲花【*Anemone amurensis*，毛茛科 银莲花属】多年生草本；基生叶1～2，有长柄，叶片三角形，3全裂，中全裂片卵状菱形，有短柄，柄扁，边缘有狭翅；萼片6～7枚，白色③，长圆形或倒卵状长圆形，顶端圆形，无毛。瘦果被柔毛，长卵形，松散④。产长白山区；生于山地林下或灌丛下。

多被银莲花萼片9～15枚，瘦果抱紧；黑水银莲花萼片6～7枚，瘦果松散。

睡莲 睡莲科 睡莲属

Nymphaea tetragona

Pygmy Water Lily | shuìlián

多年生水生草本；根状茎短粗，生多数须根及叶。叶浮于水面，心状卵形或卵状椭圆形，基部具深弯缺①，约占叶片全长的1/3，裂片急尖，全缘，上面光亮，下面带红色或紫色，叶柄长②。花梗细长；花萼基部四棱形，萼片革质，宽披针形或窄卵形，宿存；花瓣白色③，宽披针形、长圆形或倒卵形，内轮不变成雄蕊；雄蕊比花瓣短，花药条形，子房短圆锥状，柱头盘状，具5～8条辐射线。浆果球形，为宿存萼片包裹④。

产延边、白山、吉林、长春。生于水泡子或池塘中。

睡莲为多年生水生草本，根状茎短粗，叶心状卵形，萼片基部四棱形，花白色，浆果球形，为宿萼包裹。

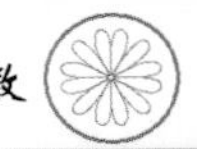

1
3
2
4
1
3
2
4

芍药 芍药科/毛茛科 芍药属

Paeonia lactiflora

Chinese Peony | sháoyao

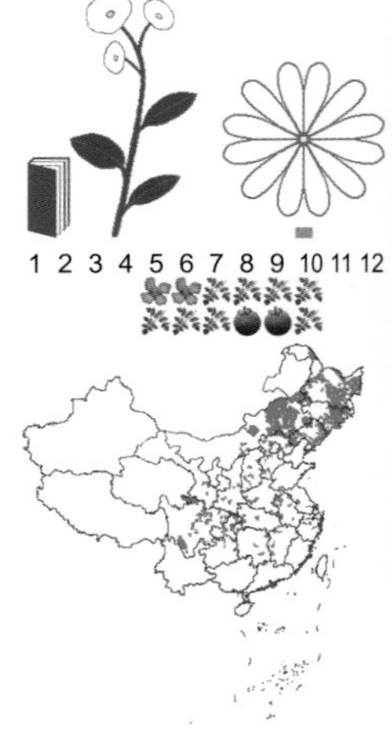

多年生草本；下部茎生叶为二回三出复叶，上部茎生叶为三出复叶，小叶狭卵形、椭圆形或披针形，顶端渐尖，基部楔形或偏斜，边缘具白色骨质细齿①。花数朵，生茎顶和叶腋，而近顶端叶腋处有发育不好的花芽；苞片4～5，披针形；萼片4，宽卵形或近圆形；花瓣9～13，倒卵形，白色②，有时基部具深紫色斑块；花丝黄色③，花盘浅杯状，包裹心皮基部，顶端裂片钝圆，心皮2～5。蓇葖果，顶端具喙④。

产长白山区、长春、四平、白城。生于山坡、山沟阔叶林下、林缘、灌丛间及草甸上。

芍药为多年生草本，叶为二回三出复叶，小叶狭卵形，无毛，花白色，蓇葖果，顶端具喙。

七瓣莲 报春花科 七瓣莲属

Trientalis europaea

Arctic Starflower | qībànlián

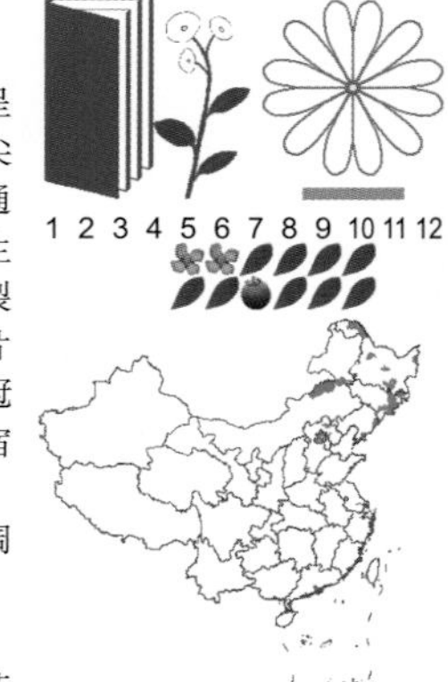

多年生草本；茎直立。叶5～10枚聚生茎端呈轮生状①，叶片披针形至倒卵状椭圆形，先端锐尖或稍钝，基部楔形至阔楔形，茎下部叶极稀疏，通常仅1～3枚，甚小，或呈鳞片状。花1～3朵，单生于茎端叶腋②，花梗纤细；花萼分裂近达基部，裂片线状披针形；花冠白色，比花萼约长1倍，裂片椭圆状披针形，先端锐尖或具骤尖头；雄蕊比花冠稍短；子房球形，花柱约与雄蕊等长③。蒴果比宿存花萼短④。

产延边、白山、通化。生于阴湿针叶林或针阔叶混交林及次生阔叶林下较密的灌丛中。

七瓣莲为多年生草本，茎直立，叶呈轮生状，总状花序生于茎顶端叶腋，花白色，蒴果比宿存花萼短。

1
2
3
4
1
2
3
4

苦参 地槐 苦骨 豆科 苦参属

Sophora flavescens

Shrubby Sophora | kǔshēn

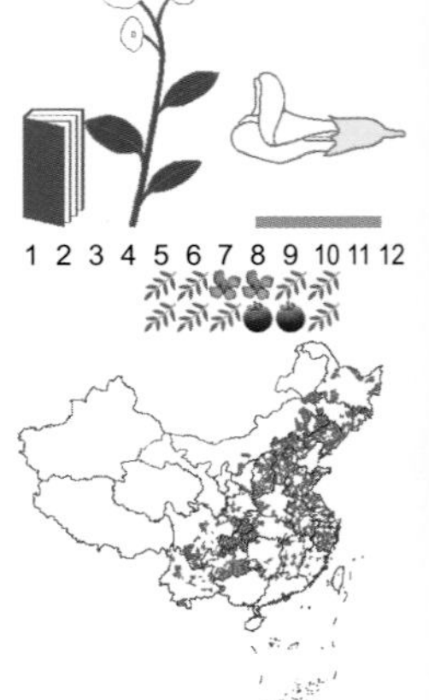

落叶直立灌木或半灌木；茎具纹棱。羽状复叶，托叶披针状线形，小叶6～12对，互生或近对生①。总状花序顶生，花多数，花梗纤细，苞片线形，花萼钟状，明显歪斜，具不明显波状齿②；花冠比花萼长1倍，白色或淡黄白色，雄蕊10，分离或近基部稍连合。长荚果，种子间稍缢缩，呈不明显念珠状。

产白城、松原、通化、吉林、白山。生于干燥山坡、荒地、沟边、河边及沙质地。

相似种：湿地黄芪【*Astragalus uliginosus*，豆科黄芪属】总状花序，生多数、紧密排列、下垂的花③；花萼管状，被较密黑色伏贴毛，有时混生少量白色毛，萼齿线状披针形；花冠苍白绿色或稍带黄色④。荚果长圆形，膨胀，具细横纹⑤。产长白山区；生于向阳山坡、河岸沙砾地及草地。

苦参总状花序花排列疏松，荚果种子间缢缩；湿地黄芪总状花序花紧密排列，荚果长圆形膨胀。

拟蚕豆岩黄芪 豆科 岩黄芪属

Hedysarum vicioides

Vetch-like Sweetvetch | nǐcándòuyánhuángqí

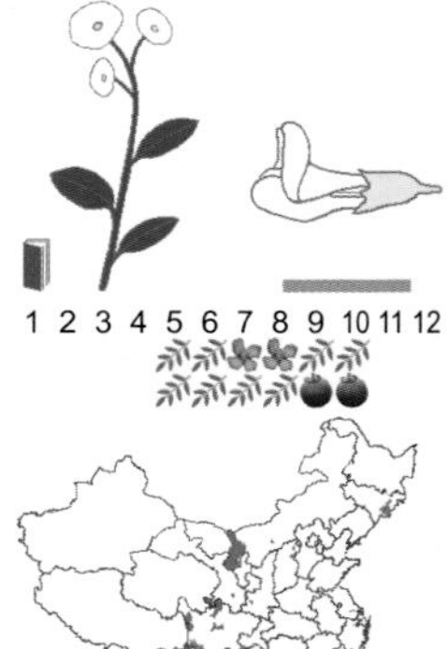

多年生草本；茎直立，丛生。羽状复叶，小叶11～19，具短柄；小叶片长卵形。总状花序腋生，稍超出叶，花序轴和总花梗密被短柔毛；花多数，具花梗，苞片披针形，稍短于花梗；花萼钟状，被短柔毛，萼齿不等长；花冠白色或淡黄色①，子房无毛。荚果扁平，3～4节，节荚卵形或近圆形②。

产白山、延边。生于山地砾石山坡和岳桦林下、林缘、亚高山和高山草甸、岩壁和古老冰碛物上。

相似种：白车轴草【*Trifolium repens*，豆科 车轴草属】多年生草本；掌状三出复叶，小叶倒卵形至近圆形。花序球形③，顶生，总花梗甚长，萼钟形，具脉纹10条，萼齿5，披针形，无毛，花冠白色或淡红色。荚果长圆形④。原产欧洲，现由栽培逸为野生。产长白山区、长春；生于林缘、路旁、草地等湿润处。

拟蚕豆岩黄芪为羽状复叶，荚果扁平分节；白车轴草为掌状三出复叶，荚果长圆形。

1
3
2
4
5
1
3
2
4

草木樨状黄芪 草木樨黄芪 豆科 黄芪属

Astragalus melilotoides

Sweet-clover-like Milkvetch | cǎomùxīzhuànghuángqí

多年生草本；羽状复叶有5～7片小叶，叶柄与叶轴近等长，小叶长圆状楔形，具极短的柄。总状花序生多数花①，花小，苞片披针形，花萼短钟状，萼齿三角形，花冠白色或带粉红色②。荚果宽倒卵状球形或椭圆形，先端微凹。

产通化、白城、松原。生于向阳山坡、路旁草地及草甸草地。

相似种：白花草木樨【*Melilotus albus*，豆科 草木樨属】二年生草本；羽状三出复叶，小叶长圆形，具小叶柄。总状花序腋生③，萼钟形，萼齿三角状披针形，花冠白色④。荚果椭圆形至长圆形，先端锐尖，网状⑤。原产亚洲西部，现逸为野生。全省分布；生于田边、草地、路旁及住宅附近。

草木樨状黄芪羽状复叶有5～7片小叶，小叶具极短的柄；白花草木樨具3小叶，有较长的小叶柄。

夏至草 夏枯草 唇形科 夏至草属

Lagopsis supina

Supine Lagopsis | xiàzhìcǎo

多年生草本；叶轮廓为圆形，先端圆形，基部心形，3深裂，裂片有圆齿或长圆形犬齿。轮伞花序疏花，在枝条上部者较密集，在下部者较疏松①。花萼管状钟形，外密被微柔毛，齿5，不等大，花冠白色，稍伸出于萼筒，冠檐二唇形，上唇直伸，比下唇长，长圆形，全缘，下唇斜展，3浅裂②。小坚果长卵形，褐色，有鳞秕。

产白城、松原、通化、吉林。生于林下、林缘、灌丛、湿草地及河边。

相似种：黏毛黄芩【*Scutellaria viscidula*，唇形科 黄芩属】多年生草本；茎直立，四棱形，被短柔毛，叶具极短的柄或无柄，叶披针形，全缘③。总状花序顶生，花冠黄白或白色，冠檐二唇形，上唇盔状，先端微缺，下唇中裂片宽大，近圆形④。产白城、松原；生于沙砾地、荒地及草地。

夏至草叶近圆形，掌状分裂，轮伞花序；黏毛黄芩叶片披针形，不裂，总状花序。

1
3
4
2
5
1
3
2
4

野芝麻

唇形科 野芝麻属

Lamium barbatum

Barbate Deadnettle | yězhīma

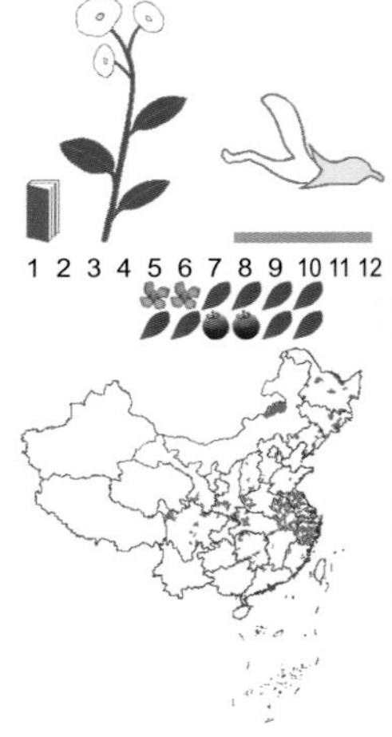

多年生植物；茎下部的叶卵圆形或心脏形①，茎上部的叶卵圆状披针形，先端长尾状渐尖。轮伞花序4～14朵花，着生于茎端②，苞片狭线形或丝状，锐尖；花萼钟形，萼齿披针状钻形③；花冠白色或浅黄色，冠檐二唇形，上唇直立，倒卵圆形或长圆形④，下唇3裂，中裂片倒肾形，先端深凹，基部急收缩，侧裂片宽；雄蕊花丝扁平，彼此粘连，花药深紫色；花柱丝状，先端近相等的2浅裂，花盘杯状，子房裂片长圆形。

产长白山区、长春。生于林下、林缘、河边或采伐迹地等土质较肥沃的湿润地上。

野芝麻为多年生草本，叶对生，叶片卵形，边缘具粗锯齿，花萼先端有芒尖，花冠筒明显超出花萼，白色或淡黄色，喉部膨大。

鸡腿堇菜

胡森堇菜 堇菜科 堇菜属

Viola acuminata

Acuminate Violet | jītuǐjǐncài

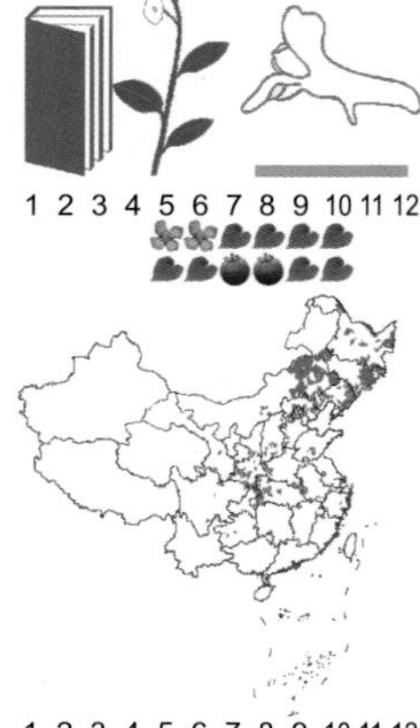

多年生草本；茎直立，2～4条丛生。叶片卵状心形①，叶柄下部者长，上部者较短，托叶通常羽状深裂呈流苏状。花近白色，具长梗，花梗细；萼片线状披针形，外面3片较长而宽；花瓣有褐色腺点，上方花瓣与侧方花瓣近等长，下瓣里面常有紫色脉纹②，距通常直，呈囊状，末端钝。

产长白山区、长春、松原。生于山坡、林缘、草地、灌丛及河谷湿地。

相似种：白花堇菜【*Viola lactiflora*，堇菜科 堇菜属】多年生草本；叶基生，长三角形，边缘具钝圆齿③，托叶披针形，淡绿色。花白色，花梗不超出或稍超出于叶；花瓣倒卵形，侧方花瓣有须毛，下方花瓣较宽④，末端具明显的筒状距。产吉林、白山、延边、通化；生于山坡湿地、林缘、河岸及灌丛等较潮湿处。

鸡腿堇菜有地上茎，托叶羽状深裂呈流苏状；白花堇菜无地上茎，托叶披针形。

南山堇菜 堇菜科 堇菜属

Viola chaerophylloides

Chaerophyllum-like Violet | nánshānjǐncài

多年生草本；基生叶2～6枚，具长柄，叶片3全裂，裂片具明显的短柄，侧裂片2深裂，中央裂片2～3深裂①，卵状披针形、披针形、长圆形、线状披针形，边缘具不整齐的缺刻状齿，先端钝或尖，托叶膜质。花较大，白色②、乳白色或淡紫色，有香味，花瓣宽倒卵形，下方花瓣有紫色条纹，距长而粗。

产通化。生于山地阔叶林下或林缘、溪谷阴湿处、阳坡灌丛及草坡。

相似种：大叶堇菜【*Viola diamantiaca*，堇菜科 堇菜属】多年生草本；基生叶1枚，自根状茎的顶端发出，叶片绿色，质地较薄，心形或卵状心形③，边缘具钝齿，齿端有明显的腺体。花大，苍白色④，侧瓣里面无须毛，下瓣连距长1.8～2厘米，末端钝。产通化、白山；生于阔叶林下、林缘等土质较肥沃处。

南山堇菜基生叶2～6枚，叶片3全裂；大叶堇菜基生叶1枚，叶心形或卵状心形，不裂。

蚊子草 合叶子 蔷薇科 蚊子草属

Filipendula palmata

Palmate Meadowsweet | wénzicǎo

多年生草本；茎有棱，近无毛或上部被短柔毛。叶为羽状复叶，有小叶2对，叶柄被短柔毛或近无毛，顶生小叶特别大，5～9掌状深裂①，上面绿色无毛，下面密被白色茸毛，侧生小叶较小，3～5裂，托叶大。顶生圆锥花序，花小而多，花瓣白色②。瘦果半月形，直立，有短柄，沿背腹两边有柔毛。

产长白山区。生于河岸、湿地、草甸。

相似种：槭叶蚊子草【*Filipendula glaberrima*，蔷薇科 蚊子草属】多年生草本；叶为羽状复叶，有小叶1～3对，两面绿色，无毛或下面沿脉疏生柔毛，侧生小叶小，长圆卵形或卵状披针形，边缘有重锯齿或不明显裂片。顶生圆锥花序③，萼片卵形，花瓣粉红色至白色，倒卵形④。产长白山区；生于阴湿地、林下、林缘、路旁。

蚊子草叶背面密被白色茸毛，侧生小叶3～5裂；槭叶蚊子草叶背面绿色，侧生小叶不分裂。

1
3
2
4
1
3
2
4

假升麻　　蔷薇科 假升麻属

Aruncus sylvester

Goats-beard | jiǎshēngmá

多年生草本；茎圆柱形，带暗紫色。大型二回羽状复叶①，总叶柄无毛，小叶片3～9，菱状卵形、卵状披针形或长椭圆形，先端渐尖，稀尾尖，小叶柄短或近无柄。大型穗状圆锥花序①，苞片线状披针形，花萼筒杯状，花瓣倒卵形，白色②，花丝比花瓣长约1倍，花柱顶生。蓇葖果并立，无毛。

产长白山区。生于杂木林下、林缘、草甸、溪流边及山坡。

相似种：小白花地榆【*Sanguisorba tenuifolia* var. *alba*，蔷薇科 地榆属】多年生草本；奇数羽状复叶③，基生叶有长柄，小叶片宽条形或线状披针形。穗状花序生于分枝顶端，通常下垂④，从顶端向下逐渐开放，花白色，花丝比萼片长1～2倍。产长白山区、白城、松原；生于湿地、草甸及高山苔原上。

假升麻为大型二回羽状复叶，穗状圆锥花序，多分枝；小白花地榆为奇数羽状复叶，穗状花序，不分枝。

水芋　　天南星科 水芋属

Calla palustris

Wild Calla | shuǐyù

多年生水生草本；根茎匍匐，圆柱形，粗壮，节上具多数细长的纤维状根。鳞叶披针形，渐尖，成熟茎上叶柄圆柱形，下部具鞘，上部1/2以上与叶柄分离而呈鳞叶状，叶片宽几与长相等②，Ⅰ、Ⅱ级侧脉纤细，下部的平伸，上部的上升，全部至近边缘向上弧曲，其间细脉微弱。佛焰苞外面绿色，内面白色③，具尖头，果期宿存而不增大，肉穗花序长1.5～3厘米，花小而密④。果序近球形，宽椭圆状①。

产通化、白山、延边。生于沼泽地、水甸子或湖边浅水中。

水芋为多年生水生草本，根茎匍匐，节上具多数须根，叶卵状心形，叶脉弧形，肉穗花序，佛焰苞广卵形，无花被，果序熟时红色。

1
3
2
4
1
2
3
4

大穗花 大婆婆纳 车前科/玄参科 兔尾苗属

Pseudolysimachion dauricum

Dahurian Speedwell | dàsuìhuā

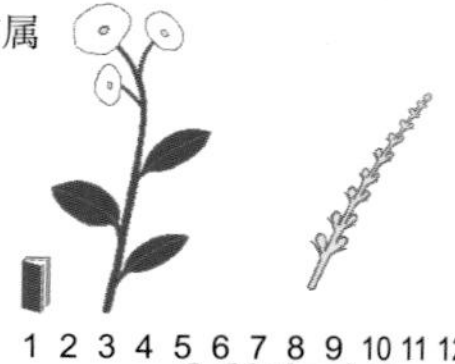

多年生草本；叶对生，叶片卵形、卵状披针形或披针形，基部常心形，顶端常钝，两面被短腺毛，边缘具深刻的粗钝齿，常夹有重锯齿，基部羽状深裂过半，裂片外缘有粗齿①。总状花序长穗状，单生或因茎上部分枝而复出，花冠白色，筒部占1/3长，檐部裂片开展，卵圆形至长卵形，雄蕊略伸出②。蒴果与萼近等长。

产松原、辽源、通化。生于草地、沟谷、沙丘及疏林下。

相似种：大落新妇【*Astilbe grandis*，虎耳草科落新妇属】茎通常不分枝，二至三回三出复叶至羽状复叶。圆锥花序顶生③；小苞片狭卵形，萼片5，卵形、阔卵形至椭圆形，先端钝，且具微腺毛；花瓣5，白色，线形，先端急尖，单脉；雄蕊10，花柱稍叉开④。产长白山区；生于溪边、林下及灌丛。

大穗花单叶披针形，总状花序长穗状；大落新妇二至三回三出复叶至羽状复叶，顶生圆锥花序。

大叶子 山荷叶 虎耳草科 大叶子属

Astilboides tabularis

Umbrella Leaf | dàyèzi

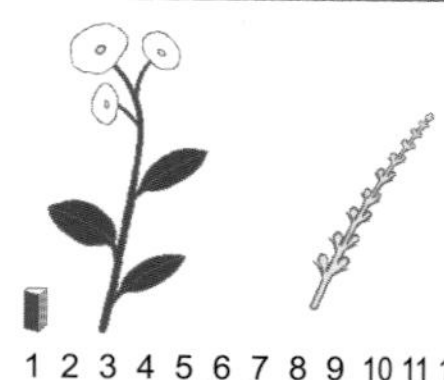

多年生草本；基生叶1枚，盾状着生，近圆形，掌状浅裂①，边缘具齿状缺刻和不规则重锯齿，叶柄具刺状硬腺毛；茎生叶较小，掌状3～5浅裂。圆锥花序顶生，花小，白色或微带紫色，萼片卵形，革质，先端钝或微凹，腹面和边缘无毛，背面疏生腺毛，5脉于先端会合，花瓣4～5，倒卵状长圆形②。蒴果长6.5～7毫米；种子具翅。

产白山、延边。生于山坡林下、沟谷边及林缘。

相似种：槭叶草【*Mukdenia rossii*，虎耳草科槭叶草属】叶片阔卵形至近圆形，掌状5～9浅裂至深裂，叶柄无毛。花莛被黄褐色腺毛，多歧聚伞花序，多花③；花萼钟状，白色，有5～6深裂，裂片狭卵形，先端钝；花瓣5～6，披针形，白色，较萼片短④。产白山、通化、延边；生于水边沟谷石崖上及江河边岩石上。

大叶子叶近圆形，掌状浅裂；槭叶草叶片阔卵形，掌状5～9浅裂至深裂。

1
3
2
4
1
2
3
4

狼爪瓦松 辽瓦松 景天科 瓦松属

Orostachys cartilaginea

Cartilage Dunce Cap | lángzhǎowǎsōng

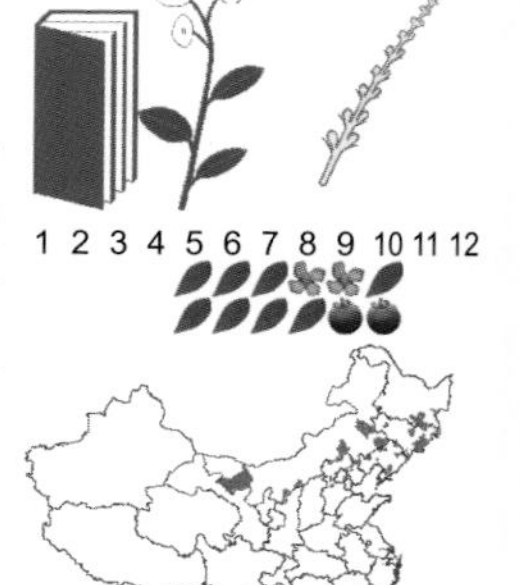

二年生或多年生草本；莲座叶长圆状披针形，茎生叶互生，线形或披针状线形，先端渐尖，无柄①。总状花序圆柱形，紧密多花，苞片线形至线状披针形，先端有刺；萼片5，狭长圆状披针形；花瓣5，白色，长圆状披针形，基部稍合生②。

产长白山区、白城、松原。生于石质山坡、岩石上及干燥草地。

相似种：钝叶瓦松【*Orostachys malacophylla*，景天科 瓦松属】莲座叶先端不具刺，长圆状披针形至椭圆形，茎生叶互生③。花序紧密，苞片匙状卵形，花常无梗，萼片5，花瓣5，白色或带绿色，长圆形，基部合生④。产延边、白山；生于砾石地、沙质山坡、河滩及岳桦林下岩石上。

狼爪瓦松莲座叶长圆状披针形，先端有白色软骨质刺；钝叶瓦松莲座叶椭圆形，先端不具刺。

类叶升麻 毛茛科 类叶升麻属

Actaea asiatica

Asian Baneberry | lèiyèshēngmá

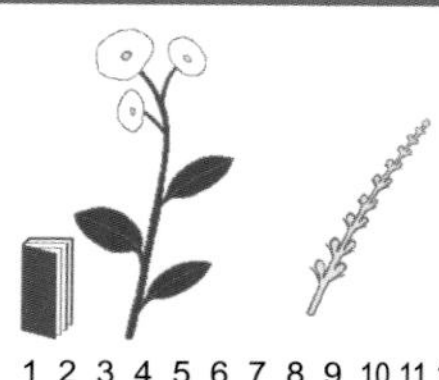

多年生草本；茎圆柱形，微具纵棱。叶2～3枚，茎下部的叶为三回三出近羽状复叶，具长柄②，顶生小叶卵形至宽卵状菱形，三裂，边缘有锐锯齿，茎上部叶的形状似茎下部叶，但较小。总状花序长2.5～6厘米，苞片线状披针形，萼片倒卵形，花瓣匙形，下部渐狭成爪。果实紫黑色①，种子约6粒。

产长白山区。生于石质山坡、林下、杂木林缘。

相似种：红果类叶升麻【*Actaea erythrocarpa*，毛茛科 类叶升麻属】羽状复叶，具长柄，叶片三角形。总状花序，长6～10厘米，花密集④，萼片倒卵形，花瓣匙形，顶端圆形，下部渐狭成爪，心皮与花瓣近等长。果实红色③，种子约8粒。产长白山区；生于林缘、林下、石质山坡及河岸湿地。

类叶升麻总状花序短，果实紫黑色；红果类叶升麻总状花序长，果实红色。

1
2
3
4
1
2
3
4

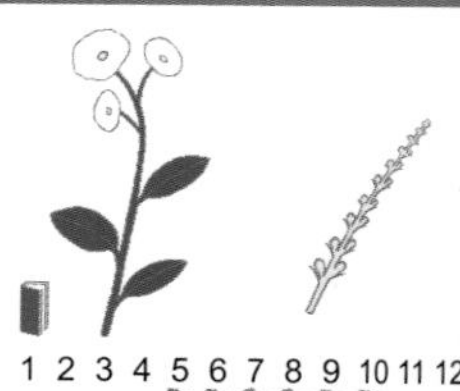

兴安升麻 毛茛科 升麻属

Cimicifuga dahurica

Dahurian Bugbane | xīng'ānshēngmá

多年生草本；雌雄异株。下部茎生叶为二回或三回三出复叶，叶片三角形，顶生小叶宽菱形，三深裂，基部通常微心形或圆形，边缘有锯齿，茎上部叶似下部叶，但较小，具短柄。花序复总状①，雄株花序大，雌株稍小，苞片钻形，渐尖，萼片宽椭圆形至宽倒卵形，花丝丝形②，心皮4～7。蓇葖果生于心皮柄上，顶端近截形。

产长白山区。生于山坡、林缘、疏林下、草甸、灌丛中及河岸边。

相似种：单穗升麻【*Cimicifuga simplex*，毛茛科升麻属】多年生草本；下部茎生叶有长柄，二至三回羽状三出复叶③。总状花序长达35厘米③，花两性，萼片宽椭圆形，退化雄蕊椭圆形至宽椭圆形，顶端膜质，二浅裂，花药黄白色，花丝狭线形④，中央有1脉。产长白山区；生于山坡湿草地、灌丛中及河岸边。

兴安升麻花序复总状，多分枝，花单性；单穗升麻总状花序，不分枝或少数短分枝，花两性。

银线草 四块瓦 金粟兰科 金粟兰属

Chloranthus japonicus

Japanese Chloranthus | yínxiàncǎo

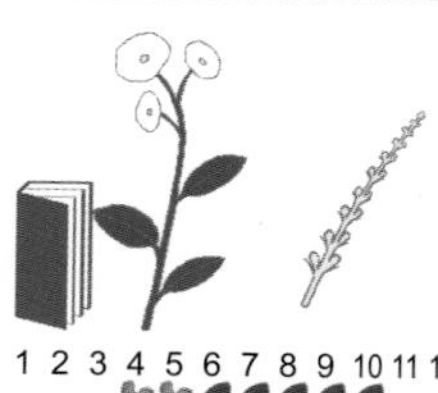

多年生草本；茎直立，不分枝。叶对生，通常4片生于茎顶，呈假轮生①，宽椭圆形或倒卵形，顶端急尖，基部宽楔形，边缘有齿牙状锐锯齿，齿尖有1腺体。穗状花序单一，顶生③，苞片三角形或近半圆形，花白色②；雄蕊3枚，药隔基部连合，着生于子房上部外侧，中央药隔无花药，两侧药隔各有1个1室的花药，药隔延伸成线形，水平伸展或向上弯，药室在药隔的基部；子房卵形，无花柱，柱头截平。核果近球形或倒卵形，绿色（③左上）。

产长白山区、长春。生于山坡或山谷腐殖土层厚、疏松、阴湿而排水良好的杂木林下。

银线草为多年生草本，茎直立，叶对生，通常4片呈假轮生，穗状花序单一，花白色，核果近球形，绿色。

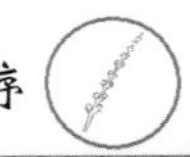

1
2
3
4
1
3
2

叉分蓼

蓼科 冰岛蓼属

Koenigia divaricata

Divaricate Knotweed | chàfēnliǎo

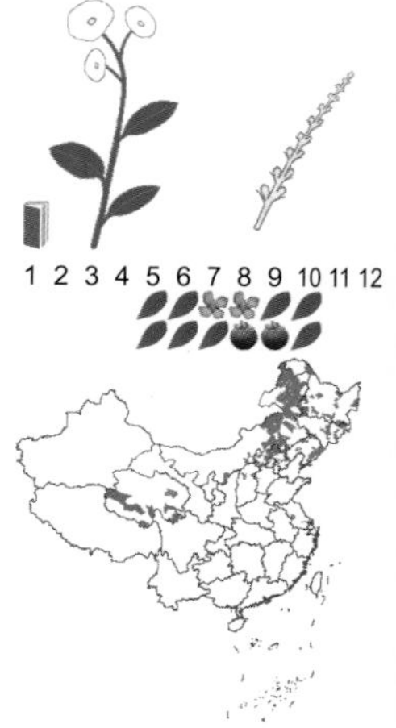

多年生草本；叶披针形或长圆形，顶端急尖②，基部楔形或狭楔形，边缘通常具短缘毛，两面无毛或被疏柔毛；托叶鞘膜质，偏斜，疏生柔毛或无毛，开裂，脱落。花序圆锥状，分枝开展①；苞片卵形，边缘膜质，背部具脉，每苞片内具花2～3朵，与苞片近等长，顶部具关节；花被5深裂，白色③，花被片椭圆形，大小不相等；雄蕊7～8，比花被短；花柱3，极短，柱头头状。瘦果宽椭圆形，具3锐棱④，黄褐色，有光泽，超出宿存花被约1倍。

产全省各地。生于山坡、草地、林缘、灌丛、沟谷、草原及固定沙丘。

叉分蓼为多年生草本，茎自基部叉状分枝，叶披针形，花序圆锥状，分枝开展，花白色，小坚果较大。

东风菜

盘龙草 菊科 紫菀属

Aster scaber

Scabrous Whitetop | dōngfēngcài

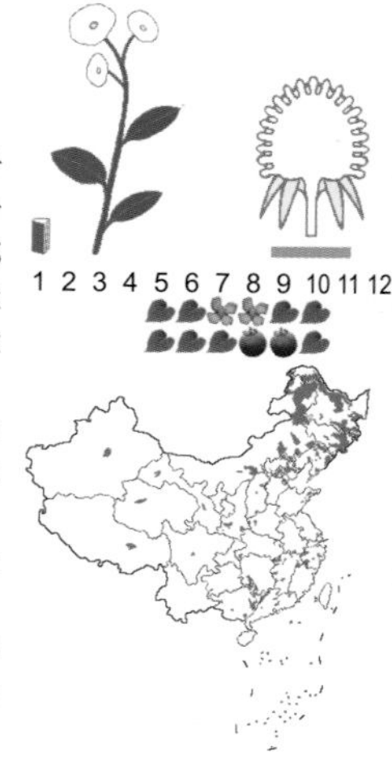

多年生草本；茎直立。基部叶在花期枯萎，叶片心形，边缘有具小尖头的齿，顶端尖②；中部叶卵状三角形，有具翅的短柄；至上部叶渐小，全部叶两面被微糙毛，下面浅色，有三或五出脉，网脉显明。头状花序，圆锥伞房状排列①；总苞半球形，苞片约3层，无毛，边缘宽膜质，有微缘毛，顶端尖或钝，覆瓦状排列；舌状花约10个，舌片白色③，条状矩圆形；管状花，檐部钟状。瘦果倒卵圆形或椭圆形，冠毛污黄白色，有多数微糙毛④。

产长白山区。生于蒙古栎的林下、林缘灌丛及林间湿草地。

东风菜为多年生草本，叶片卵状三角形，基部心形，沿叶柄下延成翼，头状花序有白色舌状花约10个，瘦果倒卵圆形或椭圆形。

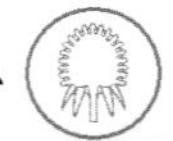

1
2
3
4
1
2
3
4

女菀　菊科 女菀属

Turczaninovia fastigiata

Common Turczaninovia | nǚwǎn

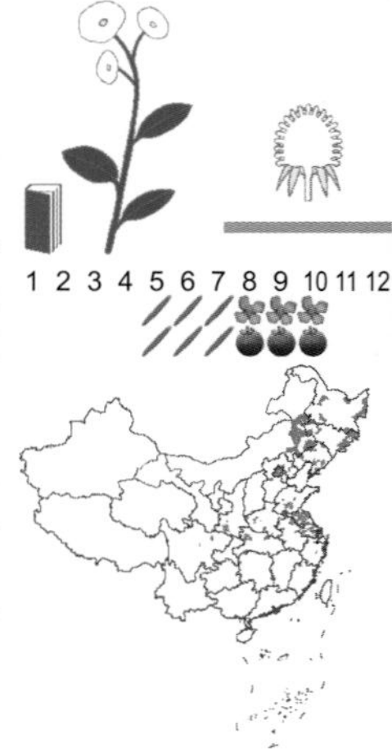

多年生草本；茎直立，坚硬，有条棱，上部有伞房状细枝①。下部叶在花期枯萎，条状披针形，基部渐狭成短柄，顶端渐尖，全缘，中部以上叶渐小，中脉及三出脉在下面凸起。头状花序多数在枝端密集②，花序梗纤细，有苞叶；总苞片被密短毛，顶端钝，外层矩圆形，内层倒披针状矩圆形，上端及中脉绿色；花10余个，舌状花白色③，冠毛约与管状花花冠等长，管状花长3～4毫米④。瘦果矩圆形，基部尖，先端圆，被密柔毛或后时稍脱毛。

产白城、松原、延边。生于山坡、草甸、林缘、河岸、灌丛及盐碱地。

女菀为多年生草本，叶无柄，条状披针形，头状花序小，舌状花白色，瘦果矩圆形，被密柔毛。

大丁草　烧金草　菊科 大丁草属

Leibnitzia anandria

Japanese Gerbera | dàdīngcǎo

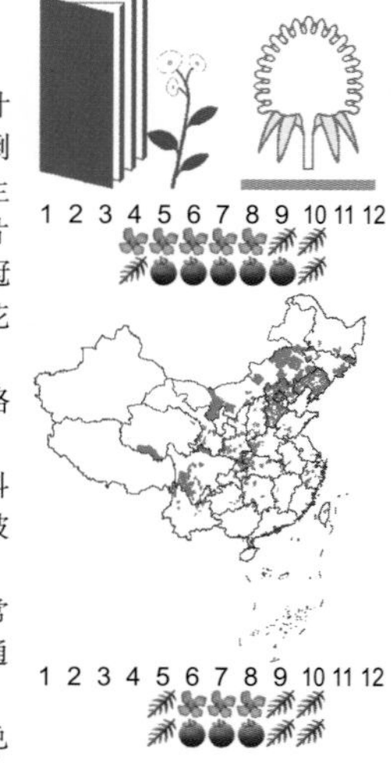

多年生草本；植株具春秋二型之别：春型者叶基生，莲座状，于花期全部发育，叶倒披针形或倒卵状长圆形，花莛单生或数个丛生；头状花序单生于花莛之顶，倒锥形①，总苞略短于冠毛，总苞片约3层；雌花花冠舌状，舌片长圆形；两性花花冠管状二唇形，花药顶端圆②。秋型者植株较高，花莛高，叶片大，头状花序外层雌花管状二唇形。

全省广泛分布。生于山坡、林缘、灌丛、路旁。

相似种：白花蒲公英【*Taraxacum albiflos*，菊科蒲公英属】全株含白色乳汁。叶倒披针形或线状披针形，大头羽裂或倒向羽状深裂，顶裂片三角形。头状花序，总苞片先端具小角或增厚，舌状花通常白色③，舌片背面有暗色条纹。产吉林、延边、通化；生于山坡、林缘及向阳地。

大丁草不含乳汁，叶不裂；白花蒲公英含白色乳汁，叶大头羽裂或倒向羽状深裂。

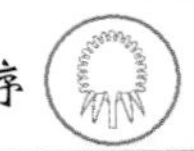

1
2
3
4
1
2
3
4

细辛 东北细辛 马兜铃科 细辛属

Asarum heterotropoides

Manchurian Wild Ginger | xìxīn

多年生草本；根状茎横走，根细长。叶卵状心形或近肾形①，叶柄无毛。花紫棕色，花梗花期在顶部呈直角弯曲，果期直立；花被管壶状或半球状，喉部稍缢缩，花被裂片三角状卵形，由基部向外反折②；雄蕊着生于子房中部；花柱6，顶端2裂，柱头侧生。果近球状，棕黄色。

产长白山区、长春、四平。生于针叶林及针阔叶混交林下、岩阴下腐殖质肥沃且排水良好的地方。

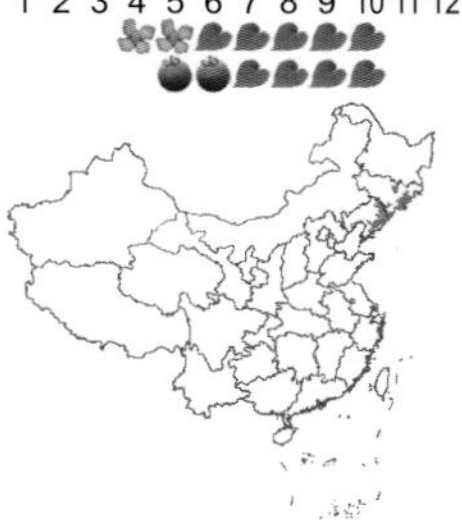

相似种:汉城细辛【*Asarum sieboldii*，马兜铃科细辛属】顶端着生2～3枚鳞片及2枚有长柄的叶③，叶柄有糙毛。花被筒壶状杯形，顶端3裂，先端急尖或钝尖，直立或近平展④。产通化、白山；生于山沟、林下及沟谷灌丛间。

细辛叶柄无毛，花被裂片由基部向外反折；汉城细辛叶柄上部生有糙毛，花被裂片直立或近平展。

花旗杆 齿叶花旗杆 十字花科 花旗杆属

Dontostemon dentatus

Dentate Dontostemon | huāqígān

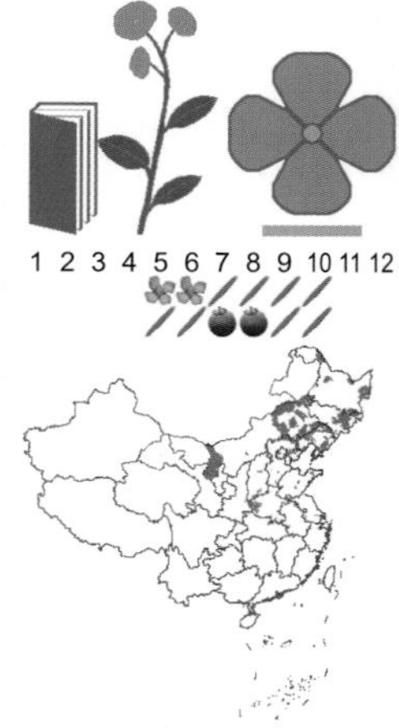

二年生草本；植株散生白色弯曲柔毛。茎单一或分枝，基部常带紫色。叶椭圆状披针形②，长3～6厘米，宽3～12毫米，两面稍具毛。总状花序生枝顶③，结果时长10～20厘米；萼片椭圆形，具白色膜质边缘，背面稍被毛；花瓣淡紫色，倒卵形，长6～10毫米，宽约3毫米，顶端钝，基部具爪④。长角果长圆柱形，光滑无毛①，长2.5～6厘米，宿存花柱短，顶端微凹。种子棕色，长椭圆形，具膜质边缘；子叶斜缘倚胚根。

产长白山区、松原。生于石质山地、岩石缝隙间。

花旗杆为二年生草本，茎生叶椭圆状披针形，总状花序生枝顶，花瓣淡紫色，长角果长圆柱形，光滑无毛。

毛萼香芥　十字花科 香芥属

Clausia trichosepala

Hairy-sepal Hesperis | máo'èxiāngjiè

二年生草本；茎直立，具疏生单硬毛。基生叶在花期枯萎，茎生叶长圆状椭圆形或窄卵形，边缘有不等尖锯齿。总状花序顶生①，萼片直立，外轮2片条形，内轮2片窄椭圆形，二者顶端皆有少数白色长硬毛，花瓣倒卵形，基部具线形长爪，花柱短，柱头显著2裂。长角果窄线形②，无毛，果瓣具一显明中脉。

产延边。生于阴坡岩石地及山坡上。

相似种：草甸碎米荠【*Cardamine pratensis*，十字花科 碎米荠属】多年生草本；基生叶有细长的叶柄，有时带紫色，羽状复叶③，小叶2～6对，有小叶柄。总状花序顶生，着生花十几朵，花瓣淡紫色，很少白色，倒卵状楔形④，雌蕊柱状，花柱很短，柱头扁球形。产延边；生于湿润草原、河边、溪旁及林缘湿地。

毛萼香芥为单叶，柱头显著2裂；草甸碎米荠为羽状复叶，柱头扁球形，不裂。

柳兰　柳叶菜科 柳兰属

Chamerion angustifolium

Fireweed | liǔlán

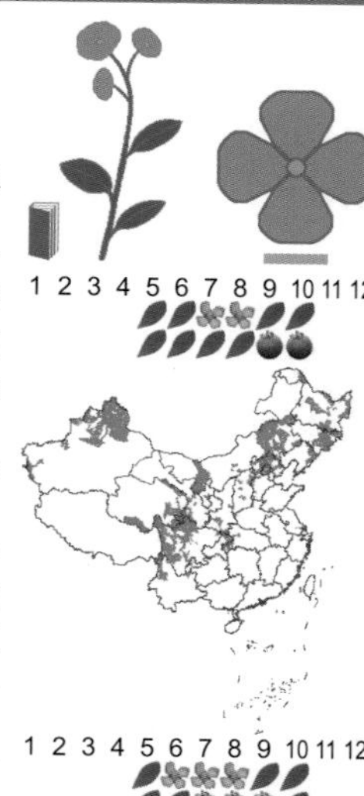

多年生粗壮草本；直立，丛生。叶螺旋状互生，中上部的叶近革质，线状披针形，先端渐狭，基部钝圆①。花序总状，萼片紫红色，长圆状披针形；花瓣粉红至紫红色，上面二枚较大②，倒卵形或狭倒卵形，全缘或先端具浅凹缺；花药长圆形，初期红色，开裂时变紫红色，开放时花柱强烈反折；柱头白色，深4裂。蒴果密被贴生的白灰色柔毛。

产长白山区。生于林区火烧迹地、开阔地、林缘、山坡、河岸及山谷的沼泽地。

相似种：柳叶菜【*Epilobium hirsutum*，柳叶菜科 柳叶菜属】多年生草本；茎生叶披针状椭圆形，边缘每侧具20～50枚细锯齿③。总状花序直立，花瓣常玫红色，宽倒心形，先端凹缺，花药乳黄色，长圆形，花柱直立，白色或粉红色，柱头白色，4深裂④。产长白山区；生于沟边、河岸及山谷的沼泽地。

柳兰花瓣全缘或先端具浅凹缺，开放时花柱强烈反折；柳叶菜花瓣先端凹缺，花柱直立。

1
2
3
4
1
2
3
4

扁蕾 龙胆科 扁蕾属

Gentianopsis barbata

Barbate Fringed Gentian | biǎnlěi

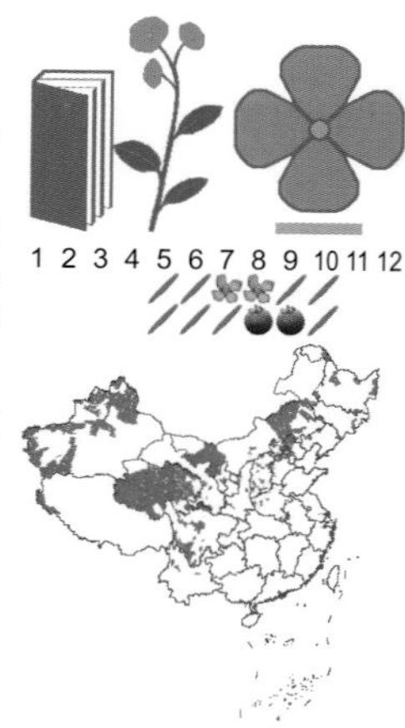

一年生或二年生草本；茎单生，直立。基生叶多对，常早落，匙形或线状倒披针形，先端圆形；茎生叶3～10对，狭披针形至线形。花单生茎顶或分枝顶端①，花梗直立，近圆柱形，花萼筒状，裂片2对，不等长，异形，具白色膜质边缘②；花冠筒状漏斗形，筒部黄白色，檐部蓝色或淡蓝色③，口部裂片椭圆形，先端圆形，有小尖头，边缘有小齿，下部两侧有短的细条裂齿，腺体近球形，下垂；花丝线形，花药黄色，狭长圆形；子房具柄，狭椭圆形，花柱短。蒴果具短柄，与花冠等长。

产延边、白山。生于山坡、草地及林缘。

扁蕾为一年生或二年生草本，茎单生，茎生叶狭披针形至线形，花单生，花冠筒状漏斗形，檐部蓝色或淡蓝色，蒴果具短柄。

瘤毛獐牙菜 紫花当药 龙胆科 獐牙菜属

Swertia pseudochinensis

False Chinese Felwort | liúmáozhāngyácài

一年生草本；叶无柄，线状披针形至线形。圆锥状复聚伞花序多花①，开展；花梗直立，花5数，花萼绿色；花冠蓝紫色，具深色脉纹，裂片披针形，先端锐尖，基部具2个腺窝，腺窝矩圆形，沟状，基部浅囊状，边缘具长柔毛状流苏，流苏表面有瘤状突起②；花丝线形，柱头2裂，裂片半圆形。

产长白山区。生于山坡灌丛、杂木林下及荒地。

相似种：长白山龙胆【*Gentiana jamesii*，龙胆科 龙胆属】多年生草本；茎直立，常带紫红色。叶略肉质，宽披针形。花数朵，单生于小枝顶端③，花冠蓝紫色④，宽筒形，先端钝圆，全缘或边缘有细齿，褶宽卵形，先端钝，边缘具不整齐条裂。产延边、白山；生于亚高山草地、草甸、林缘及高山苔原带上。

瘤毛獐牙菜复聚伞花序多花，花冠具深色脉纹；长白山龙胆花单生于小枝顶端，花冠无脉纹。

1
2
3
1
2
3
4

龙胆　龙胆科 龙胆属

Gentiana scabra

Rough Gentian | lóngdǎn

多年生草本；中部叶对生，近革质，无柄，卵形或卵状披针形，叶脉3～5条。花多数，簇生枝顶和叶腋①，每朵花下具2个苞片，苞片披针形或线状披针形，花萼筒倒锥状筒形或宽筒形，花冠蓝紫色，筒状钟形②，裂片卵形或卵圆形，雄蕊着生冠筒中部，花丝钻形，柱头2裂，裂片矩圆形。蒴果宽椭圆形，两端钝。

产白城、长春、长白山区。生于山坡草地、路边、河滩、灌丛、林缘、林下及草甸。

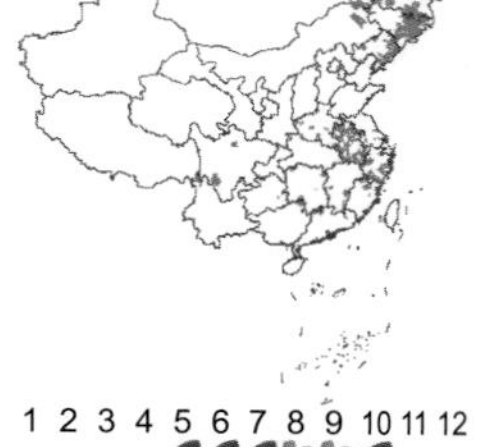

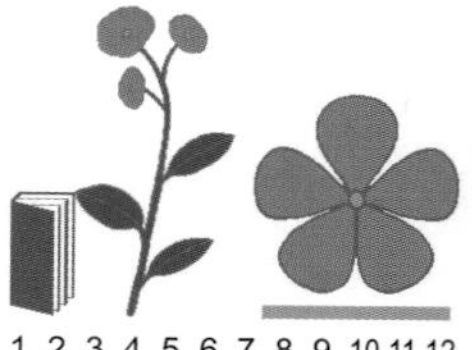

相似种：朝鲜龙胆【*Gentiana uchiyamai*，龙胆科 龙胆属】多年生草本；茎中部叶草质，披针形③，叶脉1～3条。花多数，每朵花下具2个苞片，苞片卵状披针形，花冠蓝紫色，漏斗形或筒状钟形④，裂片卵形，长6～7毫米，先端钝，全缘，褶偏斜，截形或宽三角形。产通化、延边、白山；生于林缘、沼泽、草地及河边湿地。

龙胆叶近革质，卵状披针形，叶脉3～5条；朝鲜龙胆叶草质，披针形，叶脉1～3条。

秦艽　龙胆科 龙胆属

Gentiana macrophylla

Large-leaf Gentian | qínjiāo

多年生草本；枝少数丛生。莲座丛叶卵状椭圆形或狭椭圆形，叶脉5～7条；茎生叶椭圆状披针形或狭椭圆形，叶脉3～5条。聚伞花序呈头状，花多数①；花萼筒膜质，先端截形或圆形，萼齿4～5个，锥形，一侧开裂；花冠筒部黄绿色，冠檐蓝色或蓝紫色，壶形②，裂片卵形或卵圆形，先端钝或钝圆。蒴果，卵状椭圆形。

产白城、松原。生于河滩、路旁、水沟边、山坡草地、草甸、林下及林缘。

相似种：达乌里秦艽【*Gentiana dahurica*，龙胆科 龙胆属】多年生草本；莲座丛叶披针形③，茎生叶少数，线状披针形至线形③。聚伞花序顶生及腋生，排列成疏松的花序，花萼筒膜质，花冠深蓝色，筒形或漏斗形，裂片卵形或卵状椭圆形④。产白城；生于田边、湖边沙地、向阳山坡及干草原。

秦艽聚伞花序呈头状，排列紧密，冠檐壶形；达乌里秦艽聚伞花序，排列疏松，花冠筒形或漏斗形。

1
2
3
4
1
3
2
4

石竹 石竹科 石竹属

Dianthus chinensis

Rainbow Pink | shízhú

多年生草本；茎直立，上部分枝。叶片线状披针形，顶端渐尖，基部稍狭①。花单生枝端或数花集成聚伞花序，花梗长；苞片4，卵形，顶端长渐尖，花萼圆筒形，花瓣倒卵状三角形，顶缘不整齐齿裂②，喉部有斑纹，疏生髯毛；雄蕊露出喉部外，花药蓝色；子房长圆形，花柱线形。

产长白山区、西部草原。生于山坡、荒地、疏林下、草甸及高山苔原带上。

相似种：头石竹【*Dianthus barbatus* var. *asiaticus*，石竹科 石竹属】多年生草本；茎直立，节部膨大。茎生叶对生，线状披针形，基部渐狭成宽柄状，中脉明显。聚伞花序顶生，花梗极短，密集成头状③，瓣片卵形，通常红紫色④，有白点斑纹，子房长圆形，花柱线形。产白山、延边；生于林缘、路旁及荒地。

石竹花单生枝端或数花集成聚伞花序，花梗长；头石竹为聚伞花序顶生，花梗极短，密集成头状。

白山耧斗菜 毛茛科 耧斗菜属

Aquilegia japonica

Japanese Columbine | báishānlóudǒucài

多年生草本；根细长，圆柱形，茎直立。叶全部基生，为二回三出复叶①，小叶卵圆形，3全裂，全裂片楔状倒卵形，顶端3浅裂，浅裂片有2～3浅圆齿，表面绿色，无毛，背面粉绿色，无毛或被极稀疏的白色柔毛。花1～3朵，中等大，苞片线状披针形，一至三浅裂，萼片蓝紫色，开展，椭圆状倒卵形，顶端钝或近圆形，花瓣瓣片黄白色至白色②，短长方形，顶端钝圆，距紫色，末端弯曲呈钩状③。

产延边、白山。生于山地岩缝中及高山冻原带上。

白山耧斗菜为多年生草本，二回三出复叶，苞片线状披针形，萼片蓝紫色，花瓣瓣片黄白色至白色，距紫色，末端弯曲呈钩状。

野亚麻 山胡麻 亚麻科 亚麻属

Linum stelleroides

Wild Flax | yěyàmá

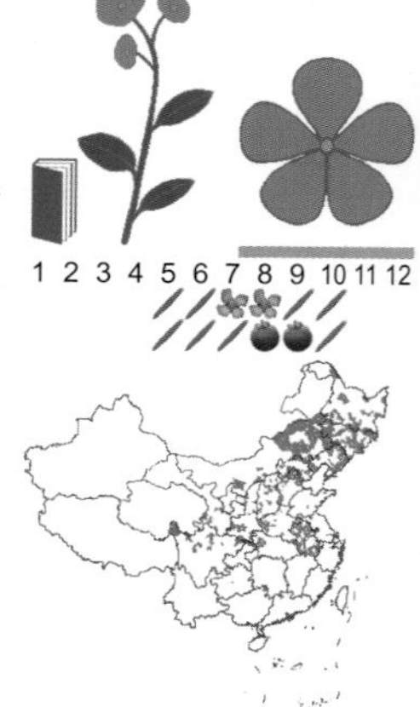

一年生或二年生草本；茎直立，不分枝或自中部以上多分枝。叶互生，线状披针形或狭倒披针形②，顶部钝、锐尖或渐尖，基部渐狭，无柄，全缘，两面无毛，6脉3基出。单花或多花组成聚伞花序①；萼片5，绿色，长椭圆形或阔卵形，顶部锐尖，基部有不明显的3脉，边缘稍为膜质并有易脱落的黑色头状带柄的腺点，宿存；花瓣5，倒卵形，顶端啮蚀状，基部渐狭，淡红色、淡紫色或蓝紫色③。蒴果球形或扁球形④，有纵沟5条，室间开裂。

产长白山区、长春、四平、白城、松原。生于干燥山坡、林缘、草地及路旁。

野亚麻为一年生或二年生草本，茎直立，叶线状披针形，萼片边缘稍为膜质并有易脱落的黑色腺点，花瓣5，淡红色、淡紫色或蓝紫色，蒴果球形。

长药八宝 长药景天 景天科 八宝属

Hylotelephium spectabile

Showy Stonecrop | chángyàobābǎo

多年生草本；茎直立。叶对生，或3叶轮生，卵形至宽卵形，或长圆状卵形①，先端急尖，钝，基部渐狭，全缘或多少有波状牙齿。花序大型，伞房状，顶生②，花密生；萼片5，线状披针形至宽披针形，渐尖；花瓣5，淡紫红色至紫红色③，披针形至宽披针形；雄蕊10，长于花冠，花药紫色；鳞片5，长方形，先端有微缺，心皮5，狭椭圆形。蓇葖果直立④。

产长白山区。生于石质山坡或干石缝隙中。

长药八宝为多年生草本，茎直立，叶对生或3叶轮生，花瓣5，淡紫红色至紫红色，蓇葖果直立。

红花鹿蹄草

杜鹃花科/鹿蹄草科 鹿蹄草属

Pyrola asarifolia* subsp. *incarnata

Incarnate Wintergreen | hónghuālùtícǎo

常绿草本状小半灌木；叶3～7，基生，薄革质，近圆形或圆卵形或卵状椭圆形②。花莛常带紫色，有2～3枚褐色的鳞片状叶。总状花序，有7～15花①，花倾斜，稍下垂，花冠广开，碗形，紫红色③；花梗果期伸长，腋间有膜质苞片，披针形；萼片三角状宽披针形，花瓣倒圆卵形；雄蕊10，花丝无毛，花药有小角，成熟为紫色；花柱倾斜，上部向上弯曲，顶端有环状突起，伸出花冠，柱头5圆裂。蒴果扁球形，带紫红色④。

产延边、白山、通化。生于阴湿地针叶林、针阔叶混交林或阔叶林下。

红花鹿蹄草为常绿草本状小半灌木，叶近圆形或卵状椭圆形，总状花序有7～15花，花紫红色，蒴果扁球形，带紫红色。

缬草

兴安缬草 忍冬科/败酱科 缬草属

Valeriana officinalis

Garden Valerian | xiécǎo

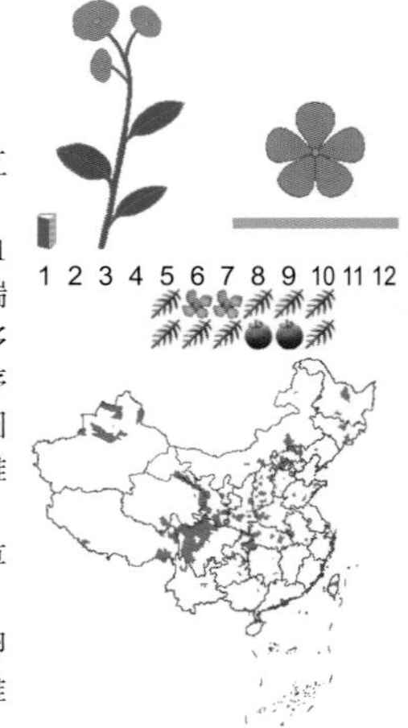

多年生高大草本；茎中空，有纵棱。茎生叶互生，卵形至宽卵形，羽状深裂，裂片7～11对①，中央裂片与两侧裂片近同形同大小，但有时与第1对侧裂片合生成3裂状，裂片披针形或条形，顶端渐窄，基部下延，全缘或有疏锯齿，两面及柄轴多少被毛。花序顶生，成伞房状三出聚伞圆锥花序②；小苞片中央纸质，两侧膜质，长椭圆状长圆形；花冠淡紫红色或白色，花冠裂片椭圆形，雌雄蕊约与花冠等长③。瘦果长卵形，基部近平截④。

产长白山区、长春、松原、白城。生于山坡草地、林下、灌丛、草甸及沟边。

缬草为多年生高大草本，茎生叶互生，宽卵形，羽状深裂，花序顶生，成伞房状三出聚伞圆锥花序，花冠淡紫红色或白色，瘦果长卵形。

中华花荵 花荵科 花荵属

Polemonium chinense

Chinese Jacob's ladder | zhōnghuáhuārěn

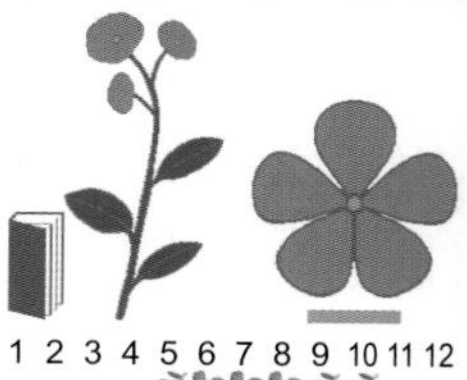

多年生草本；茎单一。奇数羽状复叶①，上部者渐小，小叶19～27，狭披针形、披针形至卵状披针形。圆锥状聚伞花序，顶生或上部叶腋生；花萼钟状，5裂，裂片三角形至狭三角形，与花冠筒等长或稍长；花冠蓝色或淡蓝色②，辐状或广钟状，喉部有毛，裂片5，先端圆形或稍狭，稀先端微凹，有稀疏缘毛；雄蕊5，较花冠稍短或近等长④，花药卵球形；具花盘，杯状，子房卵球形，花柱伸于花冠之外，柱头3裂。蒴果广卵球形③。

产长白山区。生于林下、林缘、河谷及湿草甸子。

中华花荵为多年生草本，茎单一，奇数羽状复叶，圆锥状聚伞花序，花冠蓝色或淡蓝色，辐状或广钟状，蒴果广卵球形。

白鲜 白藓 芸香科 白鲜属

Dictamnus dasycarpus

Hairy-fruit Gasplant | báixiān

多年生草本；根斜生，肉质粗长，淡黄白色。茎直立，幼嫩部分密被水泡状油点。羽状复叶有小叶9～13片，对生①，无柄，顶生小叶具长柄，椭圆至长圆形，叶缘有细锯齿，叶轴有甚狭窄的翼。总状花序②，苞片狭披针形，花瓣白色带淡紫红色或粉红色带深紫红色脉纹③，倒披针形，雄蕊伸出于花瓣外，萼片及花瓣均密生透明油点。蓇葖果沿腹缝线开裂为5瓣④，每瓣又深裂为2小瓣，瓣的顶角短尖，有种子2～3粒。

产全省各地。生于山坡、林下、林缘或草甸。

白鲜为多年生草本，羽状复叶有小叶9～13片，叶轴有狭翼，总状花序，花瓣白色带淡紫红色或粉红色带深紫色脉纹，萼与花瓣有油点，蓇葖果5瓣开裂。

1
2
3
4
1
2
3
4

牻牛儿苗 太阳花 牻牛儿苗科 牻牛儿苗属

Erodium stephanianum

Stephan's Stork's Bill | mángniúrmiáo

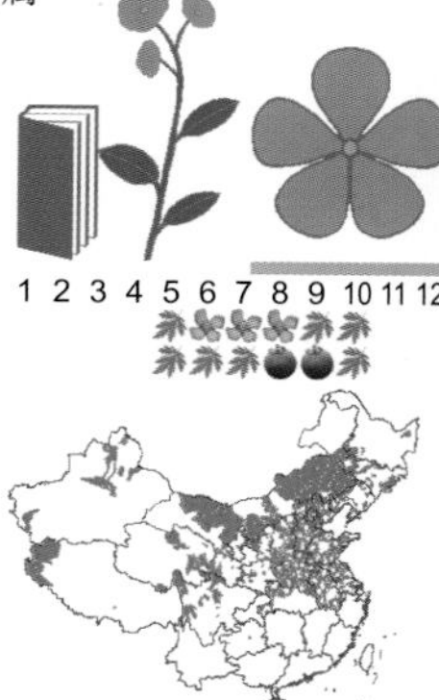

多年生草本；茎多数，仰卧或蔓生，具节。叶对生，基生叶和茎下部叶具长柄，叶片轮廓卵形或三角状卵形，基部心形，二回羽状深裂，小裂片卵状条形①。伞形花序腋生，花梗具2～5花；萼片矩圆状卵形，先端具长芒，被长糙毛②；花瓣紫红色，倒卵形，等于或稍长于萼片③，先端圆形或微凹；雄蕊10，外轮5枚退化，无花药。蒴果顶端具长喙④，成熟时果瓣与中轴分离，喙部自下而上呈螺旋状卷曲。

产白城、松原、四平、吉林、长春、延边。生于山坡、荒地、河岸、沙丘、干草甸子、沟边及路旁。

牻牛儿苗为多年生草本，茎多数，仰卧或蔓生，叶对生，二回羽状深裂，伞形花序腋生，花紫红色，蒴果顶端具长喙。

鼠掌老鹳草 鼠掌草 牻牛儿苗科 老鹳草属

Geranium sibiricum

Siberian Geranium | shǔzhǎnglǎoguàncǎo

一年生或多年生草本；根为直根，茎纤细。下部叶片肾状五角形，基部宽心形，掌状5深裂①。总花梗丝状，单生于叶腋，具1花，花瓣倒卵形，淡紫色或白色②。蒴果被疏柔毛，果梗下垂。

产长白山区。生于荒地、林缘、路旁。

相似种：东北老鹳草【*Geranium erianthum*，牻牛儿苗科 老鹳草属】叶掌状5～7深裂③。聚伞花序顶生，花瓣紫红色，先端圆形，基部宽楔形，边缘具长糙毛。产延边、白山、通化；生于林缘、林下。**线裂老鹳草**【*Geranium soboliferum*，牻牛儿苗科 老鹳草属】叶片圆肾形，小裂片线形④。花梗直立，花瓣紫红色。产长白山区；生沼泽地"塔头"上、森林河谷、沼泽化草地。

1 2 3 4 5 6 7 8 9 10 11 12

1 2 3 4 5 6 7 8 9 10 11 12

鼠掌老鹳草花小，单生于叶腋，每梗1花，其余两者花较大；线裂老鹳草花序腋生或顶生，每梗2花；东北老鹳草聚伞花序顶生，每梗具2花以上。

1
3
2
4
1
3
2
4

毛蕊老鹳草　牻牛儿苗科 老鹳草属

Geranium platyanthum

Wide-flower Geranium | máoruǐlǎoguàncǎo

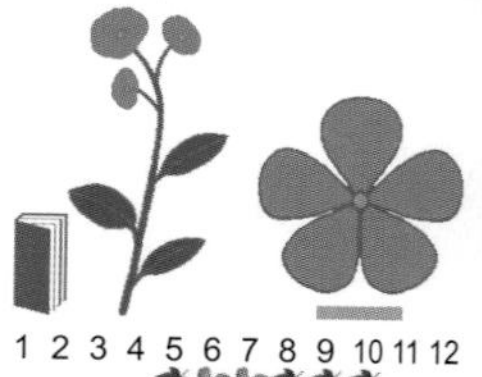

多年生草本；茎直立，假二叉状分枝或不分枝。叶片五角状肾圆形，掌状5裂达叶片中部或稍过之，裂片边缘具浅缺刻状牙齿①。花序通常为伞形聚伞花序，顶生或有时腋生，长于叶，总花梗具2～4花，苞片钻状，萼片长卵形或椭圆状卵形，花瓣淡紫红色，宽倒卵形或近圆形，雌蕊稍短于雄蕊，花柱上部紫红色、分枝②。

产长白山区。生于湿润林缘及灌丛中。

相似种：老鹳草【*Geranium wilfordii*，牻牛儿苗科 老鹳草属】多年生草本；茎直立。叶对生，托叶卵状三角形或上部为狭披针形，叶片圆肾形，3深裂，茎下部叶5深裂③。总花梗每梗具2花③，花较小，萼片长卵形或卵状椭圆形，花瓣白色或淡红色，倒卵形，花丝淡棕色④。产长白山区；生于荒地、林缘、路旁及住宅附近。

毛蕊老鹳草叶掌状5裂达叶片中部，花径大；老鹳草叶3深裂，花较小。

罗布麻　夹竹桃科 罗布麻属

Apocynum venetum

Indian Hemp | luóbùmá

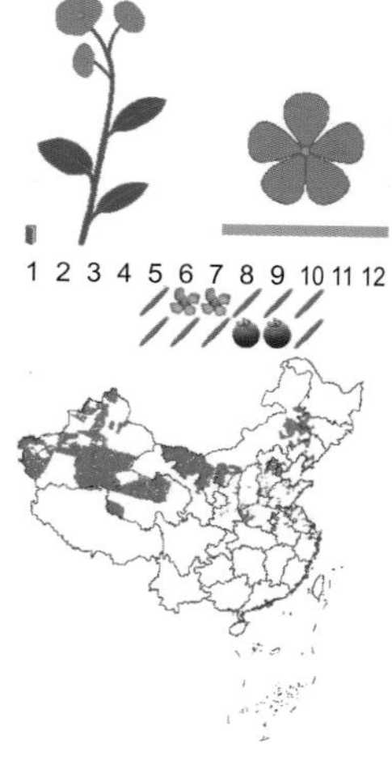

直立半灌木；具乳汁。叶对生，叶片椭圆状披针形至卵圆状长圆形，叶缘具细牙齿①。圆锥状聚伞花序一至多歧，通常顶生②；苞片膜质，披针形；花萼5深裂，裂片披针形或卵圆状披针形；花冠圆筒状钟形，紫红色或粉红色，裂片卵圆状长圆形，顶端钝或浑圆，与花冠筒几乎等长，每裂片内外均具3条明显紫红色的脉纹③；雄蕊着生在花冠筒基部，与副花冠裂片互生。蓇葖果2枚，平行或叉生，下垂④，箸状圆筒形，顶端渐尖，基部钝。

产白城、松原、四平。生于盐碱荒地、沙质地、河流两岸、冲积平原、河泊周围及草甸子上。

罗布麻为直立半灌木，具乳汁，叶对生，叶缘具细牙齿，花紫红色，花盘边缘有蜜腺，蓇葖果双生。

樱草 报春花科 报春花属

Primula sieboldii

Siebold Primrose | yīngcǎo

多年生草本；根状茎倾斜或平卧。叶3～8枚丛生，叶片卵状矩圆形至矩圆形，先端钝圆，基部心形，边缘圆齿状浅裂①。伞形花序顶生，5～15花②，苞片线状披针形，花梗被毛同苞片；花萼钟状，裂片稍开展；花冠紫红色至淡红色，稀白色；长花柱花：雄蕊着生处稍低于冠筒中部，花柱长近达冠筒口；短花柱花：雄蕊顶端接近冠筒口，花柱略超过冠筒中部③。蒴果近球形，长约为花萼的一半④。

产长白山区、白城。生于湿地、沼泽化草甸及湿草地。

樱草为多年生草本，叶片卵状矩圆形，基部心形，边缘圆齿状浅裂，伞形花序顶生，花冠紫红色至淡红色，蒴果近球形。

箭报春 报春花科 报春花属

Primula fistulosa

Fistulos Primrose | jiànbàochūn

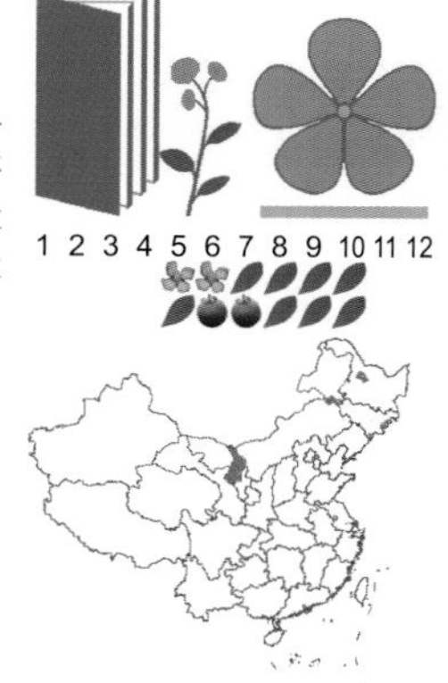

多年生草本；叶片矩圆形至矩圆状倒披针形①。花莛粗壮，中空，呈管状；伞形花序通常多花，密集成球状②；苞片多数，矩圆状卵形或卵状披针形；花梗等长；花萼钟状或杯状，裂片矩圆状披针形，先端锐尖；花冠玫红色或红紫色，裂片倒卵形，先端2深裂②。

产延边、通化。生于草甸及沙质草地上。

相似种：岩生报春【*Primula saxatilis*，报春花科 报春花属】多年生草本；叶片阔卵形至矩圆状卵形，边缘具缺刻状浅裂，裂片边缘有三角形牙齿③。伞形花序1～2轮，每轮3～9花；花萼近筒状，直立，不展开；花冠淡紫红色，裂片倒卵形，喉部有环状黄色附属物④。产白山；生于林下和岩石缝中。

箭报春叶片矩圆状倒披针形，伞形花序多花，密集成球状；岩生报春叶片阔卵形，伞形花序花少，较疏松。

1
3
2
4
1
2
3
4

山茄子 紫草科 山茄子属

Brachybotrys paridiformis

Brachybotrys | shānqiézi

多年生草本；茎直立。基部茎生叶鳞片状，中部茎生叶具长叶柄，叶片倒卵状长圆形，叶柄有狭翅，上部5～6叶假轮生，叶片倒卵形至倒卵状椭圆形②。花序顶生，具纤细的花序轴，花集中于花序轴的上部①，通常约为6朵；花萼5裂至近基部，裂片钻状披针形；花冠紫色，筒部约比檐部短③，檐部裂片倒卵状长圆形，附属物舌状；雄蕊着生附属物之下；子房4裂，花柱有弯曲，柱头微小，头状。小坚果背面三角状卵形，腹面由三个面组成④。

产长白山区。生于林下及林缘。

山茄子为多年生草本，上部叶5～6枚假轮生，叶片倒卵形至倒卵状椭圆形，花序顶生，花冠紫色，小坚果背面三角状卵形。

紫筒草 白毛草 紫草科 紫筒草属

Stenosolenium saxatile

Stenosolenium | zǐtǒngcǎo

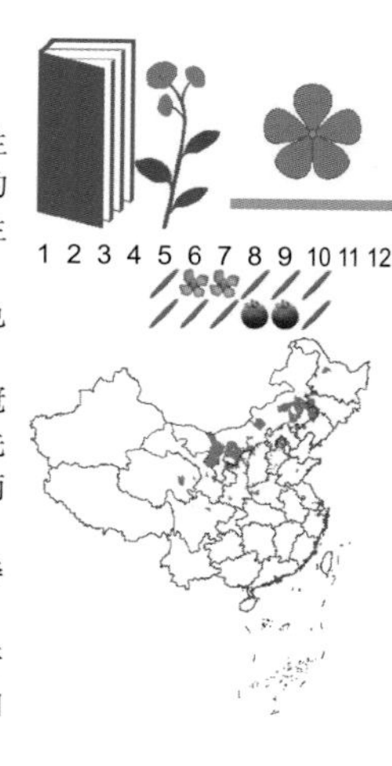

多年生草本；茎通常数条，直立或斜升。基生叶和下部叶匙状线形或倒披针状线形，近花序的叶披针状线形①；花序顶生，逐渐延长②，密生硬毛，苞片叶状，花具短花梗；花萼密生长硬毛，裂片钻形，果期直立，基部包围果实；花冠蓝紫色③、紫色或白色，外面有稀疏短伏毛，花冠筒细，通常稍弧曲；檐部裂片开展；雄蕊螺旋状着生花冠筒中部之上，内藏；花柱长约为花冠筒的1/2，先端2裂，柱头球形。小坚果具短柄，着生面居短柄的底面④。

产白城、四平、松原。生于沙丘、草地、路旁及石质坡地。

紫筒草为多年生草本，茎直立或斜升，密生开展的长硬毛，叶匙状线形，花梗极短，花冠筒细长，花冠蓝紫色、紫色或白色，小坚果具短柄。

桔梗 桔梗科 桔梗属

Platycodon grandiflorus

Balloon Flower | jiégěng

多年生草本；叶轮生或互生①，叶片卵形、卵状椭圆形至披针形。花单朵顶生，花萼筒部半圆球状，被白粉，裂片三角形，有时齿状；花冠大，蓝色或紫色②，先端5浅裂或中裂，裂片三角形，先端尖；雄蕊5，花丝短，基部膨大，外侧密被侧毛；子房下半部与萼筒合生，呈半球形，花柱较长，柱头5裂。蒴果球状倒圆锥形。

全省广泛分布。生于山地林缘、山坡、草地、灌丛或草甸。

相似种：聚花风铃草【*Campanula glomerata* subsp. *speciosa*，桔梗科 风铃草属】多年生草本；茎生叶下部的具长柄，上部的无柄，长卵形至卵状披针形，全部叶边缘有尖锯齿。花数朵集成头状花序③，生于茎中上部叶腋间，花冠紫色或蓝紫色，管状钟形，分裂至中部④。产长白山区；生于林缘、灌丛、山坡及路边草地。

桔梗全部茎叶无毛，花单朵顶生；聚花风铃草苞叶边缘有毛，花数朵集成头状花序。

鲜黄连 洋虎耳草 小檗科 鲜黄连属

Plagiorhegma dubium

Plagiorhegma | xiānhuánglián

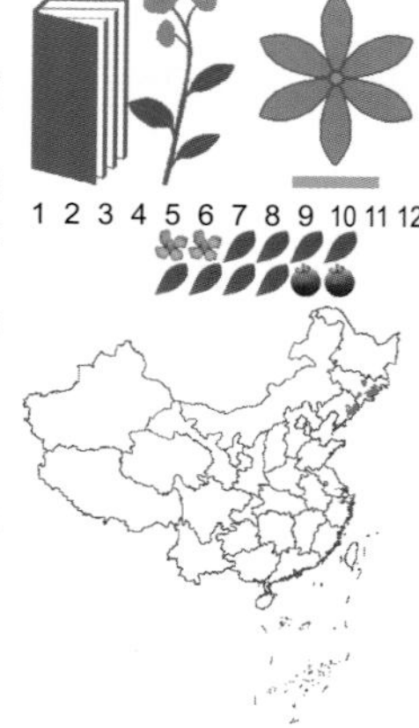

多年生草本；光滑无毛。根状茎细瘦，横切面鲜黄色。基生叶4～6枚，地上茎阙如②，单叶，膜质，叶片轮廓近圆形，先端凹陷，具1针刺状突尖，基部深心形，边缘微波状或全缘①，掌状脉9～11条，背面灰绿色。花单生，淡紫色；萼片6，花瓣状，紫红色③，长圆状披针形，早落；花瓣6，倒卵形，基部渐狭；雄蕊6，花丝扁平，无毛，柱头浅杯状，胚珠多数。蒴果纺锤形④，黄褐色，自顶部往下纵斜开裂，宿存花柱。

产长白山区。生于山坡灌丛间、针阔叶混交林下及阔叶林下。

鲜黄连为多年生草本，基生叶4～6枚，花单生，淡紫色，花瓣6，倒卵形，蒴果纺锤形，宿存花柱。

草芍药 芍药科/毛茛科 芍药属

Paeonia obovata

Woodland Peony | cǎosháoyao

多年生草本；根粗壮，长圆柱形。茎无毛，基部生数枚鞘状鳞片。茎下部叶为二回三出复叶①，顶生小叶倒卵形或宽椭圆形，顶端短尖，基部楔形，全缘，表面深绿色，背面淡绿色，无毛或沿叶脉疏生柔毛，侧生小叶比顶生小叶小，同形，具短柄或近无柄；茎上部叶为三出复叶或单叶。单花顶生，萼片3～5，宽卵形，淡绿色②，花瓣6，白色、红色、紫红色，倒卵形③。蓇葖卵圆形，成熟时果皮反卷呈红色④。

产山区各地。生于针阔叶混交林、针叶林及杂木林下、林缘及灌丛间。

草芍药为多年生草本，根粗壮，叶为二回三出复叶，单花生于顶端，萼片为宽卵形，6枚花瓣，白色、紫红色或红色，蓇葖卵圆形。

白头翁 毛姑朵花 毛茛科 白头翁属

Pulsatilla chinensis

Chinese Pasqueflower | báitóuwēng

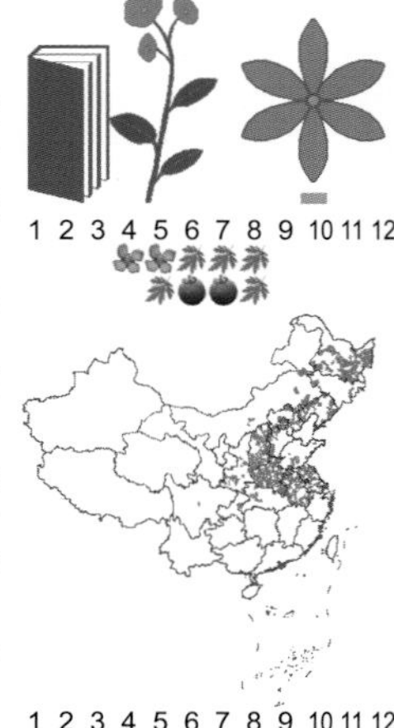

多年生草本；基生叶4～5枚，有长柄，叶片宽卵形，三全裂，叶柄有密长柔毛①。花莛1～2，有柔毛；苞片3，基部合生成筒，三深裂，深裂片线形，背面密被长柔毛；花梗结果时伸长；花直立，萼片蓝紫色，背面有密柔毛②，雄蕊长约为萼片之半。瘦果纺锤形，扁，有长柔毛。

产吉林、松原。生于草地、干山坡、林缘、河岸及灌丛中。

相似种：兴安白头翁【*Pulsatilla dahurica*，毛茛科 白头翁属】多年生草本；基生叶7～9枚，叶片卵形，基部近截形，全缘或上部有2～3小裂片或牙齿，一回侧全裂片无柄或近无柄，不等3深裂③。花近直立，萼片紫色，椭圆状卵形，顶端微钝，外面密被短柔毛④。产吉林、白山；生于林间空地、灌丛、路旁及石砾地。

白头翁基生叶4～5枚，萼片蓝紫色；兴安白头翁基生叶7～9枚，萼片紫色。

1
3
2
4
1
2
3
4

千屈菜 水柳 千屈菜科 千屈菜属

Lythrum salicaria

Purple Loosestrife | qiānqūcài

多年生草本；茎直立，多分枝。叶对生或三叶轮生，披针形，基部圆形有时略抱茎，全缘，无柄①。花组成小聚伞花序，簇生，因花梗及总梗极短，因此花枝全形似一大型穗状花序②；苞片阔披针形至三角状卵形，有纵棱12条，稍被粗毛，裂片6，三角形；附属体针状，直立，花瓣6，红紫色或淡紫色，倒披针状长椭圆形④，基部楔形，着生于萼筒上部，有短爪，稍皱缩；花柱长短不一。蒴果扁圆形③。

分布于全省各地。生于河边、沼泽地及水边湿地。

千屈菜为多年生草本，茎直立，多分枝，叶对生或三叶轮生，花组成小聚伞花序，簇生，花瓣6，红紫色或淡紫色，蒴果扁圆形。

知母 天门冬科/百合科 知母属

Anemarrhena asphodeloides

Anemarrhena | zhīmǔ

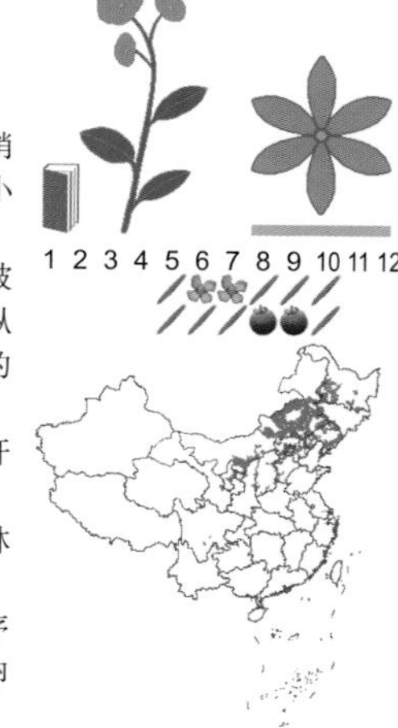

多年生草本；叶基生，丛出，线形①，质稍硬，基部扩大成鞘状。花茎直立，上生有鳞片状小苞叶，穗状花序稀疏而狭长，花常2～3朵簇生②，无花梗或有很短的花梗；花绿色或紫堇色，花被片6，宿存，排成2轮，长圆形③，有3条淡紫色纵脉；雄蕊3，比花被片为短，贴生于内轮花被片的中部，花丝很短，具丁字药；子房近圆形，3室。蒴果长卵形，顶端有短喙④，成熟时沿腹缝上方开裂，每室含1～2粒种子。

产白城、松原、四平、白山。生于山坡、林缘、路旁及草地。

知母为多年生草本，叶基生，线形，穗状花序稀疏而狭长，花被片6，绿色或紫堇色，蒴果长卵形，成熟时沿腹缝开裂。

绵枣儿 天门冬科/百合科 绵枣儿属

Barnardia japonica

Chinese Squill | miánzǎor

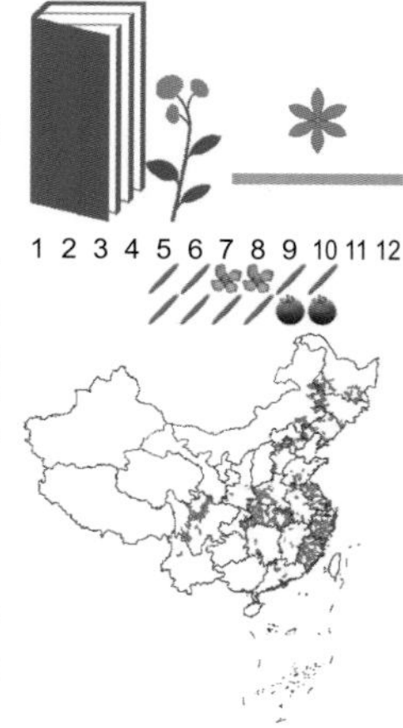

多年生草本；基生叶通常2～5枚，狭带状，柔软①。花葶通常比叶长，总状花序，具多数花②；花紫红色、粉红色至白色，小，在花梗顶端脱落；花梗基部有1～2枚较小的、狭披针形苞片；花被片近椭圆形、倒卵形或狭椭圆形，基部稍合生而呈盘状，先端钝而且增厚③；雄蕊生于花被片基部，花丝近披针形，基部稍合生，中部以上骤然变窄；子房基部有短柄，3室，每室1个胚珠，花柱长约为子房的一半至2/3。果近倒卵形④。

产通化、白城、四平、松原。生于多石山坡、草地、林缘及沙质地。

绵枣儿为多年生草本，基生叶2～5枚，狭带状，柔软，花葶通常比叶长，总状花序，具多数花，花紫红色、粉红色至白色，果近倒卵形。

猪牙花 车前叶山慈姑 百合科 猪牙花属

Erythronium japonicum

Katakuri | zhūyáhuā

多年生草本；叶2枚，具长柄，叶片椭圆形至披针状长圆形，叶幼时表面有不规则的白色斑纹，老时表面具不规则的紫色斑纹①。花单朵顶生，下垂，较大；花被片6，排成2轮，长圆状披针形，紫红色，基部有3齿状的黑紫色斑纹，开花时强烈反卷②；雄蕊6，花药广条形，黑紫色；柱头3裂。

产通化、白山、延边。生于腐殖质肥沃的山地林下、林缘灌丛及沟边。

相似种：垂花百合【*Lilium cernuum*，百合科百合属】多年生草本；叶多数，细条形，边缘稍反卷并有乳头状突起，中脉明显。总状花序，花下垂③，有香味，花被片披针形，反卷，淡紫红色（③左下），下部有深紫色斑点，蜜腺两边密生乳头状突起。产白山、延边、吉林、通化；生于山坡灌丛、草丛、林缘及岩石缝隙中。

猪牙花叶2枚，叶片椭圆形或长圆形，花单朵；垂花百合叶多数，细条形，总状花序有花1～6朵。

东北玉簪 天门冬科/百合科 玉簪属

Hosta ensata

Sword-shaped Hosta | dōngběiyùzān

多年生草本；叶基生，披针形或长圆状披针形，叶片长10～15厘米，宽2～5厘米，具4～8对弧形脉①，叶片下延而使叶柄上部具狭翅。花莛由叶丛中抽出，在花序下方的花莛上具1～4枚白色膜质的苞片，为卵状长圆形；总状花序，具花10～20朵②；苞片宽披针形，膜质；花紫色或蓝紫色；花被下部结合呈管状，上部开展呈钟状，先端6裂③；雄蕊6，稍伸出花被外，完全离生；子房圆柱形，3室，每室有多数胚珠，花柱细长，明显伸出花被外。蒴果长圆形，室背开裂④。

产通化、白山、吉林、延边。生于阴湿山地、林下、林缘及河边湿地。

东北玉簪为多年生草本，单叶基生，披针形，弧形脉，总状花序，花紫色，6瓣，蒴果长圆形。

雨久花 蓝鸟花 雨久花科 雨久花属

Monochoria korsakowii

Heart-leaf False Pickerelweed | yǔjiǔhuā

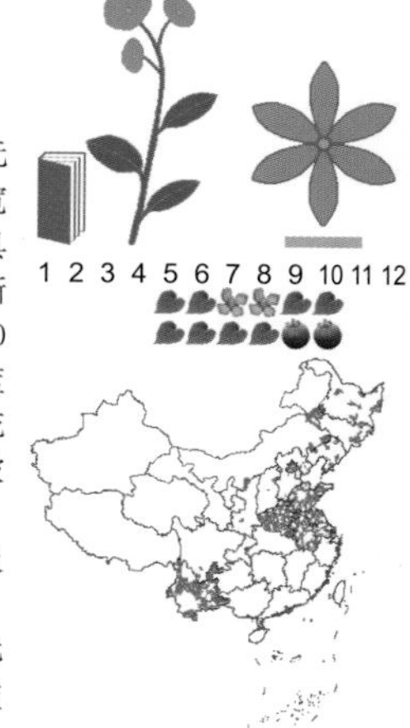

一年生直立水生草本；茎直立，全株光滑无毛，基部有时带紫红色。叶基生和茎生，基生叶宽卵状心形，顶端急尖或渐尖，基部心形，全缘，具多数弧状脉，叶柄有时膨大成囊状；茎生叶叶柄渐短，基部增大成鞘，抱茎①。总状花序顶生，花10余朵②，具长花梗；花被片椭圆形，顶端圆钝，蓝色③；雄蕊6枚，其中1枚较大，其余各枚较小，花药黄色，花丝丝状。蒴果长卵圆形，包于宿存花被片内④。

产全省各地。生于池塘、湖沼靠岸的浅水处及稻田中。

雨久花为一年生水生草本，茎直立，全株无毛，叶宽卵状心形，总状花序顶生，花10余朵，蓝色，蒴果长卵圆形，包于宿存花被内。

1
2
3
4
1
3
2
4

马蔺 尖瓣马蔺 鸢尾科 鸢尾属

Iris lactea

Chinese Iris | mǎlìn

多年生密丛草本；叶基生，条形，灰绿色①。花茎光滑，下部具2～3枚茎生叶，上端着生2～4朵花；苞片3～5，狭长圆状披针形；花蓝色、淡蓝色或蓝紫色，花被上有较深色的条纹②。蒴果长椭圆形。

产全省各地。生于干燥沙质草地、路边、山坡草地。

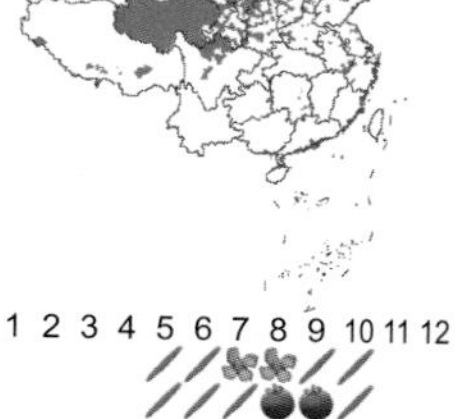

相似种：野鸢尾【*Iris dichotoma*，鸢尾科 鸢尾属】叶在花茎基部互生，数枚排列在同一平面上，上部二歧状分枝③，花浅蓝色④。产四平、白城、松原、吉林；生于向阳草地、干山坡、固定沙丘上。**囊花鸢尾**【*Iris ventricosa*，鸢尾科 鸢尾属】花茎圆柱形，有1～2枚茎生叶，苞片互相套叠合抱并明显膨大，花蓝紫色⑤，花被管细长。产白城、松原、四平；生于固定沙丘、草原、草甸、草地。

1 2 3 4 5 6 7 8 9 10 11 12

野鸢尾植株单生，花茎上部二歧状分枝；马蔺密丛生，花茎不分枝；囊花鸢尾植株单生，苞片互相套叠合抱，并明显膨大。

1 2 3 4 5 6 7 8 9 10 11 12

溪荪 鸢尾科 鸢尾属

Iris sanguinea

Bloodred Iris | xīsūn

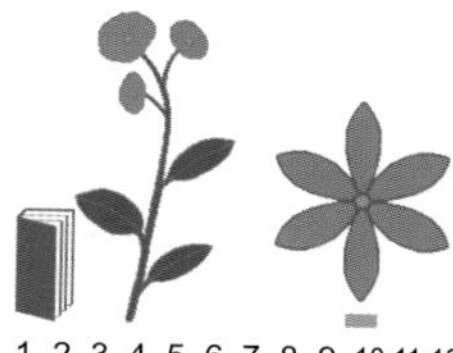

多年生草本；叶条形，具1～2枚茎生叶①；苞片3枚，膜质，花紫色，外花被裂片倒卵形，基部有黑褐色的网纹及黄色的斑纹②，爪部楔形，中央下陷呈沟状，内花被裂片直立，狭倒卵形，花药黄色。

产长白山区、白城、松原。生于沼泽地、湿草地或向阳坡地。

相似种：玉蝉花【*Iris ensata*，鸢尾科 鸢尾属】苞片3枚，近革质，花深紫色，花药紫色，外花被裂片卵形，中脉上有黄色斑纹③，直立。产通化、延边、白山；生于湿草甸、沼泽地及草甸。**燕子花**【*Iris laevigata*，鸢尾科 鸢尾属】花大，蓝紫色，外花被裂片倒卵形，内花被裂片直立，倒披针形。上部反折下垂④。产通化、吉林、白山、延边；生于沼泽地、湿草甸以及河岸旁。

1 2 3 4 5 6 7 8 9 10 11 12

溪荪花紫色，外花被基部有黑褐色网纹和黄斑；玉蝉花花深紫色，外花被中脉上有黄斑；燕子花花蓝紫色，外花被反折下垂，其余二者外花被不下垂。

1 2 3 4 5 6 7 8 9 10 11 12

花蔺 蒲子莲 花蔺科 花蔺属

Butomus umbellatus

Flowering Rush | huālìn

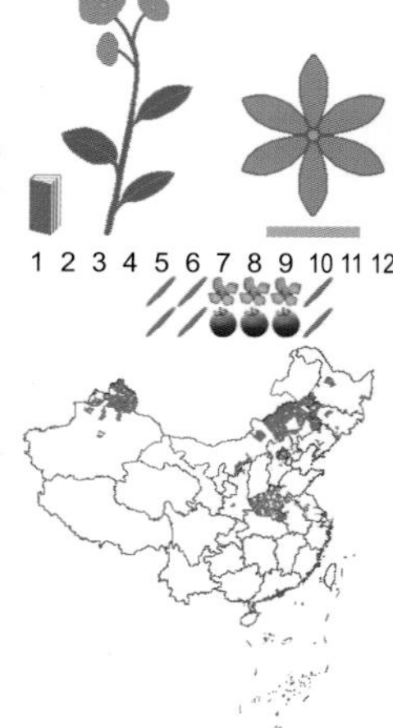

多年生水生草本；有粗壮的横生根状茎。叶基生，上部伸出水面，三棱状条形，先端渐尖，叶柄三棱形，内具海绵组织，基部呈鞘状。花莛圆柱形，与叶近等长①。伞形花序顶生④，基部有苞片3枚，卵形；花两性，外轮花被片3，椭圆状披针形，绿色，稍带紫色，宿存③，内轮花被片3，椭圆形，初开时白色，后变成淡红色或粉红色②；雄蕊9，花丝基部稍宽，花药带红色；心皮6。蓇葖果成熟时从腹缝开裂。

产松原、白城、长春、通化。生于池塘、湖泊浅水或沼泽中。

花蔺为多年生水生草本，叶基生，三棱状条形，顶生伞形花序，多花，初开白色后变淡红色，蓇葖果。

芡 芡实 睡莲科 芡属

Euryale ferox

Prickly Waterlily | qiàn

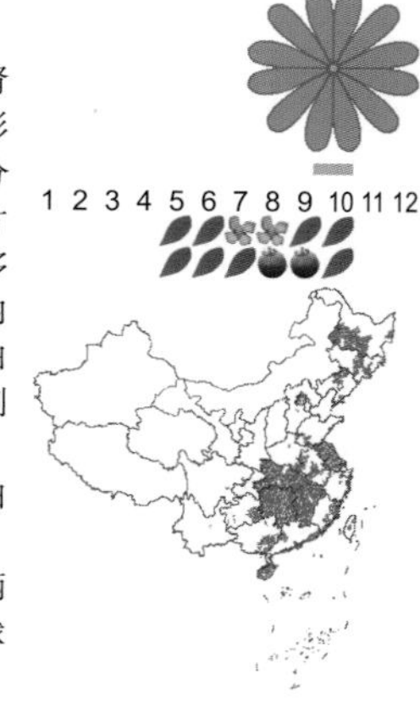

一年生大型水生草本；沉水叶箭形或椭圆肾形，两面无刺，叶柄无刺，浮水叶革质，椭圆肾形至圆形，盾状，全缘，下面带紫色，两面在叶脉分枝处有锐刺①，叶柄及花梗粗壮，皆有硬刺。萼片披针形，内面紫色，外面密生稍弯硬刺②，花瓣多数，长圆状披针形或披针形，呈3～5轮排列，向内渐变成雄蕊，外轮鲜紫红色，中层紫红色，具白斑，内层内面白色③。浆果球形，外面密生硬刺④。种子球形，黑色。

产白城、松原、延边、通化。生于池沼、湖泊及水泡子中。

芡为一年生大型水生草本，浮水叶两面、叶柄及花梗皆有硬刺，花瓣多，呈3～5轮排列，浆果球形，外面密生硬刺。

莲 菡萏 莲科/睡莲科 莲属

Nelumbo nucifera

Sacred Lotus | lián

多年生水生草本；根状茎横生，肥厚，节间膨大，内有多数纵行通气孔道，节部缢缩，上生黑色鳞叶，下生须状不定根。叶圆形，盾状，全缘稍呈波状①，叶柄粗壮，中空，外面散生小刺。花梗和叶柄等长或稍长，也散生小刺②；花美丽，芳香，花瓣红色、粉红色③或白色，花药条形，花丝细长，着生在花托之下；花柱极短，柱头顶生。坚果椭圆形或卵形，果皮革质，坚硬④，熟时黑褐色。

产白城、吉林、通化、延边、白山。生于池沼、水泡子中。

莲为多年生水生草本，根状茎横生，肥厚，叶伸出水面，萼片早落，花瓣多数，花托果期增大，坚果椭圆形或卵形。

远志 细叶远志 远志科 远志属

Polygala tenuifolia

Thin-leaf Milkwort | yuǎnzhì

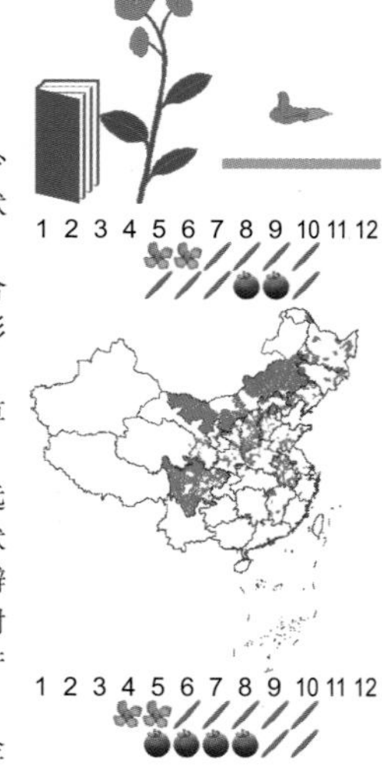

多年生草本；单叶互生，线形至线状披针形，先端渐尖①。总状花序呈扁侧状生于小枝顶端，少花；苞片3，披针形；萼片5，宿存，外面3枚线状披针形，里面2枚花瓣状，带紫堇色，基部具爪；花瓣3，紫色，侧瓣斜长圆形，基部与龙骨瓣合生，龙骨瓣较侧瓣长，具流苏状附属物。蒴果圆形②。

产长白山区、西部草原。生于多砾山坡、草地、林下及灌丛中。

相似种：瓜子金【*Polygala japonica*，远志科 远志属】多年生草本；单叶互生，卵状披针形。总状花序，萼片5，宿存，外面3枚披针形，里面2枚花瓣状；花瓣3，白色至紫色，龙骨瓣具流苏状鸡冠状附属物③。蒴果圆形，顶端凹陷，具喙状突尖④。产长白山区；生境同上。

远志叶线状披针形，蒴果顶端无突尖；瓜子金叶卵状披针形，蒴果顶端具喙状突尖。

1
3
2
4
1
3
2
4

米口袋 少花米口袋 豆科 米口袋属

Gueldenstaedtia verna

Spring Gueldenstaedtia | mǐkǒudài

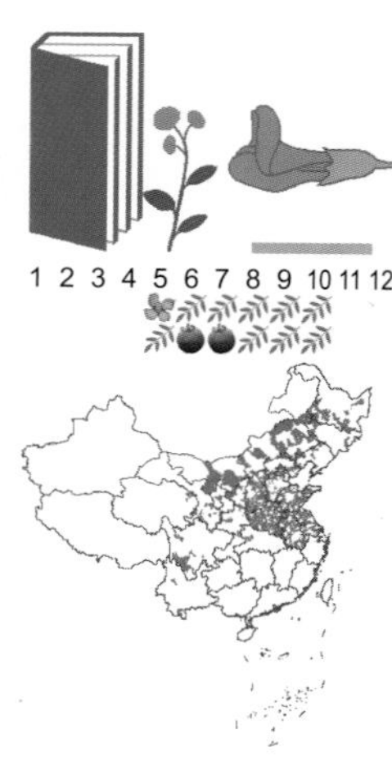

多年生草本；主根直下。分茎具宿存托叶。叶柄具沟，小叶7～19片，长椭圆形至披针形，两面被疏柔毛①。伞形花序有花2～4朵②，总花梗约与叶等长，苞片长三角形，小苞片线形；花萼钟状，萼齿披针形，上2萼齿约与萼筒等长，下3萼齿较短小，最下一片最小；花冠红紫色③，旗瓣卵形，先端微缺，基部渐狭成瓣柄，翼瓣瓣片倒卵形具斜截头，具短耳，龙骨瓣瓣片倒卵形；子房椭圆状。荚果长圆筒状，成熟时开裂④。

产白城、松原、延边。生于山坡、草地、路旁、田野及荒地。

米口袋为多年生草本，奇数羽状复叶，小叶长椭圆形，至秋季变狭长，两面被疏柔毛，伞形花序有2～4朵花，花冠红紫色，荚果长圆筒状。

达乌里黄芪 兴安黄芪 豆科 黄芪属

Astragalus dahuricus

Dahurian Milkvetch | dáwūlǐhuángqí

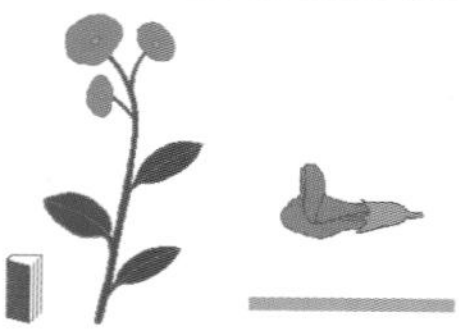

一年生或二年生草本；茎直立，分枝，有细棱。羽状复叶，小叶长圆形，先端圆或略尖。总状花序较密，生10～20朵花，花萼斜钟状，花冠紫色①，旗瓣近倒卵形，翼瓣瓣片长圆形，龙骨瓣瓣片倒卵形。荚果线形②。种子淡褐色或褐色，肾形，有斑点，平滑。

产白城、松原。生于向阳山坡、河岸沙砾地及草甸。

相似种：斜茎黄芪【*Astragalus laxmannii*，豆科 黄芪属】多年生草本；茎数个丛生，直立或斜上③。花梗极短，苞片狭披针形至三角形，花萼管状钟形，萼齿狭披针形，花冠近蓝色或红紫色③。荚果长圆形，背缝凹入成沟槽，顶端具下弯的短喙④。产长白山区、西部草原；生于向阳山坡灌丛及林缘地带。

达乌里黄芪茎直立，荚果线形，内弯；斜茎黄芪茎数个丛生，直立或斜上，荚果长圆形，顶端具下弯的短喙。

1
3
2
4
1
2
3
4

甘草 豆科 甘草属

Glycyrrhiza uralensis

Ural Licorice | gāncǎo

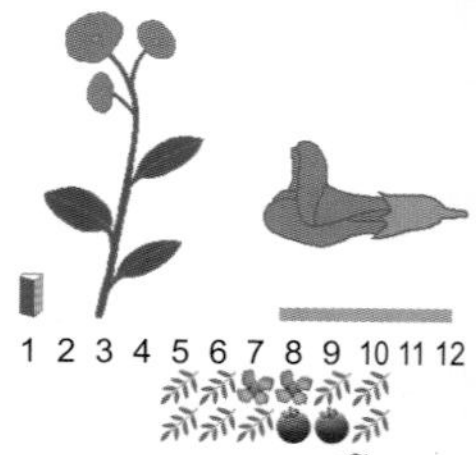

多年生草本；根与根状茎粗壮，具甜味。茎直立，多分枝，奇数羽状复叶，具小叶5～17枚①。总状花序腋生，具多数花，苞片长圆状披针形，花萼钟状，基部偏斜并膨大呈囊状，萼齿5，花冠紫色、白色或黄色，旗瓣长圆形，顶端微凹，基部具短瓣柄。荚果弯曲呈镰刀状，密集成球体②。

产白城、松原。生于干旱沙地、河岸沙质地、山坡草地及盐渍化土壤中。

相似种：刺果甘草【*Glycyrrhiza pallidiflora*，豆科 甘草属】多年生草本；总状花序腋生，花密集成球状，苞片卵状披针形，花萼钟状，花冠淡紫色④。果序呈椭圆状③，荚果卵圆形，外面被刚硬的刺。产白城、松原、吉林、四平；生于河滩地、岸边、田野、路旁。

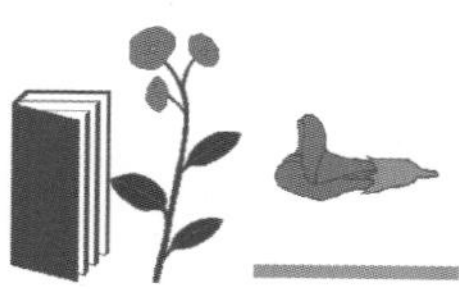

甘草根与根状茎具甜味，荚果弯曲呈镰刀状；刺果甘草根和根状茎无甜味，荚果卵圆形，外面被刚硬的刺。

多叶棘豆 豆科 棘豆属

Oxytropis myriophylla

Many-leaved Crazyweed | duōyèjídòu

多年生草本；小叶25～32轮，每轮4～8片或有时对生，线形、长圆形或披针形，先端渐尖，基部圆形①。多花组成紧密或较疏松的总状花序，总花梗与叶近等长或长于叶，苞片披针形，花梗极短或近无梗，花萼筒状，萼齿披针形，花冠淡红紫色②，子房线形。荚果披针状椭圆形，膨胀，密被长柔毛。

产白城、松原。生于沙地、平坦草原、干河沟、丘陵地、轻度盐渍化沙地、石质山坡。

相似种：长白棘豆【*Oxytropis anertii*，豆科 棘豆属】多年生草本；丛生。羽状复叶，小叶对生。2～7花组成头形总状花序，苞片卵状披针形至狭披针形，花萼草质，筒状，萼齿三角形，花冠淡蓝紫色③。荚果卵形至卵状长圆形，膨胀，具弯曲长喙④，被棕色短糙毛。产白山、延边；生于高山冻原带上。

多叶棘豆轮生羽状复叶，花冠淡红紫色；长白棘豆羽状复叶，小叶对生，花冠淡蓝紫色。

1
2
3
4
1
3
2
4

紫苜蓿 苜蓿 豆科 苜蓿属

Medicago sativa

Lucerne | zǐmùxu

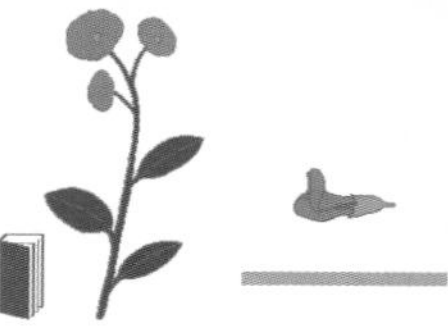

多年生草本；茎直立、丛生以至平卧，四棱形。羽状三出复叶①，托叶大，卵状披针形，叶柄比小叶短，小叶长卵形，等大或顶生小叶稍大，纸质。花序总状或头状，具花5～30朵③，总花梗挺直，比叶长，苞片线状锥形，花梗短，萼钟形，萼齿线状锥形，比萼筒长；花冠多色，淡黄②、深蓝至暗紫色，花瓣均具长瓣柄，旗瓣长圆形，先端微凹，翼瓣较龙骨瓣稍长，子房线形，花柱短阔。荚果螺旋状紧卷2～6圈，熟时棕色（②右下）。

原产伊朗，由人工种植逸为野生，全省均有分布。生于路旁、沟边、荒地及田边。

紫苜蓿为多年生草本，茎直立，羽状三出复叶，花序为总状或头状，具花5～30朵，花色多样，淡黄、深蓝至暗紫色，荚果螺旋状紧卷2～6圈，熟时棕色。

鸡眼草 豆科 鸡眼草属

Kummerowia striata

Japanese Clover | jīyǎncǎo

一年生草本；枝上的毛向下。叶为三出羽状复叶①，托叶大，膜质，比叶柄长，有缘毛，小叶纸质，倒卵形，全缘。花小，单生或2～3朵簇生于叶腋②，花梗下端具2枚大小不等的苞片，萼基部具4枚小苞片，其中1枚极小，位于花梗关节处，小苞片常具5～7条纵脉，花萼钟状，带紫色，5裂，裂片宽卵形，具网状脉，外面及边缘具白毛，花冠粉红色或紫色③。荚果圆形或倒卵形，稍侧扁，较萼稍长或长达1倍④。

全省广泛分布。生于田边、荒地、草地、路旁及住宅附近。

鸡眼草为一年生草本，枝上的毛向下，小叶常圆形或倒卵形，花单生于叶腋，花冠粉红色或紫色，荚果较萼稍长或长达1倍。

1
3
2
1
3
2
4

山黧豆 豆科 山黧豆属

Lathyrus quinquenervius

Fivevein Vetchling | shānlídòu

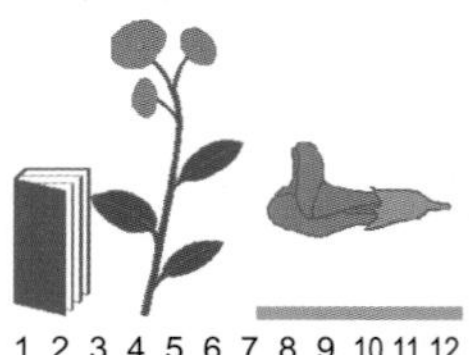

多年生草本；茎直立，具棱及翅。偶数羽状复叶，叶轴末端具不分枝的卷须①，下部叶的卷须短，呈针刺状，托叶披针形至线形，叶具小叶1～3对，小叶质坚硬，椭圆状披针形或线状披针形，具5条平行脉。总状花序腋生，具5～8朵花②，萼钟状，被短柔毛，最下1萼齿约与萼筒等长，花紫蓝色或紫色。

产全省各地。生于疏林下、灌丛及草甸。

相似种：三脉山黧豆【*Lathyrus komarovii*，豆科 山黧豆属】多年生草本；茎直立，具狭翅。托叶半箭形，叶具2～5对小叶，叶轴具狭翅，末端具短针刺，小叶具平行脉3～5条③。总状花序具3～8朵花，萼钟状，最下1齿约与萼筒等长，花紫色（③左上）。产延边、通化；生于林间、林缘、灌丛中、山谷及溪流附近。

山黧豆茎单一，具棱及翅，有毛，叶轴末端具不分枝的卷须；三脉山黧豆茎有分枝，无毛，叶轴末端具短针刺，无卷须。

广布野豌豆 落豆秧 豆科 野豌豆属

Vicia cracca

Bird Vetch | guǎngbùyěwāndòu

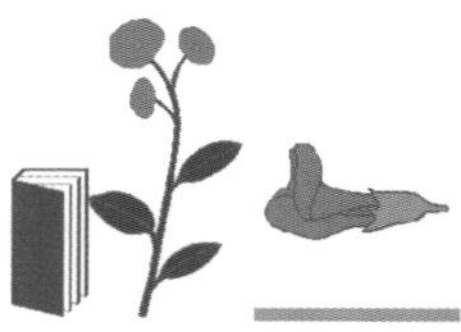

多年生草本；茎攀缘或蔓生，有棱。偶数羽状复叶，叶轴顶端卷须有2～3分枝①，托叶半箭头形或戟形，小叶5～12对互生，线形、长圆形或披针状线形。总状花序与叶轴近等长，花多数，10～40朵密集一面着生于总花序轴上部①，花萼钟状，萼齿5，近三角状披针形，花冠紫色、蓝紫色或紫红色。荚果长圆形，先端有喙。

产全省各地。生于山坡、草甸、林缘及草地。

相似种：多茎野豌豆【*Vicia multicaulis*，豆科 野豌豆属】偶数羽状复叶，叶轴顶端卷须有分枝或单一②。产白城、松原；生于干山坡、石砾地和沙地。**歪头菜**【*Vicia unijuga*，豆科 野豌豆属】小叶1对③，叶轴末端为细刺尖头，偶见卷须。产长白山区、长春、四平；生于林下、林缘、草地、山坡及灌丛中。

广布野豌豆有小叶5～12对，卷须有2～3分枝；多茎野豌豆有小叶4～8对，卷须分枝或单一；歪头菜有小叶1对，叶轴末端为刺尖头。

野火球　豆科 车轴草属

Trifolium lupinaster

Lupine Clover | yěhuǒqiú

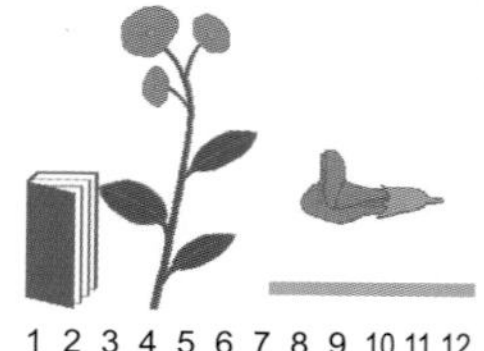

1 2 3 4 5 6 7 8 9 10 11 12

多年生草本；茎直立，上部具分枝。掌状复叶，小叶3～9枚①；托叶膜质，大部分抱茎呈鞘状，叶柄几全部与托叶合生；小叶披针形，长25～50毫米，宽5～16毫米，先端锐尖。头状花序，具花20～35朵②；花序下端具1早落的膜质总苞；花萼钟形，脉纹10条，萼齿丝状锥尖；花冠淡红色至紫红色③，偶有白色④，旗瓣椭圆形，先端钝圆，基部稍窄，翼瓣长圆形，下方有一钩状耳，龙骨瓣长圆形，比翼瓣短，先端具小尖喙；子房狭椭圆形，具柄，花柱丝状，上部弯成钩状。荚果长圆形，膜质，棕灰色。

产长白山区。生于低湿草地、林缘灌丛、草地及高山苔原上。

野火球为多年生草本，掌状复叶，小叶3～9枚，头状花序具花20～35朵；花淡紫色至紫红色，荚果长圆形。

红车轴草　豆科 车轴草属

Trifolium pratense

Red Clover | hóngchēzhóucǎo

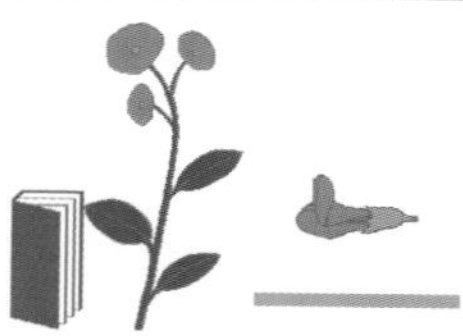

1 2 3 4 5 6 7 8 9 10 11 12

多年生草本；茎直立或平卧上升。掌状三出复叶，叶柄较长，茎上部的叶柄短，小叶卵状椭圆形至倒卵形，叶面上常有“V”字形白斑①。花序球状或卵状，顶生；花序总梗短②，托叶扩展成焰苞状，具花30～70朵，密集；萼钟形，具脉纹10条，萼齿丝状，锥尖，萼喉具一加厚环；花冠紫红色至淡红色③，旗瓣匙形，先端圆形，微凹缺，基部狭楔形，明显比翼瓣和龙骨瓣长，龙骨瓣稍比翼瓣短。荚果卵形④；通常有1粒扁圆形种子。

原产欧洲和西亚，由人工种植逸为野生。产长白山区。生于林缘、路旁、草地等湿润处。

红车轴草为多年生草本，茎直立或平卧上升，掌状三出复叶，叶面有“V”字形白斑，花序球状顶生，花序总梗短，花冠紫红色至淡红色，荚果卵形。

1
3
2
4
1
2
3
4

长柄山蚂蟥 豆科 长柄山蚂蟥属

Hylodesmum podocarpum

Podocarpium | chángbǐngshānmǎhuáng

多年生直立草本；根茎稍木质，茎具条纹。羽状三出复叶，小叶3①，顶生小叶宽卵形或卵形，托叶钻形。总状花序或圆锥花序，顶生和腋生，通常每节生2花，苞片早落，窄卵形，花萼钟形，花冠紫红色。荚果通常有荚节2，荚节略呈宽半倒卵形，被钩状毛和小直毛，稍有网纹②。

产长白山区。生于林缘、疏林下及灌丛中。

相似种：羽叶长柄山蚂蟥【*Hylodesmum oldhamii*，豆科 长柄山蚂蟥属】多年生草本；叶为羽状复叶，小叶7③，披针形或卵状椭圆形。总状花序，单一或有短分枝，花疏散；苞片狭三角形，花冠紫红色。荚果扁平④。产通化、延边、白山；生于杂木林下、山坡、灌丛及多石砾地。

长柄山蚂蟥叶羽状三出复叶，小叶3，荚果有网纹；羽叶长柄山蚂蟥为羽状复叶，小叶7，荚果无网纹。

藿香 排香草 唇形科 藿香属

Agastache rugosa

Korean Mint | huòxiāng

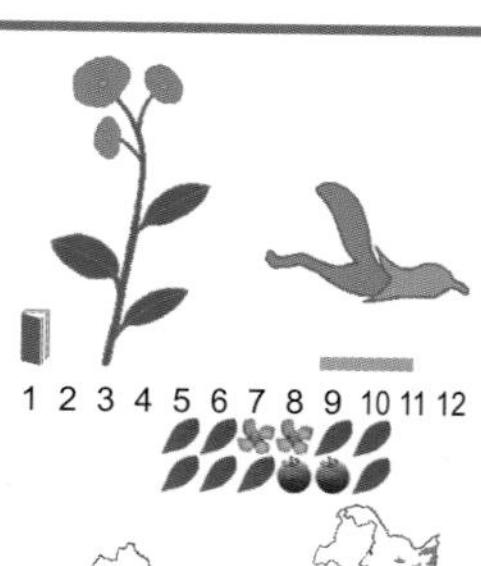

多年生草本；茎直立，四棱形。叶心状卵形至长圆状披针形①。轮伞花序多花，在主茎或侧枝上组成顶生密集的圆筒形穗状花序；花萼管状倒圆锥形，萼齿三角状披针形；花冠淡紫蓝色，冠檐二唇形，上唇直伸，下唇3裂，中裂片较宽大②；雄蕊伸出花冠，花柱与雄蕊近等长。成熟小坚果卵状长圆形，褐色。

产长白山区、长春。生于山坡、林间、路旁、荒地、山沟溪流边及住宅附近。

相似种：多花筋骨草【*Ajuga multiflora*，唇形科 筋骨草属】茎叶密被灰白色绵毛状长柔毛③。叶片椭圆状长圆形，先端钝或微急尖，基部楔状下延，抱茎。花冠蓝紫色或淡蓝色，冠檐二唇形，上唇短，下唇伸长，宽大④。产通化、白山、白城、松原；生于向阳草地、山坡、林缘、阔叶林下。

藿香植株无毛，穗状花序，花冠二唇几相等；多花筋骨草密被长柔毛，总状花序，花冠二唇不等大。

1
2
3
4
1
3
2
4

香青兰 山薄荷 唇形科 青兰属

Dracocephalum moldavica

Moldavian Dragonhead | xiāngqīnglán

一年生草本；茎直立或渐升。叶片披针形至线状披针形，边缘通常具不规则至规则的三角形牙齿①，有时基部的牙齿呈小裂片状，分裂较深，常具长刺。轮伞花序，通常具4花②；苞片长圆形，每侧具2～3小齿；花冠淡蓝紫色，喉部以上宽展，冠檐二唇形，上唇短舟形，下唇3裂，具深紫色斑点。小坚果长圆形，顶平截，光滑。

产白城、松原、通化、四平。生于干燥山地、山谷及河滩多石处。

相似种：毛建草【*Dracocephalum rupestre*，唇形科 青兰属】多年生草本；基出叶多数，叶片三角状卵形，边缘具圆锯齿，两面疏被柔毛③。轮伞花序，苞片大小不等；花冠紫蓝色④，下唇3裂，唇中裂片较小，花丝疏被柔毛，顶端具尖的突起。产通化；生于干燥山坡、疏林下及岩石缝隙。

香青兰叶片披针形，边缘具疏锯齿，常具长刺，花淡蓝紫色；毛建草叶片三角状卵形，边缘具圆锯齿，花冠紫蓝色。

活血丹 连钱草 唇形科 活血丹属

Glechoma longituba

Longitube Ground Ivy | huóxuèdān

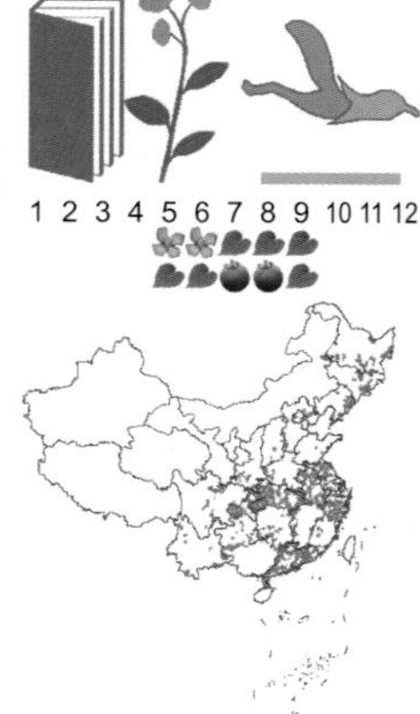

多年生草本；具匍匐茎，上升，逐节生根，茎四棱形，叶片心形或近肾形①。轮伞花序通常2花②；苞片及小苞片线形③；花萼管状，齿5；花冠淡蓝、蓝至紫色，下唇具深色斑点，冠筒直立，冠檐二唇形④，上唇直立，2裂，裂片近肾形，下唇伸长，斜展，3裂，中裂片最大，肾形；雄蕊4，花药2室，子房4裂；花盘杯状，花柱细长，略伸出。成熟小坚果深褐色，长圆状卵形。

产长白山区、长春、四平。生于林下、林缘、灌丛、湿草地及河边。

活血丹为多年生草本，茎匍匐上升，逐节生根，叶片心形或近肾形，轮伞花序通常2花，花冠淡蓝色至紫色，成熟小坚果深褐色。

1
2
3
4
1
3
2
4

益母草 异叶益母草 唇形科 益母草属

Leonurus japonicus

Japanese Motherwort | yìmǔcǎo

一年生或二年生草本；茎直立。茎下部叶轮廓为卵形，基部宽楔形，掌状3裂，茎中部叶轮廓为菱形，较小，花序最上部的苞叶线形或线状披针形①。轮伞花序腋生，具8～15花，轮廓为圆球形，多数远离而组成长穗状花序，花无梗；花萼管状钟形，齿5；花冠粉红至淡紫红色，冠檐二唇形②。

产全省各地。生于田野、沙地、灌丛、疏林、草甸草原及山地草甸。

相似种：细叶益母草【*Leonurus sibiricus*，唇形科 益母草属】一年生或二年生草本；中部叶基部宽楔形，掌状3全裂。花序最上部的苞叶3全裂，后再3裂，小裂片线形③。轮伞花序腋生，多花④；花萼管状钟形，萼齿5，具刺尖；花冠粉红，外面密被长柔毛。产白城、松原、长春、通化、延边；生于石质地、沙质地及沙丘上。

益母草花序上部苞叶线形，花冠无毛；细叶益母草上部的苞叶3全裂，花冠外面密被长柔毛。

块根糙苏 唇形科 糙苏属

Phlomoides tuberosa

Tuberous Jerusalem sage | kuàigēncāosū

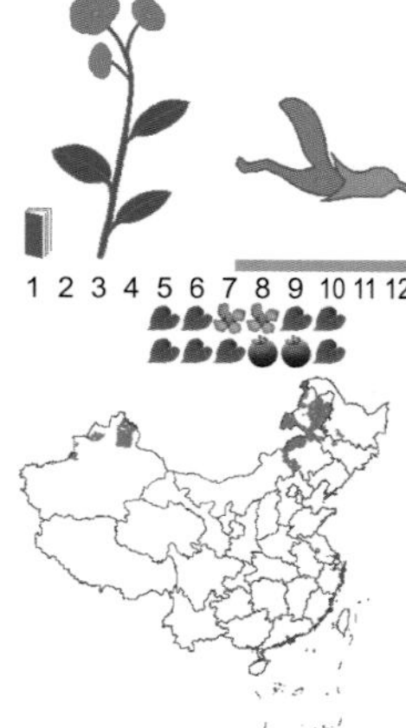

多年生草本；根块根状增粗。基生叶或下部的茎生叶三角形①，中部的茎生叶三角状披针形。轮伞花序多数，多花密集，苞片线状钻形；花萼管状钟形，齿半圆形，先端微凹，具刺尖；花冠紫红色②，冠檐二唇形，上唇边缘为不整齐的牙齿状，自内面密被髯毛，下唇卵形，3圆裂，中裂片倒心形，较大，侧裂片卵形，较小。

产松原。生于草原、山坡、路旁及灌丛中。

相似种：大叶糙苏【*Phlomoides maximowiczii*，唇形科 糙苏属】多年生草本；茎直立，四棱形，疏被向下的短硬毛。叶阔卵形，上部叶变小③；苞片披针形或狭披针形。轮伞花序多花，花萼管状；花冠粉红色④，冠檐二唇形，上唇外面密被具节长绵毛，下唇3圆裂。产长白山区；生于林缘、路旁、河岸及荒地。

块根糙苏叶三角形，苞片线状钻形，花冠紫红色；大叶糙苏叶阔卵形，苞片披针形，花冠粉红色。

1
2
3
4
1
2
3
4

山菠菜 夏枯草 唇形科 夏枯草属

Prunella asiatica

Asian Self-heals | shānbōcài

多年生草本；有匍匐茎。茎生叶卵圆形或卵圆状长圆形，花序下方的1～2对叶较狭长，近于宽披针形①。轮伞花序6花，聚集于枝顶组成穗状花序，每一轮伞花序下方均承以苞片②，苞片向上渐变小，扁圆形，花梗短；萼檐二唇形④，上唇扁平，宽大，近圆形，下唇较狭，2深裂；花冠淡紫或深紫色，冠筒里面基部有一毛环，冠檐二唇形③，上唇长圆形，内凹，先端微缺，下唇宽大，3裂，中裂片较大，边缘有流苏状小裂片，侧裂片长圆形，细小，下垂。小坚果卵珠状，顶端浑圆。

产长白山区、四平、白城。生于林下、林缘灌丛间、山坡、路旁湿草地上。

山菠菜为多年生草本，有匍匐茎，茎生叶卵圆形，每一轮伞花序下方均承以苞片，花冠淡紫，冠筒里面基部有一毛环，小坚果卵珠状。

尾叶香茶菜 龟叶草 唇形科 香茶菜属

Isodon excisus

Excised Isodon | wěiyèxiāngchácài

多年生草本；茎直立。茎叶对生，圆形或圆状卵圆形，先端具深凹，凹缺中有一尾状长尖的顶齿①。圆锥花序顶生或于上部叶腋内腋生，顶生者长大②，由1～5花的聚伞花序组成，聚伞花序具短梗，苞叶与茎叶同形；花萼钟形，萼齿5，上唇较短，具3齿，下唇稍长，具2齿④；花冠淡紫、紫或蓝色③，冠檐二唇形，上唇外反，下唇宽卵形。成熟小坚果倒卵形④。

产长白山区、四平、松原。生于林缘、路旁、杂木林下及草地。

尾叶香茶菜为多年生草本，茎叶对生，叶卵圆形，先端具深凹，凹缺中有一尾状长尖的顶齿，圆锥花序顶生，花冠淡紫色，冠檐二唇形，小坚果倒卵形。

1
2
3
4
1
2
3
4

百里香 唇形科 百里香属

Thymus mongolicus

Mongolian Thyme | bǎilǐxiāng

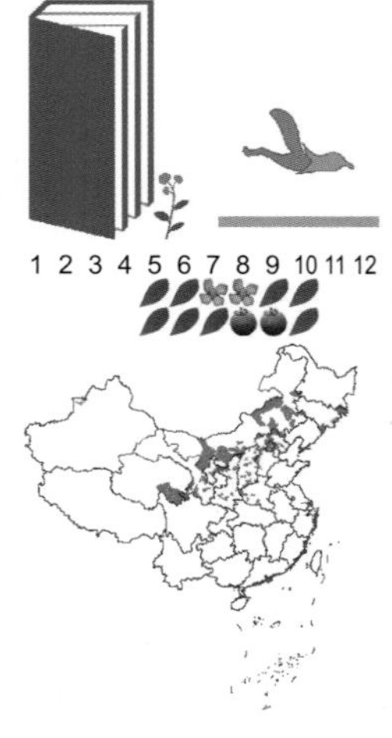

半灌木；茎多数，匍匐或上升①。叶为卵圆形，先端钝或稍锐尖，基部楔形或渐狭，全缘或稀有1～2对小锯齿，两面无毛②；苞叶与叶同形，边缘在下部1/3具缘毛④。花序头状，花具短梗③；花萼管状钟形或狭钟形，上唇齿短，齿不超过上唇全长1/3，三角形；花冠紫红、紫或淡紫、粉红色，冠筒伸长③，向上稍增大。小坚果近圆形或卵圆形，压扁状。

产白山、延边。生于多石山地、斜坡、山谷、山沟、路旁及杂草丛中。

百里香为半灌木，茎匍匐或上升，叶为卵圆形，两面无毛，花序头状，花具短梗，花萼三角形，花冠紫红、紫或淡紫、粉红色，小坚果近圆形，压扁状。

黄芩 元芩 唇形科 黄芩属

Scutellaria baicalensis

Baikal Skullcap | huángqín

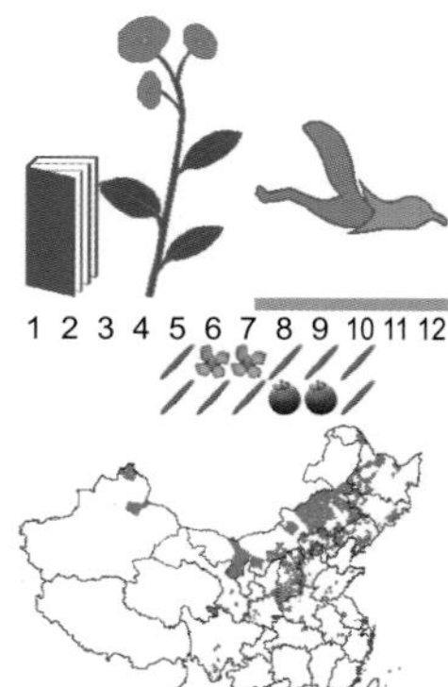

多年生草本；根茎肥厚，肉质。叶披针形至线状披针形，先端钝或稍锐尖，基部楔形或渐狭，全缘或稀有1～2对小锯齿，两面无毛①。花序在茎及枝上顶生，总状，常于茎顶聚成圆锥花序②；苞片下部者似叶，上部者远较小，卵圆状披针形至披针形；花萼果时伸长④，花冠紫、紫红至蓝色，冠檐2唇形，上唇盔状，先端微缺，下唇中裂片三角状卵圆形③，两侧裂片向上唇靠合；雄蕊4，花丝扁平；花柱细长，花盘环状，子房褐色。小坚果卵球形，黑褐色，具瘤。

产白城、松原、四平、通化、延边。生于草原、山坡、草地及路边。

黄芩为多年生草本，根茎肥厚，叶披针形，全缘，总状花序顶生，花萼果时伸长，花冠紫、紫红色至蓝色，小坚果卵球形。

毛水苏 水苏草 唇形科 水苏属

Stachys baicalensis

Baikal Betony | máoshuǐsū

多年生草本；全株密被白色长柔毛②，茎直立。茎叶长圆状线形。轮伞花序，多数组成穗状花序；小苞片线形，刺尖；花梗极短①；花萼钟形，10脉，明显，齿5，披针状三角形；花冠淡紫至紫色，冠筒直伸，冠檐二唇形，上唇直伸，卵圆形，下唇轮廓为卵圆形，3裂，中裂片近圆形。小坚果棕褐色②。

产延边、白山、通化。生于湿草地、路旁、河岸、林缘及林下。

相似种：华水苏【*Stachys chinensis*，唇形科 水苏属】多年生草本；全株无毛或仅棱上有毛。茎叶长圆状披针形③，边缘具锯齿状圆齿。轮伞花序6花，穗状花序③；小苞片刺状，微小；花冠紫色，冠檐二唇形，上唇直立，长圆形。小坚果卵圆状三棱形，褐色，无毛④。产长白山区、白城、松原；生于水沟旁及沙地。

毛水苏全株密被白色长柔毛，叶长圆状线形；华水苏无毛或棱上有毛，叶长圆状披针形。

麻叶风轮菜 九层塔 唇形科 风轮菜属

Clinopodium urticifolium

Nettle-leaf Clinopodium | máyèfēnglúncài

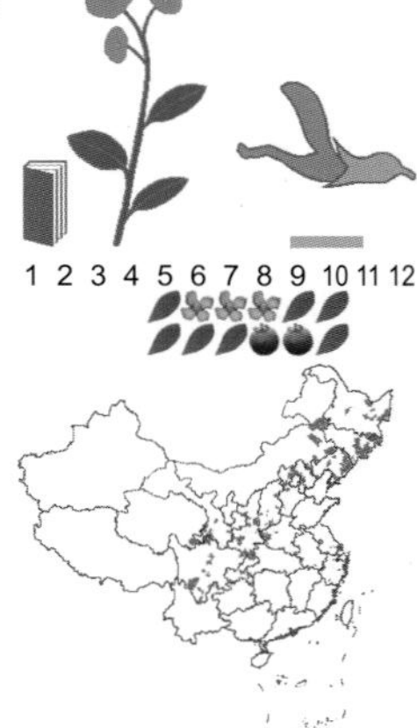

多年生草本；茎直立，四棱形。叶对生，茎下部叶片卵形、卵圆形或卵状披针形②，茎上部叶柄向上渐短。轮伞花序多花密集，彼此远离，苞叶叶状①，花总梗多分枝；花萼狭管状，上部染紫红色，13脉，外面主要沿脉上被白色纤毛④，上唇3齿，先端具短芒尖，下唇2齿，齿直伸，稍长，先端芒尖；花冠紫红色③，外面被疏柔毛，里面喉部具2列茸毛，冠檐二唇形，上唇倒卵形，先端微凹，下唇3裂，中裂片大。小坚果倒卵形，褐色，无毛。

产长白山区、松原。生于山坡、草地、林缘、路旁及田边。

麻叶风轮菜为多年生草本，茎直立，叶对生，卵圆形，轮伞花序多花密集，花冠筒带紫红色，里面喉部具2列茸毛，冠檐二唇形，小坚果倒卵形。

1
2
3
4
1
2
3
4

荨麻叶龙头草 芝麻花 唇形科 龙头草属

Meehania urticifolia

Nettle-leaf Meehan's Mint | qiánmáyèlóngtóucǎo

多年生草本；茎细弱，不分枝，常伸出细长柔软的匍匐茎，逐节生根。叶具柄，叶片纸质，心形或卵状心形。花组成轮伞花序①，苞片向上渐变小，卵形至披针形，小苞片钻形；花萼花时呈钟形②，具15脉，齿5，略呈二唇形，上唇具3齿，略高，下唇具2齿，齿卵形或卵状三角形④；花冠淡蓝紫色至紫红色③，冠檐二唇形，上唇直立，椭圆形，顶端2浅裂或深裂，下唇伸长，3裂，中裂片扇形。小坚果卵状长圆形。

产长白山区。生于林下、山坡及山沟小溪旁。

荨麻叶龙头草为多年生草本，茎细弱，时有匍匐茎逐节生根，叶片心形，先端尖，轮伞花序，花冠淡蓝紫色至紫红色，小坚果卵状长圆形。

山罗花 山萝花 列当科 山罗花属

Melampyrum roseum

Rose-colored Cowwheat | shānluóhuā

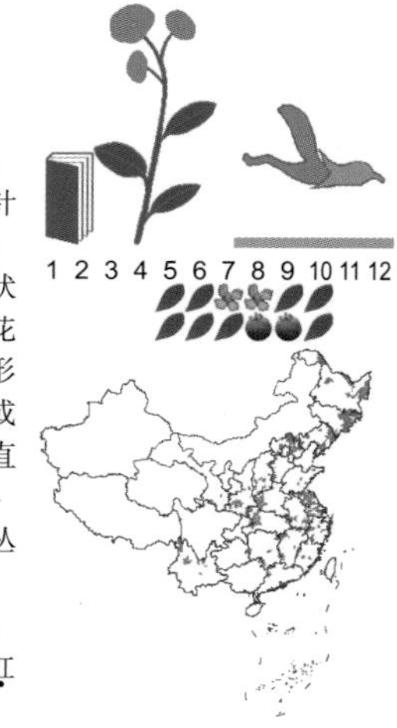

一年生直立草本；植株全体疏被鳞片状短毛。茎通常多分枝，少不分枝，近于四棱形。叶片披针形至卵状披针形，顶端渐尖，基部圆钝或楔形①。苞叶绿色，仅基部具尖齿至整个边缘具多条刺毛状长齿，较少几乎全缘的，顶端急尖至长渐尖②。花萼常被糙毛，脉上常生多细胞柔毛，萼齿长三角形至钻状三角形，生有短睫毛；花冠紫色、紫红色或红色，上唇内面密被须毛③。蒴果卵状渐尖④，直或顶端稍向前偏，被鳞片状毛。

产长白山区。生于疏林下、山坡灌丛及蒿草丛中。

山罗花为一年生草本，全体疏被鳞片状短毛，茎多分枝，叶片披针形，花冠紫色、紫红色或红色，上唇内面密被须毛，蒴果卵状渐尖。

返顾马先蒿 马先蒿 列当科/玄参科 马先蒿属

Pedicularis resupinata

Resupinate Lousewort | fǎngùmǎxiānhāo

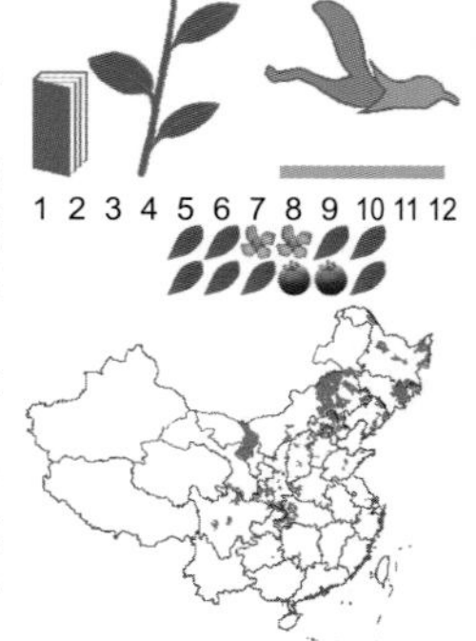

多年生草本；叶互生，叶片膜质至纸质，卵形至长圆状披针形。花单生于茎枝顶端的叶腋中①，萼长卵圆形，花冠淡紫红色②，管部伸直，自基部起即向右扭旋，此种扭旋使下唇及盔部成为回顾之状②，下唇稍长于盔，3裂，中裂较小，向前突出，广卵形。蒴果斜长圆状披针形。

产长白山区、松原、白城。生于山地林下、林缘草甸、沼泽湿地及沟谷草甸。

相似种：穗花马先蒿【*Pedicularis spicata*，列当科/玄参科 马先蒿属】多年生草本；叶基出，呈莲座状，较茎叶为小，叶片椭圆状长圆形；茎生叶多4枚轮生③，叶片长圆状披针形至线状狭披针形，上面疏布短白毛，背面脉上有较长的白毛。穗状花序生于茎枝之端，花冠红色（③左下）。产长白山区；生于林下、林缘、灌丛及草甸。

返顾马先蒿全株无毛，叶互生；穗花马先蒿茎生叶多4枚轮生，上下有白毛。

野苏子 列当科 马先蒿属

Pedicularis grandiflora

Largeflower Woodbetong | yěsūzi

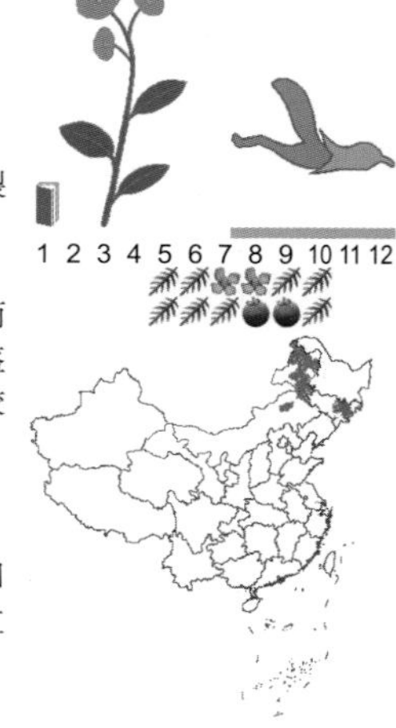

多年生草本；茎粗壮，中空，有条纹及棱角。叶互生，叶片轮廓为卵状长圆形，二回羽状全裂①，裂片多少披针形。花序长总状，向心开放②；苞片不显著，多少三角形；萼钟形，齿5枚相等，约为萼管长度1/3～1/2，三角形，缘有胼胝细齿而反卷，其清晰之主脉为稀疏的横脉所联络；花冠盔端尖锐而无齿，下唇不很开展，多少依伏于盔而较短，花冠大，紫红色③，裂片圆卵形，互相盖叠。蒴果卵圆形，有凸尖，稍侧扁④。

产延边、白山、通化。生于水泽及湿草甸中。

野苏子为多年生草本，茎粗壮，叶互生，二回羽状全裂，裂片细线形，花序总状，花冠大，紫红色，蒴果卵圆形。

1
3
2
1
2
3
4

松蒿 列当科/玄参科 松蒿属

Phtheirospermum japonicum

Japanese Phtheirospermum | sōnghāo

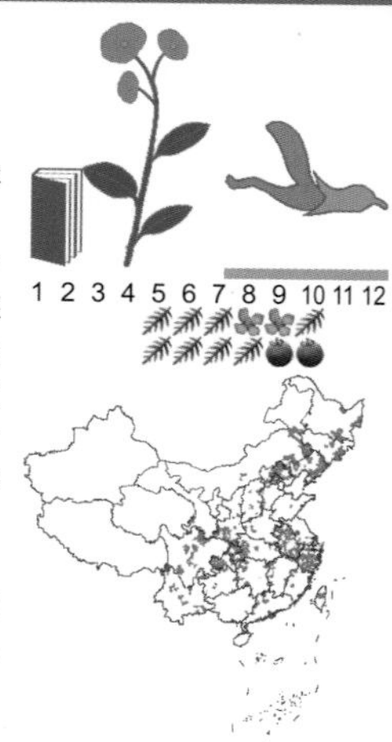

一年生草本；茎直立或弯曲而后上升，通常多分枝。叶具边缘有狭翅之柄，叶片长三角状卵形，近基部的羽状全裂，向上则为羽状深裂①，小裂片长卵形或卵圆形，多少歪斜，边缘具重锯齿或深裂。花具梗，萼齿5枚，叶状，披针形②，羽状浅裂至深裂，裂齿先端锐尖；花冠紫红色至淡紫红色，外面被柔毛，上唇裂片三角状卵形，下唇裂片先端圆钝③；花丝基部疏被长柔毛。蒴果卵状圆锥形④，室背2裂。

产长白山区、白城。生于山坡草地及灌丛间。

松蒿为一年生草本，全株有黏毛，叶对生，羽状分裂，花萼均等5裂，花冠紫红色，上唇边缘外卷，蒴果卵状圆锥形。

弹刀子菜 通泉草 通泉草科/玄参科 通泉草属

Mazus stachydifolius

Betony-leaf Mazus | tándāozicài

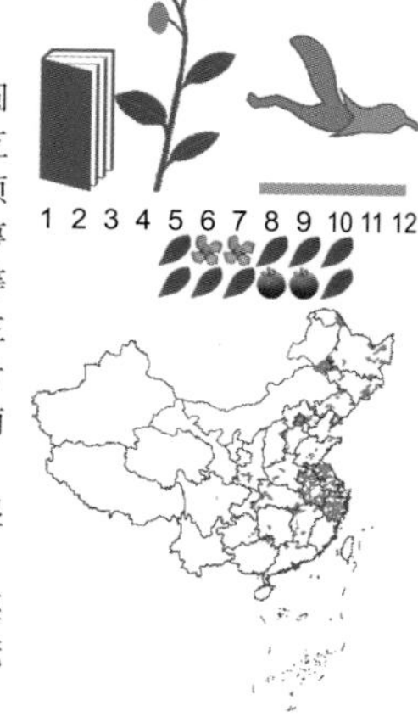

多年生草本；全体被白色长柔毛，茎直立，圆柱形。基生叶匙形①，茎生叶对生，上部的常互生，长椭圆形至倒卵状披针形，纸质。总状花序顶生，花稀疏②，苞片三角状卵形；花萼漏斗状，萼齿披针状三角形；花冠蓝紫色，花冠筒与唇部近等长，上部稍扩大，上唇短，顶端2裂，裂片狭长三角形状，端锐尖，下唇宽大，开展，3裂，中裂片近圆形③，襞褶两条从喉部直通至上下唇裂口。蒴果扁卵球形④。

产通化、白山、延边、白城、松原。生于较湿润的路旁、草坡及林缘。

弹刀子菜为多年生草本，全体被白长柔毛，茎叶对生，长椭圆形，总状花序顶生，花稀疏，花冠蓝紫色，蒴果扁卵球形。

1
2
3
4
1
3
2
4

列当　列当科 列当属

Orobanche coerulescens

Skyblue Broomrape | lièdāng

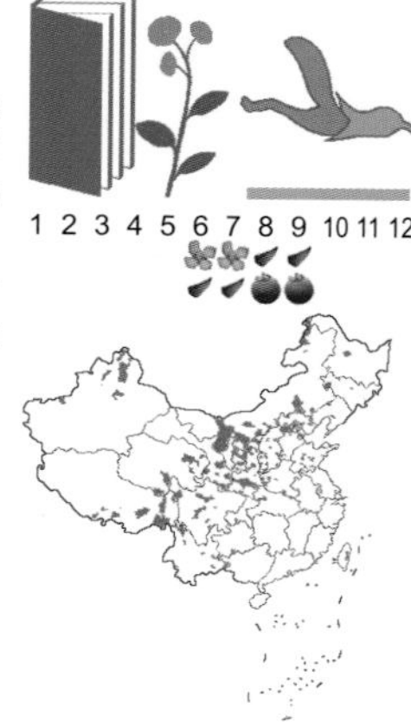

二年生或多年生寄生草本；全株密被蛛丝状长绵毛①，茎直立。鳞叶卵状披针形。花多数，排列成穗状花序②；花萼2深裂达近基部，每裂片中部以上再2浅裂，小裂片狭披针形③；花冠深蓝色、蓝紫色或淡紫色④，上唇2浅裂，下唇3裂，裂片近圆形或长圆形，中间的较大；雄蕊4枚，花药无毛，子房椭圆体状或圆柱状；花柱与花丝近等长，柱头常2浅裂。蒴果卵状长圆形或圆柱形。

产长白山区、白城、松原。寄生于山坡、草地、灌丛、疏林等地的蒿属植物根上。

列当为二年生或多年生寄生草本，全株密被长绵毛，茎直立，鳞叶卵状披针形，花冠深蓝色、蓝紫色或淡紫色，花药无毛，蒴果卵状长圆形。

角蒿　羊角透骨草　紫葳科 角蒿属

Incarvillea sinensis

Chinese Incarvillea | jiǎohāo

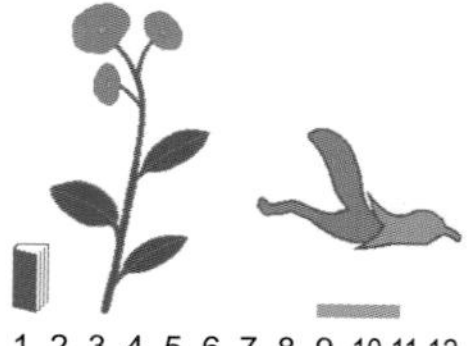

一年生至多年生草本；叶互生，二至三回羽状细裂①，小叶不规则细裂，末回裂片线状披针形，具细齿或全缘。顶生总状花序，疏散②，长达20厘米；小苞片绿色，线形；花萼钟状，绿色带紫红色，萼齿钻状；花冠淡玫色或粉红色，有时带紫色，钟状漏斗形③，基部收缩成细筒，花冠裂片圆形；雄蕊4，2强，着生于花冠筒近基部，花药成对靠合；花柱淡黄色。蒴果淡绿色，细圆柱形，顶端尾状渐尖④。

产白城、松原、四平。生于荒地、路旁、河边、山沟及向阳沙质地上。

角蒿为一至多年生草本，叶互生，二至三回羽状细裂，花萼钟形，花冠淡玫色或粉红色，蒴果细圆柱形。

山梗菜 桔梗科 半边莲属

Lobelia sessilifolia

Sessile Lobelia | shāngěngcài

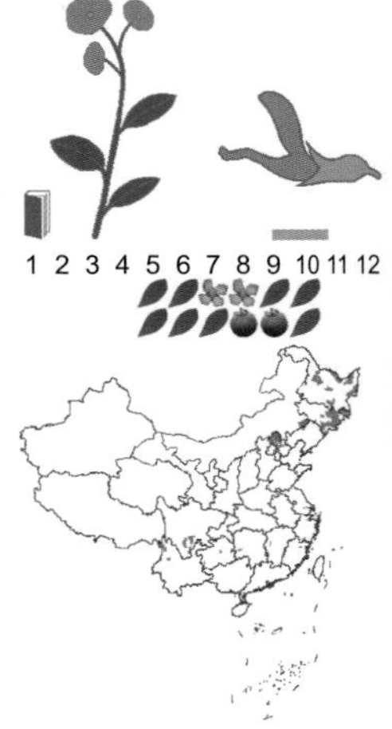

多年生草本；茎圆柱状，通常不分枝。叶螺旋状排列，在茎的中上部较密集，叶片宽披针形至条状披针形①，长2.5～7厘米。总状花序顶生，苞片叶状②，花梗长5～12毫米；花萼筒杯状钟形，裂片三角状披针形；花冠蓝紫色，长2.5～3.5厘米，近二唇形，上唇2裂片长匙形，较长于花冠筒，上升，下唇裂片椭圆形，约与花冠筒等长④；雄蕊在基部以上连合成筒。蒴果倒卵形③。

产长白山区。生于河岸、沼泽、草甸子及湿草地。

山梗菜为多年生草本，茎单一，不分枝，叶螺旋状排列，在茎的中上部较密集，总状花序顶生，花冠蓝紫色，近二唇形，蒴果倒卵形。

茶菱 车前科/芝麻科 茶菱属

Trapella sinensis

Trapella | chálíng

多年生水生草本；茎细长。叶对生，沉水叶披针形，疏生锯齿，具短柄；浮水叶肾状卵形或心形①，基部浅心形，边缘有波状齿，有3脉。花单生叶腋，在茎上部叶腋处的多为闭锁花，花梗在花后增长；花冠漏斗状，淡红色③，长2～3厘米，直径2～3.5厘米，裂片5，圆形，薄膜质，具细脉纹；雄蕊2，内藏，药室2，极叉开，纵裂；子房下位②，2室，上室退化，下室有胚珠2颗。蒴果狭长，不开裂，有种子1颗，顶端有锐尖、3长2短的钩状附属物④。

产延边、吉林。常群生在池塘或湖泊中。

茶菱为多年生水生草本，茎细长，叶对生，花单生叶腋，子房下位，蒴果狭长，不开裂，有3长2短锐尖的钩状附属物。

1
2
3
4
1
3
2
4

宽苞翠雀花 马氏飞燕草 毛茛科 翠雀属

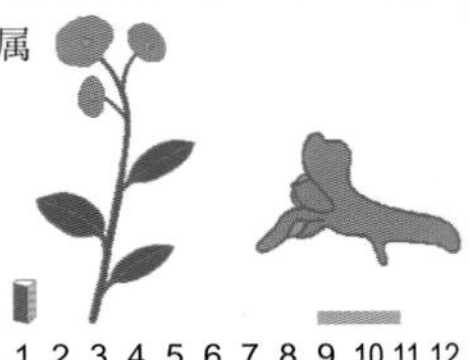

Delphinium maackianum

Maack's Larkspur | kuānbāocuìquèhuā

多年生草本；叶片五角形，3深裂。顶生总状花序狭长，有多数花①；基部苞片叶状，其他苞片带蓝紫色，长圆状倒卵形至倒卵形，船形，无毛，小苞片蓝紫色；萼片脱落，紫蓝色，卵形或长圆状倒卵形，距钻形，花瓣黑褐色，无毛②。蓇葖果；种子金字塔状四面体形，密生成层排列的鳞状横翅。

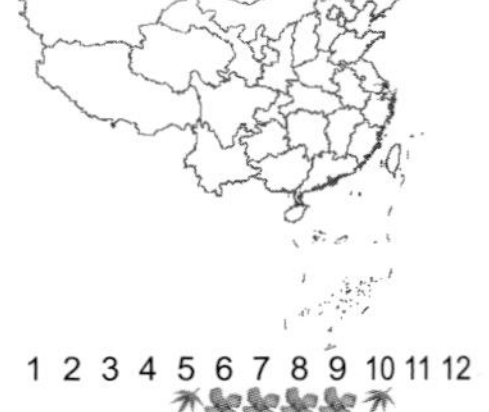

产长白山区。生于山坡林下、林缘或灌丛中。

相似种：翠雀【*Delphinium grandiflorum*，毛茛科 翠雀属】多年生草本；叶片圆五角形，3全裂③，中央全裂片近菱形，一至二回3裂近中脉；下部苞片叶状，其他苞片线形。萼片紫蓝色，椭圆形或宽椭圆形，距钻形，花瓣蓝色④，退化雄蕊蓝色，瓣片近圆形或宽倒卵形。产白城、松原、白山；生于山坡草地、草原。

宽苞翠雀花叶片五角形，3深裂，苞片长圆状倒卵形；翠雀叶3全裂，小裂片线形，苞片线形。

裂叶堇菜 深裂叶堇菜 堇菜科 堇菜属

Viola dissecta

Dissected Violet | lièyèjǐncài

多年生草本；基生叶叶片轮廓呈圆形、肾形或宽卵形，两侧裂片具短柄，裂片线形①。花较大，淡紫色至紫堇色，上方花瓣长倒卵形，侧方花瓣长圆状倒卵形，里面基部有长须毛或疏生须毛（②左上），萼片卵形或披针形。蒴果长圆形或椭圆形，无毛②。

产白山、延边、通化、四平、白城、松原。生于林缘、灌丛、河岸及山坡。

相似种：球果堇菜【*Viola collina*，堇菜科 堇菜属】多年生草本；叶基生，呈莲座状，叶片宽卵形，基部心形，叶柄具狭翅。花淡紫色，花瓣基部微带白色③，侧方花瓣里面有须毛，下方花瓣的距白色，蒴果球形，密被白色柔毛④。产长白山区；生于林下、林缘、灌丛、草坡、沟谷及路旁。

裂叶堇菜基生叶常2深裂，蒴果长圆形，无毛；球果堇菜叶片不裂，蒴果球形，密被白色柔毛。

1
2
3
4
1
2
3
4

斑叶堇菜

堇菜科 堇菜属

Viola variegata

Variegated-leaf Violet | bānyèjǐncài

多年生草本；无地上茎。叶基生，呈莲座状，叶片圆形，沿叶脉有明显的白色斑纹①，托叶淡绿色或苍白色，近膜质。花红紫色或暗紫色②，花梗长短不等，在中部有2枚线形的小苞片，花瓣倒卵形，下方花瓣基部白色并有堇色条纹②。

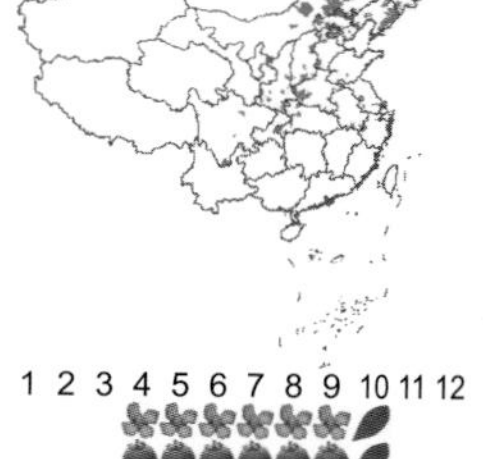

产长白山区、长春、松原。生于草地、撂荒地、山坡石质地、多石地、灌丛间及林下或阴坡岩石缝隙中。

相似种：早开堇菜【*Viola prionantha*，堇菜科 堇菜属】叶基部微心形，稍下延，果期叶片显著增大③。产白山、通化、延边、松原；生于山坡草地、沟边、宅旁等向阳处。**毛柄堇菜**【*Viola hirtipes*，堇菜科 堇菜属】叶柄密被白色细长毛，果期叶柄伸长④。产通化、白山；生于林缘、疏林内、灌丛、草地。

斑叶堇菜沿叶脉有明显的白色斑纹；早开堇菜叶无斑纹，叶及叶柄无毛；毛柄堇菜叶无斑纹，叶柄密被白色细长毛。

东北堇菜

堇菜科 堇菜属

Viola mandshurica

Sumire | dōngběijǐncài

多年生草本；基生叶3或5片，叶片长圆形，下部者呈狭卵形，花期后叶片渐增大，呈长三角形①，最宽处位于叶的最下部，叶柄上部具狭翅。花紫堇色或淡紫色，较大，花梗细长，通常在中部以下或近中部处具2枚线形苞片，上方花瓣倒卵形，侧方花瓣长圆状倒卵形有须毛②，距圆筒形。

产全省各地。生于向阳山坡草地、林缘、灌丛、路旁、荒地及疏林地。

相似种：紫花地丁【*Viola philippica*，堇菜科 堇菜属】多年生草本；叶多数，基生，莲座状，叶片下部呈三角状卵形或狭卵形，上部较长，呈长圆形或狭卵状披针形③。花瓣倒卵形或长圆状倒卵形，侧方花瓣长，下方花瓣里面有紫色脉纹④，距细管状，末端圆。产全省各地；生于山坡草地、灌丛、林缘、路旁及沙质地。

东北堇菜叶呈长三角形，侧方花瓣有须毛；紫花地丁叶为长圆形，侧方花瓣无须毛。

1
3
2
4
1
3
2
4

堇叶延胡索 东北延胡索 罂粟科 紫堇属

Corydalis fumariifolia

Fumitory-leaf Fumewort | jǐnyèyánhúsuǒ

多年生草本；茎基部以上具1鳞片，不分枝或鳞片腋内具1分枝，上部具2～3叶，叶二至三回三出①。总状花序具5～15花，花淡蓝色或蓝紫色，内花瓣色淡或近白色，外花瓣较宽展，全缘，顶端下凹②，上花瓣稍上弯，两侧常反折；下花瓣直或浅囊状，瓣片基部较宽；距直或末端稍下弯，常呈三角形。蒴果线形，常呈棕红色。

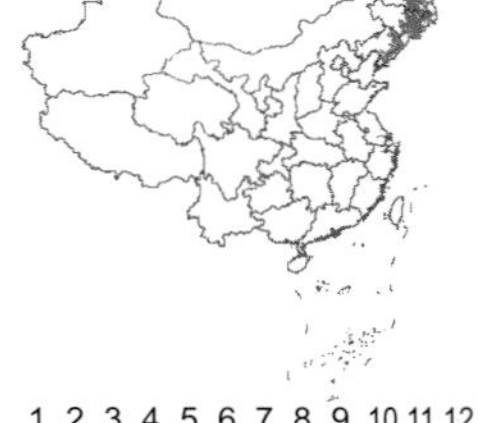

产长白山区、长春。生于杂木林下、坡地、阴湿山沟腐殖质多且含有沙石的土壤中。

相似种：齿瓣延胡索【*Corydalis turtschaninovii*，罂粟科 紫堇属】多年生草本；茎通常不分枝，茎生叶通常2枚。总状花序花期密集，具6～30花③，花蓝色、白色或紫蓝色，外花瓣宽展，边缘常具浅齿④，距直或顶端稍下弯。产长白山区；生于林下、林缘、灌丛及山谷溪流旁。

堇叶延胡索总状花序具5～15花，外花瓣全缘；齿瓣延胡索具6～30花，外花瓣边缘具浅齿。

地丁草 布氏地丁 罂粟科 紫堇属

Corydalis bungeana

Bunge's Fumewort | dìdīngcǎo

二年生灰绿色草本；具主根。基生叶多数，叶片二至三回羽状全裂，茎生叶与基生叶同形①。总状花序，多花，先密集，后疏离，果期伸长；苞片叶状，花梗短，萼片宽卵圆形至三角形；花粉红色至淡紫色②，外花瓣顶端多少下凹，具浅鸡冠状突起，内花瓣顶端深紫色②。蒴果椭圆形。

产延边、通化。生于山沟、溪旁、草丛。

相似种：全叶延胡索【*Corydalis repens*，罂粟科 紫堇属】多年生草本；叶二回三出。总状花序具3～14花③；苞片披针形至卵圆形④；花浅蓝色、蓝紫色或紫红色④；外花瓣宽展，具平滑的边缘，顶端下凹；内花瓣具半圆形的伸出顶端的鸡冠状突起。产延边、白山、吉林；生于林缘、林间草地、路旁。

地丁草苞片叶状，内花瓣顶端深紫色，外花瓣淡紫色；全叶延胡索苞片披针形至卵圆形，内外花瓣颜色相同。

1
3
2
4
1
3
2
4

巨紫堇

罂粟科 紫堇属

Corydalis gigantea

Giant Corydalis | jùzǐjǐn

多年生草本；茎生叶近三角形，二回羽状全裂。总状花序多数，组成复总状圆锥花序①，多花，花梗顶端增粗；花淡紫红色至淡蓝色，俯垂至近平展；芽期花距上弯，花开时变直；萼片椭圆形，多少具齿；外轮上瓣先端凹陷（①左下）；距圆锥形至圆筒形，约长于瓣片2倍，蜜腺体约占距长的2/3。蒴果小，狭卵圆形（①右下）。

产白山、通化。生于林下、湿草地及河岸。

相似种：东紫堇【*Corydalis buschii*，罂粟科 紫堇属】多年生草本；茎直立，不分枝。叶3～4枚；叶片二回三出全裂。总状花序短而密集，具5～15花②；苞片宽卵形至倒卵形，花梗细而直；花冠淡紫红色，外轮上瓣先端突起，向前伸出③；距稍短于瓣片。产通化、延边、白山；生于湿草地或湿润的林间草地。

巨紫堇植株高大，外花瓣上瓣先端下凹；东紫堇植株小，外花瓣上瓣先端突起。

东北凤仙花

凤仙花科 凤仙花属

Impatiens furcillata

Manchurian Balsam | dōngběifèngxiānhuā

一年生草本；茎细弱，直立，上部疏生褐色腺毛或近无毛。叶互生，菱状卵形或菱状披针形①。总花梗腋生，疏生深褐色腺毛，花3～9朵，排成总状花序②；花梗细，基部有1条形苞片；花小，黄色或淡紫色③，侧生萼片2，卵形，先端突尖，旗瓣圆形，背面中肋有龙骨突，先端有短喙，翼瓣有柄，2裂，唇瓣漏斗状，基部突然延长成螺旋状卷曲的长距③。蒴果近圆柱形，先端具短喙④。

产长白山区。生于山谷溪流旁、林下及林缘湿地。

东北凤仙花为一年生草本，茎细弱，直立，叶互生，菱状披针形，花小，黄色或淡紫色，距卷曲细长，蒴果近圆柱形。

1
3
2
1
3
2
4

鸭跖草 淡竹叶 鸭跖草科 鸭跖草属

Commelina communis

Asiatic Dayflower | yāzhícǎo

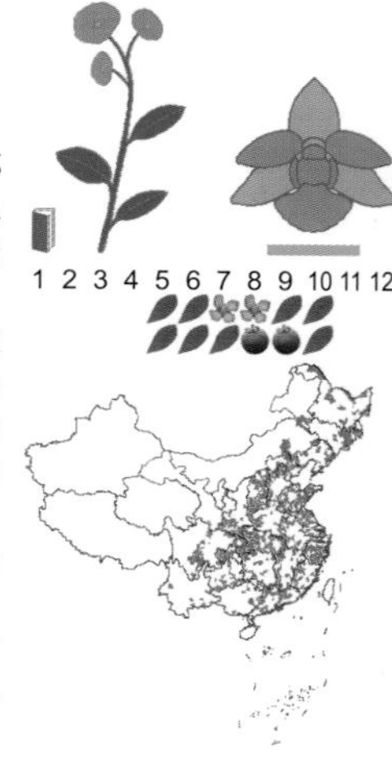

一年生披散草本；茎匍匐生根，多分枝，下部无毛，上部被短毛。叶披针形至卵状披针形①。总苞片佛焰苞状，有柄，与叶对生，折叠状，展开后为心形，顶端短急尖，基部心形，边缘常有硬毛；聚伞花序，下面一枝仅有花1朵，不孕，上面一枝具花3～4朵，具短梗，几乎不伸出佛焰苞；花梗果期弯曲，萼片膜质，内面2枚常靠近或合生；花瓣3枚，深蓝色②，内面2枚具爪③。蒴果椭圆形④，2室，2片裂，有种子4颗。

全省广泛分布。生于田野、路旁、沟边、林缘等较潮湿处。

鸭跖草为一年生披散草本，叶披针形，总苞片佛焰苞状，花瓣3，深蓝色，蒴果椭圆形，有种子4颗。

北乌头 毛茛科 乌头属

Aconitum kusnezoffii

Kusnezoff's Monkshood | běiwūtóu

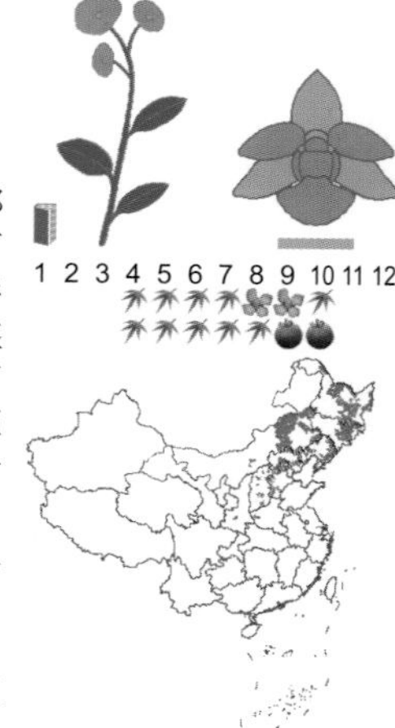

多年生草本；块根圆锥形。茎下部叶有长柄，在开花时枯萎；茎中部叶有柄，叶片五角形，基部心形，3全裂②。顶生总状花序具9～22朵花①，下部苞片3裂，其他苞片长圆形或线形，小苞片线形或钻状线形；萼片紫蓝色③，上萼片盔形或高盔形，高1.5～2.5厘米，侧萼片长1.4～2.7厘米，下萼片长圆形；瓣片宽3～4毫米，唇长3～5毫米，距长1～4毫米。蓇葖果直立④，种子扁椭圆球形，沿棱具狭翅，只在一面生横膜翅。

产长白山区、长春。生于山地阔叶林下、灌丛间、林缘及草甸。

北乌头为多年生草本，块根圆锥形，叶片五角形，3全裂，顶生总状花序，花紫蓝色，蓇葖果直立。

1
3
2
4
1
2
3
4

绶草 东北盘龙参 兰科 绶草属

Spiranthes sinensis

Chinese Lady's Tresses | shòucǎo

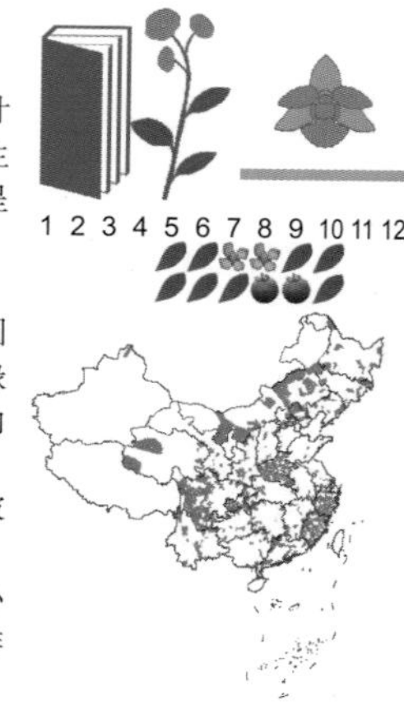

多年生草本；茎较短，近基部生2～5枚叶。叶片宽线形或宽线状披针形①。总状花序具多数密生的花，小花紫红色、粉红色或白色，在花序轴上呈螺旋状排生②；花苞片卵状披针形，先端渐尖④；萼片的下部靠合，中萼片狭长圆形，侧萼片偏斜，披针形；花瓣斜菱状长圆形，先端钝；唇瓣宽长圆形，凹陷，先端极钝，前半部上面具长硬毛且边缘具强烈皱波状啮齿，唇瓣基部凹陷呈浅囊状，囊内具2枚胼胝体④。果实卵圆形③。

产延边、白山、通化、白城、松原。生于山坡林下、灌丛中、草地及河滩沼泽草甸中。

绶草为多年生草本，叶2～5枚，总状花序，小花紫红色、粉色或白色，在花序轴上呈螺旋状排生，果实卵圆形。

大花杓兰 大花囊兰 兰科 杓兰属

Cypripedium macranthos

Large-flower Cypripedium | dàhuāsháolán

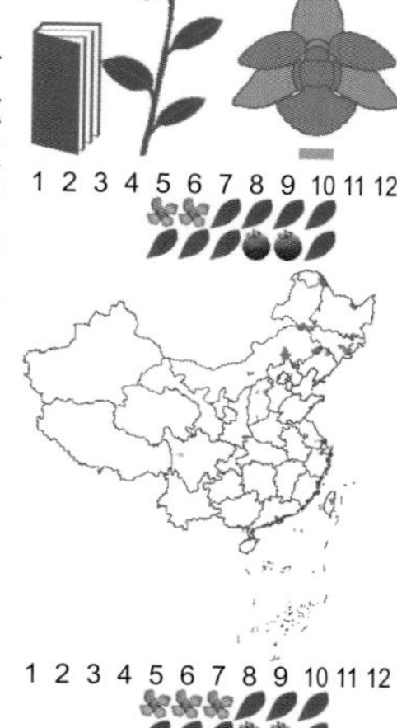

多年生草本；茎直立，基部具数枚鞘。鞘上方3～4枚叶，椭圆状卵形。花序顶生，具1花；花苞片叶状，通常椭圆形①；花大，紫色、红色或粉红色，通常有暗色脉纹②，中萼片宽卵状椭圆形或卵状椭圆形，合萼片卵形，花瓣披针形，唇瓣深囊状②，近球形或椭圆形，囊口较小，囊底有毛；退化雄蕊卵状长圆形，基部无柄，背面无龙骨状突起。

产白山、延边、吉林、通化。生于山地疏林下、林缘灌丛间及亚高山草地上。

相似种：紫点杓兰【*Cypripedium guttatum*，兰科 杓兰属】多年生草本；茎直立，被短柔毛和腺毛。叶2枚，常对生，椭圆形、卵形或卵状披针形③。花白色，具淡紫红色或淡褐红色斑④。产白山、延边、吉林、通化；生于林下、林间草甸、林缘及高山冻原带上。

大花杓兰3～4枚叶，花紫色、红色或粉红色；紫点杓兰叶2枚，花白色，具淡紫红色斑。

手参　兰科 手参属

Gymnadenia conopsea

Conic Gymnadenia | shǒushēn

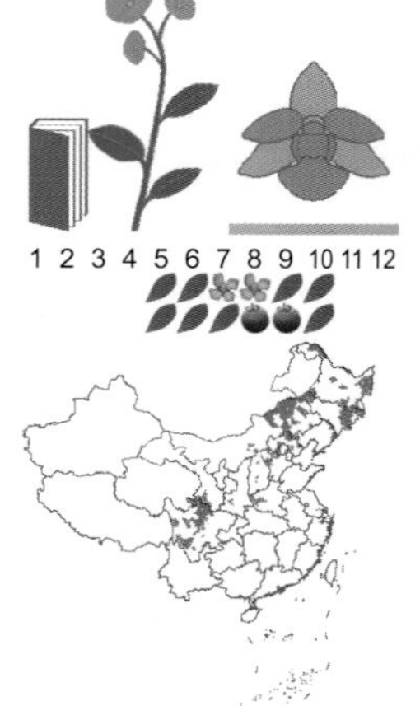

多年生草本；叶片线状披针形、狭长圆形或带形①。总状花序具多数密生的花，圆柱形，花苞片披针形，直立伸展③；花粉红色，中萼片宽椭圆形或宽卵状椭圆形，侧萼片斜卵形，花瓣直立，斜卵状三角形，边缘具细锯齿，先端急尖，具3脉，唇瓣向前伸展，宽倒卵形，前部3裂；距细而长②，狭圆筒形，不下垂，稍向前弯，花粉团卵球形。

产白山、延边、吉林、通化。生于草甸、林缘草甸、山坡灌丛林下及高山冻原带上。

相似种：掌裂兰【*Dactylorhiza hatagirea*，兰科掌裂兰属】多年生草本；叶片长圆形至线状披针形。花序具多朵密生的花，圆柱状④；花瓣直立，卵状披针形，唇瓣向前伸展，卵形、卵圆形，常稍长于萼片；距圆筒形、圆筒状锥形至狭圆锥形，下垂⑤。产四平、白山；生于山坡、沟边灌丛下及湿润草地。

手参距细而长，狭圆筒形，不下垂；掌裂兰距圆筒状锥形，下垂。

落新妇　虎耳草科 落新妇属

Astilbe chinensis

Chinese Astilbe | luòxīnfù

多年生草本；茎无毛。基生叶为二至三回三出羽状复叶①；顶生小叶片菱状椭圆形，侧生小叶片卵形至椭圆形，先端短渐尖至急尖，边缘有重锯齿，茎生叶2～3，较小。圆锥花序，下部第一回分枝通常与花序轴呈15～30度角斜上①，花序轴密被褐色卷曲长柔毛，苞片卵形，几无花梗，花密集②；萼片5，卵形，两面无毛，边缘中部以上生微腺毛；花瓣5，淡紫色至紫红色，线形③。蒴果锥形④。

产长白山区。生于山谷溪边、草甸子、针阔叶混交林下或杂木林缘。

落新妇为多年生草本，叶二至三回三出羽状复叶，圆锥花序，花密集，花瓣5，紫红色，线形，蒴果锥形。

1
2
4
3
5
1
2
3
4

草本威灵仙 车前科/玄参科 腹水草属

Veronicastrum sibiricum

Siberian Veronicastrum | cǎoběnwēilíngxiān

多年生草本；茎直立，圆柱形，不分枝。叶3～9枚轮生①；叶片广披针形，先端渐尖，边缘有三角状锯齿，两面无毛或疏被柔毛。花序顶生，多花集成长尾状穗状花序，单一或分歧，各部分无毛；花梗短，苞片条形，顶端尖，花萼5深裂，花冠淡蓝紫色②。蒴果卵形或卵状椭圆形。

产长白山区、长春、松原、白城。生于河岸、沟谷、林缘草甸、湿草地及灌丛。

相似种：白兔儿尾苗【*Pseudolysimachion incanum*，车前科/玄参科 兔尾苗属】茎数枝丛生，直立或上升，不分枝，植株全体密被白色绵毛。叶对生，上部的有时互生，上部叶常为宽条形③。花序长穗状③；花冠蓝色，裂片常反折，圆形、卵圆形至卵形；雄蕊2，略伸出④。产白山、延边、通化；生于林缘、草甸及沙丘上。

草本威灵仙叶3～9枚轮生，花冠淡蓝紫色，裂片不反折；白兔儿尾苗叶对生，花冠蓝色，裂片常反折。

红蓼 东方蓼 蓼科 蓼属

Persicaria orientalis

Kiss Me Over the Garden Gate | hóngliǎo

一年生草本；茎上部多分枝，密被开展的长柔毛，叶宽卵形或卵状披针形②，顶端渐尖，基部圆形或近心形，叶柄具开展的长柔毛；托叶鞘筒状，膜质，被长柔毛，通常沿顶端具草质、绿色的翅。总状花序呈穗状，顶生或腋生①，苞片宽漏斗状，每苞内具3～5花，花被5深裂，椭圆形，淡红色或白色。瘦果近圆形，双凹，包于宿存花被内。

产长白山区、西部草原。生于荒地、沟边、湖畔、路旁及住宅附近。

相似种：酸模叶蓼【*Persicaria lapathifolia*，蓼科 蓼属】茎直立，无毛，节部膨大。叶披针形③，上面绿色，常有一个黑褐色新月形斑点，托叶鞘筒状，无毛，具多数脉，顶端截形。总状花序呈穗状，花序梗被腺体；花被淡红色④或白色。产长白山区、西部草原；生于沟边、荒地、路边湿地及沼泽附近。

红蓼叶卵状披针形，托叶鞘沿顶端具绿色的翅；酸模叶蓼叶披针形，托叶鞘无翅。

1
2
3
4
1
2
3
4

箭头蓼 雀翘 蓼科 蓼属

Persicaria sagittata

Siebold's Knotweed | jiàntóuliǎo

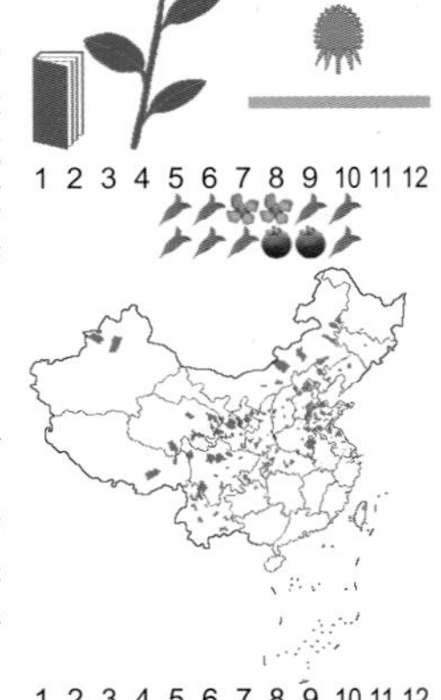

一年生草本；茎四棱形，沿棱具倒生皮刺。叶宽披针形或长圆形①，顶端急尖，基部箭形，边缘全缘，无缘毛，叶柄具倒生皮刺，托叶鞘膜质。花序头状②，花序梗疏生短皮刺；苞片椭圆形，每苞内具2～3花；花被5深裂，白色或淡紫红色。瘦果宽卵形，黑色，无光泽，包于宿存花被内。

产长白山区、松原。生于山坡、草地、沟边、灌丛及湿草甸子。

相似种：戟叶蓼【*Persicaria thunbergii*，蓼科蓼属】叶戟形，顶端渐尖，基部截形或近心形③，两面疏生刺毛，具倒生皮刺，通常具狭翅；托叶鞘膜质，边缘具叶状翅。头状花序顶生或腋生，花序梗具有柄的腺毛及短毛，花被白色或粉红色④。产全省各地；生于沟谷、林下湿处及水边湿草地。

箭头蓼叶宽披针形，基部箭形，托叶鞘膜质，无翅；戟叶蓼叶戟形，托叶鞘膜质，边缘具叶状翅。

蓝盆花 忍冬科/川续断科 蓝盆花属

Scabiosa comosa

Angustifoliate Scabious | lánpénhuā

多年生草本；茎生叶对生，叶片轮廓长圆形，一至二回狭羽状全裂①。头状花序单生或三出，半球形；总苞苞片6～10片，披针形，小总苞倒圆锥形，淡黄白色，具8条肋棱，冠部干膜质，带紫色或污白色；花萼5裂，花冠蓝紫色②，外面密生短柔毛，中央花冠筒状，先端5裂，裂片等长，边缘花二唇形③，上唇2裂，较短，下唇3裂。瘦果长圆形，具5条棕色脉，顶端冠以宿存的萼刺④。

产白城、松原。生于干燥沙质地、沙丘、草原及干山坡。

蓝盆花为多年生草本，叶片轮廓长圆形，羽状全裂，头状花序，花冠蓝紫色，瘦果长圆形，顶端冠以宿存的萼刺。

兔儿伞 一把伞 菊科 兔儿伞属

Syneilesis aconitifolia

Shredded Umbrella Plant | tùrsǎn

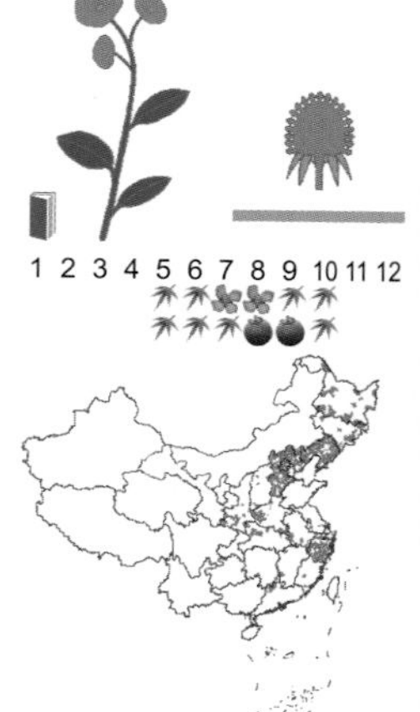

多年生草本；叶通常2，下部叶具长柄，叶片盾状圆形，掌状7～9深裂，每裂片再次2～3浅裂①；叶柄无翅，基部抱茎；中部叶较小，裂片通常4～5；其余的叶呈苞片状，披针形，向上渐小。头状花序密集成复伞房状①，花序梗具数枚线形小苞片，总苞筒状，基部有3～4小苞片，总苞片1层，5，长圆形；小花8～10，花冠淡粉白色②，管部窄，檐部窄钟状，5裂；花药变紫色，花柱分枝伸长。瘦果，圆柱形，有纵条纹，冠毛灰白色或带淡红褐色③。

产全省各地。生于山坡、林缘、灌丛、草甸及草原。

兔儿伞为多年生草本，下部叶具长柄，叶片盾状圆形，掌状7～9深裂，头状花序密集成伞房状，花冠淡粉白色，瘦果圆柱形。

翠菊 蓝菊 菊科 翠菊属

Callistephus chinensis

China Aster | cuìjú

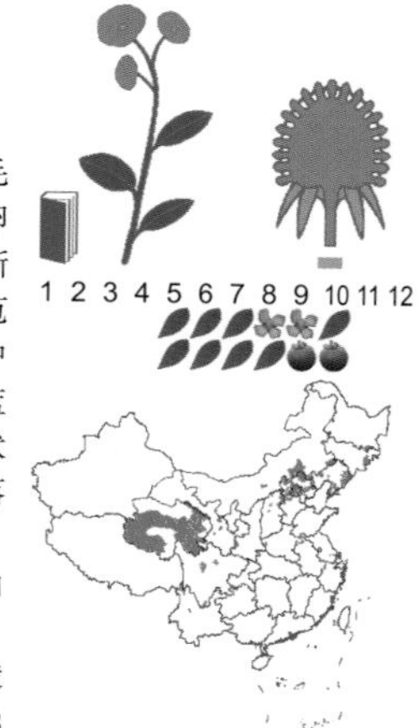

一年生或二年生草本；茎直立，被白色糙毛②。下部茎叶花期脱落，中部茎叶卵形、菱状卵形、匙形或近圆形，叶柄有狭翼，上部的茎叶渐小。头状花序单生于茎枝顶端①，总苞半球形，苞片3层，近等长，外层长椭圆状披针形或匙形，中层匙形，较短，内层苞片长椭圆形；雌花1层，蓝色或淡蓝紫色③，两性花花冠黄色。瘦果长椭圆状倒披针形，稍扁，外层冠毛宿存，内层冠易脱落④。

产长白山区。生于干燥石质山坡、撂荒地、山坡草丛、水边及灌丛。

翠菊为一至二年生草本，茎直立，被白色糙毛，茎叶卵形至近圆形，叶柄有狭翼，总苞片3层，花冠蓝色或淡蓝紫色，瘦果长椭圆状倒披针形。

紫菀 青菀 菊科 紫菀属

Aster tataricus

Tatarian Aster | zǐwǎn

多年生草本；基部叶大，具长柄，长圆状或椭圆状匙形①，上部叶常较小，中部叶长圆形或长圆披针形，无柄。头状花序多数，在茎和枝端排列成复伞房状；总苞半球形，3层，线形或线状披针形；舌状花约20余个，舌片蓝紫色②。瘦果倒卵状长圆形。

产全省各地。生于山坡林缘、草地、草甸。

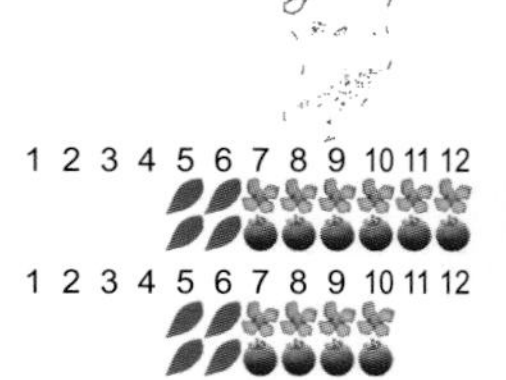

相似种：三脉紫菀【*Aster trinervius* subsp. *ageratoides*，菊科 紫菀属】叶纸质，有离基三出脉③。产长白山区；生于林下、林缘、灌丛及山谷湿地。**圆苞紫菀【*Aster maackii*，菊科 紫菀属】**叶长椭圆状披针形④。总苞片3层，椭圆形，先端钝，上端紫红色且有微毛⑤。产长白山区；生于阴湿坡地、杂木林缘、积水草地及沼泽地。

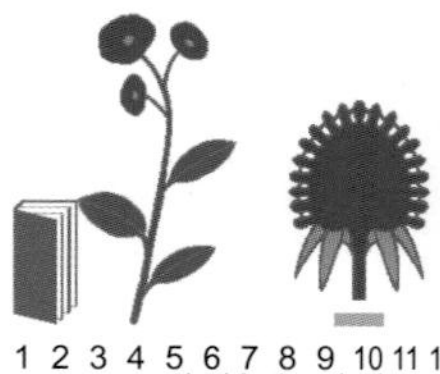

紫菀茎下部叶大，有长柄，其他二者下部叶小，几无柄；三脉紫菀全部叶具离基三出脉，总苞片线形；圆苞紫菀叶无离基三出脉，总苞片椭圆形。

驴欺口 蓝刺头 菊科 蓝刺头属

Echinops davuricus

Broad-leaf Globe Thistles | lǘqīkǒu

多年生草本；基生叶与下部茎叶椭圆形或披针状椭圆形，通常有长叶柄，二回羽状分裂，中上部茎叶与基生叶及下部茎叶同形并近等样分裂，侧裂片边缘具不整齐刺齿①。复头状花序单生茎顶或茎生2～3个复头状花序②；头状花序，基毛白色，不等长，扁毛状；总苞片14～17个，全部苞片外面无毛；小花蓝色，花冠裂片线形③，花冠管上部有多数腺点。瘦果被稠密的顺向贴伏的淡黄色长直毛，遮盖冠毛；冠毛量杯状④，膜片线形，边缘糙毛状。

产白城、松原。生于林缘、干燥山坡、草甸及山间路旁。

驴欺口为多年生草本，叶二回羽状分裂，侧裂片边缘具不整齐刺齿，复头状花序，小花蓝色，瘦果被淡黄色长直毛。

狗娃花 菊科 紫菀属

Aster hispidus

Hispid Aster | gǒuwáhuā

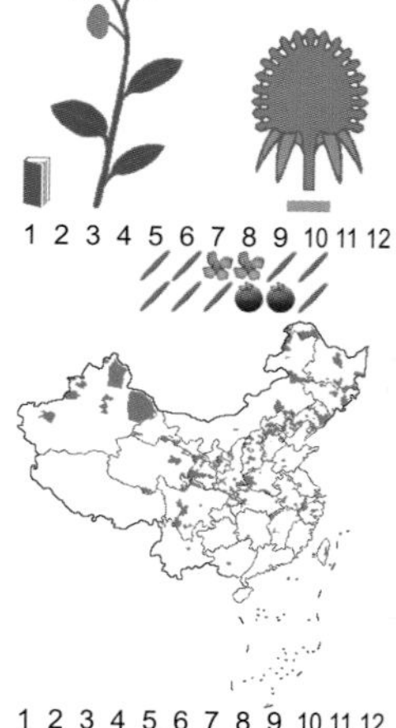

一年生或二年生草本；有垂直的纺锤状根。基部及下部叶在花期枯萎，倒卵形，渐狭成长柄，顶端钝或圆形，全缘或有疏齿；中部叶矩圆状披针形或条形，常全缘；上部叶小，条形①。头状花序，总苞半球形，总苞片2层，近等长，常有腺点；舌状花约30余个，舌片浅红色，条状矩圆形②。

产延边、白城、松原。生于荒地、路旁、林缘及草地。

相似种：山莴苣【*Lactuca sibirica*，菊科 莴苣属】多年生草本；茎直立，常淡红紫色。叶披针形。伞房圆锥状花序分枝③，头状花序含舌状小花约20枚，总苞片3～4层，不呈明显的覆瓦状排列，通常淡紫红色；舌状小花蓝色或蓝紫色④。产松原、长春、吉林、白山、延边；生于撂荒地、沙质地、林缘、草甸、河岸及沼泽地。

1 2 3 4 5 6 7 8 9 10 11 12

狗娃花总苞片绿色，线状披针形，张开；山莴苣总苞片淡紫红色，内层长披针形，不张开。

牛蒡 大力子 菊科 牛蒡属

Arctium lappa

Greater Burdock | niúbàng

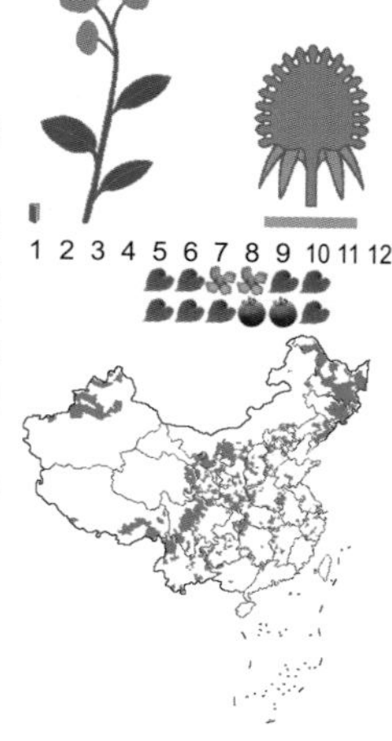

1 2 3 4 5 6 7 8 9 10 11 12

二年生草本；具粗大的肉质直根。基生叶宽卵形，边缘具稀疏的浅波状凹齿或齿尖，基部心形，叶柄长，灰白色①；茎生叶与基生叶同形或近同形，接花序下部的叶小，基部平截或浅心形。头状花序在枝端组成伞房花序②，花序梗粗壮；总苞卵形或卵球形，总苞片多层，多数，全部苞片近等长，顶端有软骨质钩刺④；小花紫红色③。瘦果倒长卵形或偏斜倒长卵形，两侧压扁，浅褐色。

全省广泛分布。生于山坡、山谷、林缘、林中、灌丛中、河边潮湿地、村庄路旁或荒地。

牛蒡为二年生草本，具粗大的肉质直根，基生叶宽卵形，头状花序，花序梗粗壮，花紫红色，瘦果倒长卵形。

1
3
2
4
1
3
2
4

全叶马兰 扫帚鸡儿肠 菊科 紫菀属

Aster pekinensis

Integrifolious Aster | quányèmǎlán

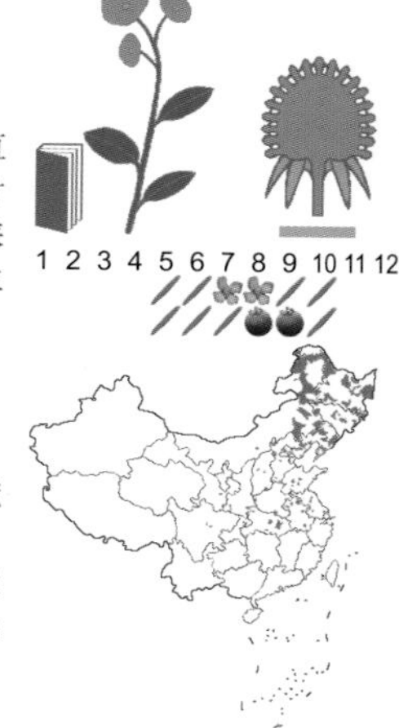

多年生草本；植株密被灰绿色短柔毛，茎直立。下部叶在花期枯萎，中部叶多而密，条状披针形、倒披针形或矩圆形，顶端钝或渐尖，基部渐狭无柄，全缘，上部叶较小，条形①。头状花序单生枝端且排成疏伞房状，总苞半球形，总苞片3层，覆瓦状排列③；舌状花1层，20余个，管部有毛，舌片淡紫色②；管状花管部有毛。瘦果倒卵形④，浅褐色；冠毛带褐色，不等长，弱而易脱落。

产长白山区、西部草原。生于山坡、林缘、荒地及路旁。

全叶马兰为多年生草本，植株密被灰绿色短柔毛，叶条状披针形，全缘，头状花序单生枝顶，花淡紫色，瘦果倒卵形。

丝毛飞廉 飞廉 菊科 飞廉属

Carduus crispus

Curly Plumeless Thistle | sīmáofēilián

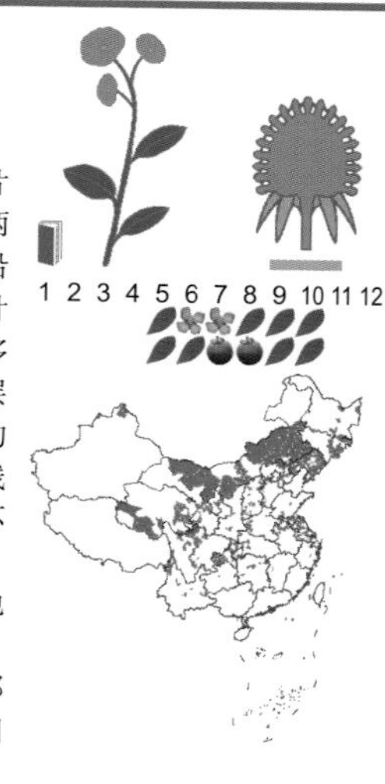

二年生或多年生草本；茎直立，有条棱。叶片羽状深裂或半裂②，侧裂片7～12对，全部茎叶两面明显异色，被蛛丝状薄绵毛，基部渐狭，两侧沿茎下延成茎翼①，茎翼边缘齿裂，齿顶及齿缘有针刺。头状花序花序梗极短；总苞卵圆形，总苞片多层，覆瓦状排列，向内层渐长，最内层及近最内层顶端长渐尖，无针刺，全部苞片无毛或被稀疏的蛛丝毛；小花红色或紫色③，檐部5深裂，裂片线形。瘦果稍压扁，冠毛多层④，白色或污白色，不等长。

全省广泛分布。生于田间、路旁、山坡、荒地及河岸。

丝毛飞廉为多年生草本，茎叶长椭圆形，基部沿茎下延成翼，翼具刺齿，头状花序，总苞卵圆形，苞片线状披针形，花红色，瘦果稍压扁。

1
2
3
4
1
2
3
4

刺儿菜 小蓟 菊科 蓟属

Cirsium arvense* var. *integrifolium

Segetal Thistle | cìrcài

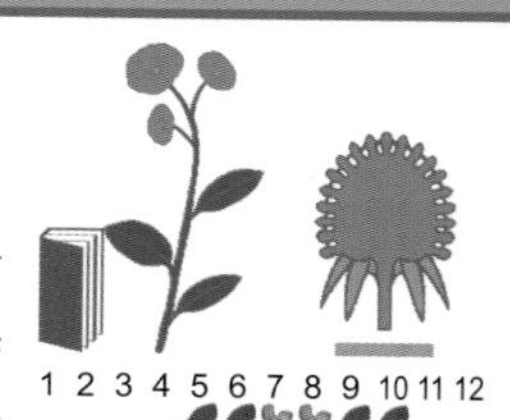

多年生草本；茎有条棱，被蛛丝状绵毛。基生叶莲座状，披针形或长圆状披针形；茎生叶互生，叶片椭圆形，全缘或波状缘①，边缘有刺，两面密被蛛丝状绵毛。头状花序，单生于茎或枝顶，小花紫红色②，细管部细丝状；总苞片多层，外层短，长圆状披针形，先端有刺尖。

全省广泛分布。生于田间、荒地、林间。

相似种：烟管蓟【*Cirsium pendulum*，菊科 蓟属】头状花序下垂③，总苞钟状，小花紫色或红色。产全省各地；生于河岸、草地、山坡及林缘。**绒背蓟**【*Cirsium vlassovianum*，菊科 蓟属】全部叶不分裂，上面绿色，被稀疏的长节毛，下面灰白色，被稠密的茸毛④。产长白山区、长春、白城；生于山坡林中、林缘、河边及湿地。

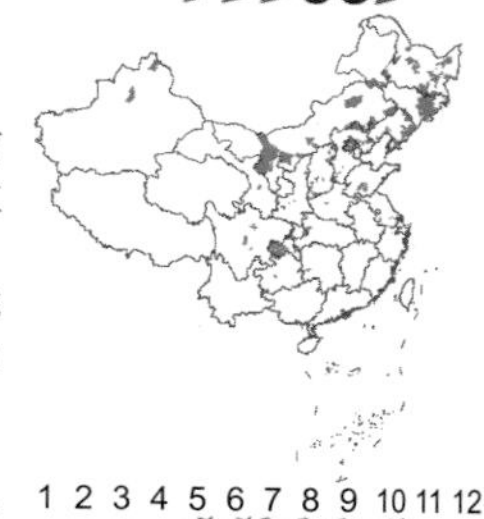

烟管蓟头状花序下垂，其他两者头状花序直立；刺儿菜叶片两面密被蛛丝状绵毛；绒背蓟叶上面绿色，下面灰白色，被稠密的茸毛。

泥胡菜 菊科 泥胡菜属

Hemisteptia lyrata

Lyrate Saw-wort | níhúcài

一年生草本；基生叶长椭圆形或倒披针形，中下部茎叶与基生叶同形，全部叶大头羽状深裂②或几全裂，全部茎叶质地薄，基生叶及下部茎叶有长叶柄。头状花序在茎枝顶端排成疏松伞房花序①，总苞宽钟状或半球形，总苞片多层，覆瓦状排列，外层及中层椭圆形或卵状椭圆形，最内层膜片状，总苞片具鸡冠状附属物；小花紫色或红色，檐部深5裂，花冠裂片线形③。瘦果小，楔状或偏斜楔形；冠毛2层，外层冠毛羽毛状，基部连合成环。

全省广泛分布。生于山坡、草地、田间、路旁及住宅附近。

泥胡菜为一年生草本，叶长椭圆形，大头羽状深裂，总苞片具鸡冠状附属物，小花紫色或红色，瘦果小，外层冠毛羽毛状。

1
2
3
4
1
2
3

漏芦 祁州漏芦 菊科 漏芦属

Rhaponticum uniflorum

Uniflower Swisscentaury | lòulú

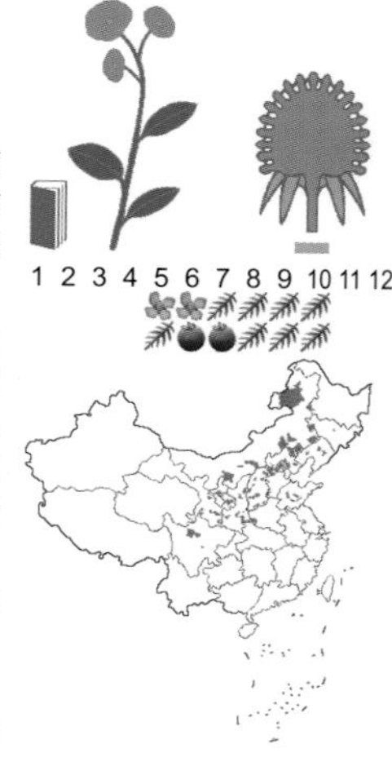

多年生草本；基生叶及下部茎叶椭圆形、长椭圆形或倒披针形，羽状深裂或几全裂，有长叶柄①，侧裂片5～12对，椭圆形或倒披针形；中上部茎叶渐小，与基生叶及下部茎叶同形并等样分裂。头状花序单生茎顶，裸露或有少数钻形小叶②；总苞半球形，总苞片约9层，覆瓦状排列，向内层渐长，全部苞片顶端有膜质附属物，浅褐色；全部小花两性，管状，花冠紫红色③。瘦果3～4棱，楔状，顶端有果缘；冠毛褐色，多层，为刚毛糙毛状④。

全省广泛分布。生于林下、林缘、山坡砾质地。

漏芦为多年生草本，叶羽状深裂或几全裂，总苞片顶端有膜质附属物，全部小花两性，管状，花冠紫红色，瘦果3～4棱，楔状。

火媒草 菊科 猬菊属

Olgaea leucophylla

White-leaf Olgaea | huǒméicǎo

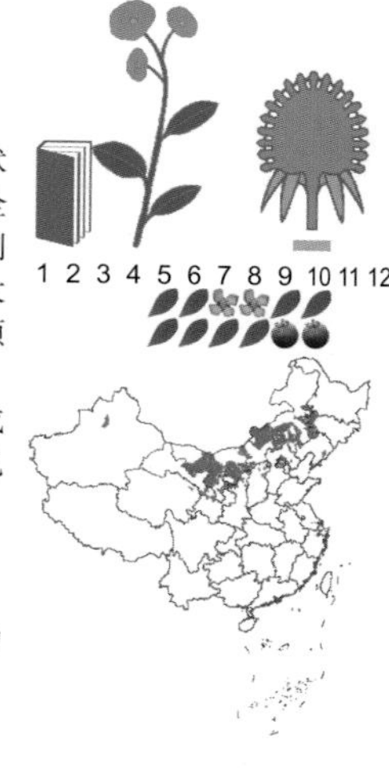

多年生草本；茎直立，粗壮，被稠密的蛛丝状茸毛。基部茎叶长椭圆形，侧裂片7～10对①，全部裂片和刺齿顶端及边缘有针刺，裂顶及齿顶针刺较长；茎叶沿茎下延成茎翼，两面异色，边缘有大小不等的刺齿。头状花序多数或少数单生茎枝顶端，不形成明显的伞房花序式排列②；总苞钟状，总苞片多层，向内层渐长③，全部苞片顶端渐尖成针刺，外层全部或上部向下反折；小花紫色或白色④，花冠外面有腺点，檐部不等大5裂。

产白城。生于干山坡、固定沙丘及干草地。

火媒草为多年生草本，茎翼宽，边缘有刺齿，叶片厚纸质，表面有蛛丝状毛，头状花序，总苞钟状，花紫色或白色。

1
3
2
4
1
3
2
4

美花风毛菊 球花风毛菊 菊科 风毛菊属

Saussurea pulchella

Pretty Saw-wort | měihuāfēngmáojú

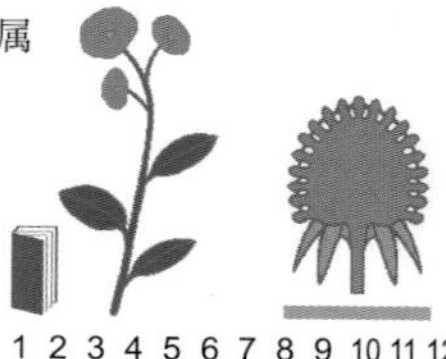

多年生草本；茎上部叶片全形长圆形或椭圆形，羽状浅裂或不裂①。头状花序多数，总苞球形或球状钟形，总苞片6～7层，顶端有膜质粉红色的附片，扩大的边缘有锯齿②；小花淡紫色。

产长白山区、白城、松原。生于草原、林缘、灌丛、沟谷及草甸。

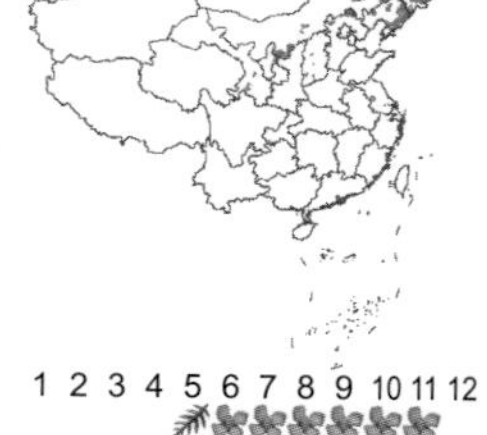

相似种：风毛菊【*Saussurea japonica*，菊科 风毛菊属】下部叶羽状分裂。总苞片狭筒形，6层，附片边缘有锯齿③。产长白山区、长春；生于林缘、荒地、山坡、路旁。**草地风毛菊**【*Saussurea amara*，菊科 风毛菊属】叶不分裂，具牙齿或全缘。总苞片狭筒形，苞片外面墨绿色④。产白城、松原、吉林、延边；生于荒地、路边、山坡、河堤。

1 2 3 4 5 6 7 8 9 10 11 12

美花风毛菊总苞片顶端有膜质粉红色附片，叶浅裂；风毛菊总苞片狭筒形，叶深裂；草地风毛菊总苞片狭筒形，叶全缘。

1 2 3 4 5 6 7 8 9 10 11 12

伪泥胡菜 菊科 伪泥胡菜属

Serratula coronata

Plumeless Saw-wort | wěiníhúcài

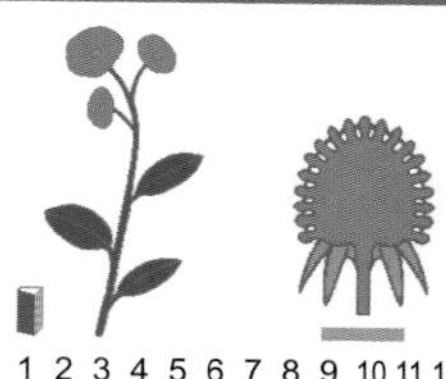

多年生草本；基生叶与下部茎叶全形长圆形，羽状全裂①，侧裂片5对，全部裂片长椭圆形，茎叶无柄。头状花序异型，总苞碗状或钟状，总苞片约7层，覆瓦状排列，外面紫红色；边花雌性，中央盘花两性，小花紫色②。

产长白山区、白城。生于林缘、荒地、山坡。

相似种：钟苞麻花头【*Klasea centauroides* subsp. *cupuliformis*，菊科 麻花头属】茎中上部叶不裂。总苞卵状，上部有收缢③。产通化、白山；生于山坡草地与疏林下。**麻花头**【*Klasea centauroides*，菊科 麻花头属】基生叶及下部茎叶羽状深裂。总苞卵形或长卵形，上部有收缢或稍见收缢④。产白城、松原；生于山坡林缘、草原、草甸。

1 2 3 4 5 6 7 8 9 10 11 12

伪泥胡菜叶羽状全裂，总苞碗状；钟苞麻花头叶不裂，总苞卵状，上部有收缢；麻花头叶羽状深裂，总苞长卵形，上部稍收缢。

1 2 3 4 5 6 7 8 9 10 11 12

1
2
3
4
1
2
3
4

浅裂剪秋罗 剪秋罗 石竹科 剪秋罗属

Lychnis cognata

Cognate Campion | qiǎnlièjiǎnqiūluó

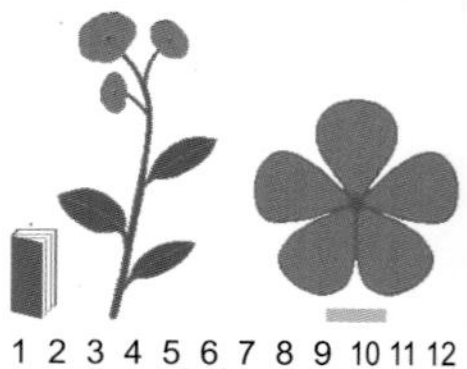

多年生草本；叶片长圆状披针形或长圆形。二歧聚伞花序具数花，苞片叶状①，花萼筒状棒形，后期微膨大；花瓣橙红色，瓣片轮廓宽倒卵形②，裂片倒卵形，全缘或具不明显的细齿，瓣片两侧中下部具1线形小裂片；副花冠片长圆状披针形，暗红色。

产长白山区。生于林下、林缘灌丛、山沟路边。

相似种：剪秋罗【*Lychnis fulgens*，石竹科 剪秋罗属】花瓣深红色，瓣片轮廓倒卵形，裂片椭圆状条形，顶端具不明显的细齿③。产长白山区；生于林下、林缘灌丛间及湿草地上。**丝瓣剪秋罗**【*Lychnis wilfordii*，石竹科 剪秋罗属】花瓣鲜红色，瓣片轮廓近卵形，深4裂，呈流苏状④。产长白山区；生于湿草甸子、河边水湿地、林缘及林下。

1 2 3 4 5 6 7 8 9 10 11 12

浅裂剪秋罗瓣片叉状浅2裂或深凹缺；剪秋罗瓣片深2裂达瓣片的1/2；丝瓣剪秋罗瓣片深4裂，呈流苏状。

白薇 山烟根子 夹竹桃科/萝藦科 鹅绒藤属

Cynanchum atratum

Darkened Swallow-wort | báiwēi

多年生直立草本；叶卵形或卵状长圆形，顶端渐尖或急尖，基部圆形，两面均被有白色茸毛①；侧脉6～7对。伞形状聚伞花序，无总花梗，生在茎的四周，着花8～10朵②；花深紫色，花萼外面有茸毛，内面基部有小腺体5个；花冠辐状③，外面有短柔毛，并具缘毛；副花冠5裂，裂片盾状，圆形，与合蕊柱等长。蓇葖单生，向端部渐尖，基部钝形，中间膨大④。

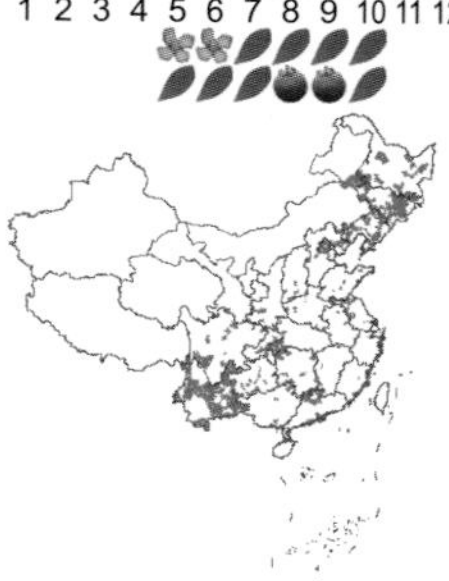

产长白山区、松原、白城、四平、长春。生于山坡草地、林缘路旁、林下及灌丛间。

白薇为多年生直立草本，叶卵形，两面被白毛，伞形状聚伞花序，无总花梗，花深紫色，蓇葖单生，中间膨大。

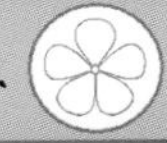

1
3
2
4
1
2
3
4

胭脂花　报春花科 报春花属

Primula maximowiczii

Maximowicz's Primrose | yānzhihuā

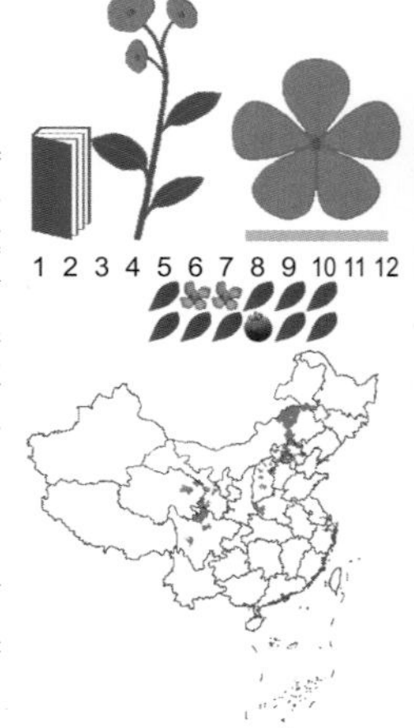

多年生草本；根状茎短，具多数长根。叶丛基部无鳞片；叶倒卵状椭圆形、狭椭圆形至倒披针形①，连柄长3～27厘米；叶柄具膜质宽翅①。花莛稍粗壮，高20～60厘米；伞形花序1～3轮，每轮6～20花②；苞片披针形，先端渐尖，基部互相连合；花梗长1～4厘米；花萼狭钟状；花冠暗朱红色，冠筒管状，裂片狭矩圆形，全缘③。蒴果稍长于花萼④。

产白城。生于林下、林缘湿润处及高山草甸上。

胭脂花为多年生草本，全株无毛，叶倒卵状椭圆形，1～3轮层叠式伞形花序，花冠暗朱红色，裂片狭矩圆形，通常反折，蒴果稍长于花萼。

朝鲜当归　伞形科 当归属

Angelica gigas

Korean Angelica | cháoxiǎndāngguī

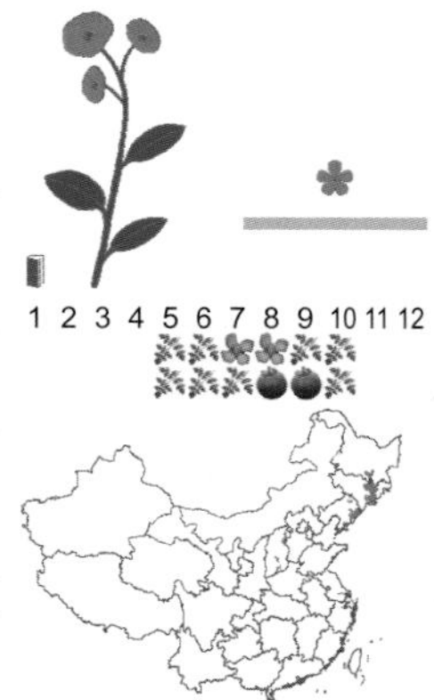

多年生高大草本；叶二至三回三出式羽状分裂，叶片轮廓近三角形，叶轴不呈翅状下延；茎中部叶的叶柄长，叶柄基部渐成抱茎的狭鞘①，末回裂片长圆状披针形；上部的叶简化成囊状膨大的叶鞘。复伞形花序近球形，伞辐20～45①；总苞片1至数片，膨大成囊状，深紫色；花瓣倒卵形，深紫色；雄蕊暗紫色②。

产通化。生于山地林内溪流旁及林缘草地。

相似种：红花变豆菜【*Sanicula rubriflora*，伞形科 变豆菜属】伞形花序三出，中间的伞辐长于两侧的伞辐；总苞片2，叶状，无柄，每片3深裂③；小伞形花序多花；花瓣淡红色至紫红色④，顶端内凹，基部渐窄；花柱长于萼齿2倍，向外反曲。产长白山区；生于林缘、林下、沟边、灌丛及溪流旁。

1 2 3 4 5 6 7 8 9 10 11 12

朝鲜当归为复伞形花序，总苞片膨大成囊状；红花变豆菜伞形花序三出，总苞片叶状，不膨大。

沼委陵菜 蔷薇科 沼委陵菜属

Comarum palustre

Marsh Cinguefoil | zhǎowěilíngcài

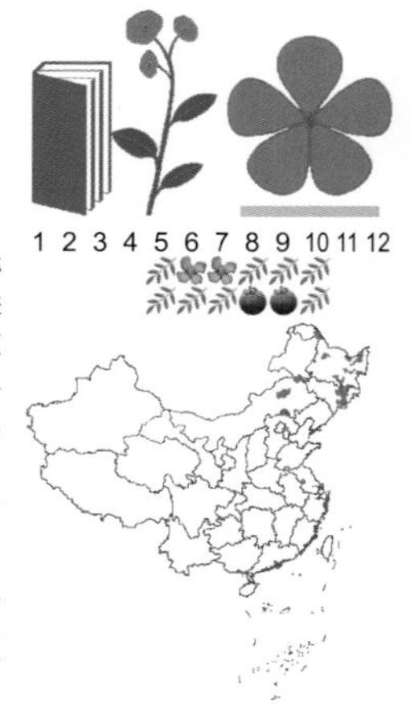

多年生草本；奇数羽状复叶，小叶片5～7个，椭圆形或长圆形，托叶卵形①，上部叶具3小叶。聚伞花序顶生或腋生，有1至数花②，苞片锥形；花萼筒盘形，萼片深紫色，三角状卵形，开展，先端渐尖；副萼片披针形至线形，先端渐尖或急尖③；花瓣卵状披针形，深紫色，先端渐尖；雄蕊15～25，花丝及花药均深紫色，比花瓣短③；子房卵形，深紫色，花柱线形。瘦果多数，卵形，黄褐色，扁平④。

产长白山区、白城、松原。生于沼泽及泥炭沼泽处。

沼委陵菜为多年生草本，奇数羽状复叶，小叶片5～7个，聚伞花序，有1至数花，花深紫色，瘦果多数，卵形。

尖萼耧斗菜 毛茛科 耧斗菜属

Aquilegia oxysepala

Acute-sepal Columbine | jiān' èlóudǒucài

多年生草本；基生叶数枚，为二回三出复叶②，中央小叶通常具短柄，楔状倒卵形，长2～6厘米，宽1.8～5厘米，3浅裂或3深裂，叶柄被开展的白色柔毛或无毛，基部变宽呈鞘状；茎生叶数枚，具短柄，向上渐变小。花3～5朵，较大而美丽，微下垂①；苞片3全裂；萼片紫色，狭卵形，花瓣瓣片黄白色③，长1～1.3厘米，宽7～9毫米，顶端近截形，距长1.5～2厘米，末端强烈内弯呈钩状。蓇葖果④，长2.5～3厘米。

产长白山区。生于山地杂木林下、林缘及林间草地。

尖萼耧斗菜为多年生草本，基生叶为二回三出复叶，植株无毛，萼片紫色，花下垂，有距，蓇葖果。

1
3
2
4
1
2
3
4

朝鲜白头翁 毛茛科 白头翁属

Pulsatilla cernua

Korean Pasqueflower | cháoxiǎnbáitóuwēng

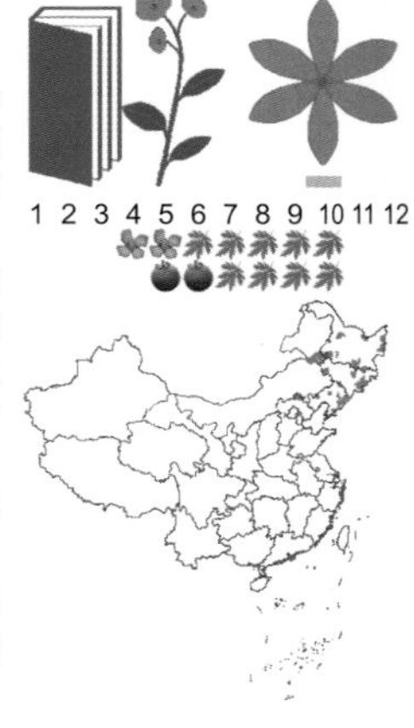

多年生草本；基生叶4～6，在开花时还未完全发育，有长柄①；叶片卵形，长3～7.8厘米，宽4.4～6.5厘米，叶柄密被柔毛②。总苞近钟形，裂片线形，全缘或上部有3小裂片，背面密被柔毛；花梗有绵毛，结果时增长；萼片紫红色，长圆形或卵状长圆形③，长1.8～3厘米，宽6～12毫米，顶端圆或微钝，外面有密柔毛；雄蕊长约为萼片之半。聚合果直径6～8厘米，瘦果倒卵状长圆形，有短柔毛，宿存花柱有开展的长柔毛④。

产长白山区、松原。生于草地、干山坡、林缘、河岸、路旁及灌丛中。

朝鲜白头翁为多年生草本，叶片卵形，有长柄，萼片紫红色，外面有密柔毛，聚合果，宿存花柱有长柔毛。

射干 鸢尾科 射干属

Belamcanda chinensis

Leopard Lily | yègān

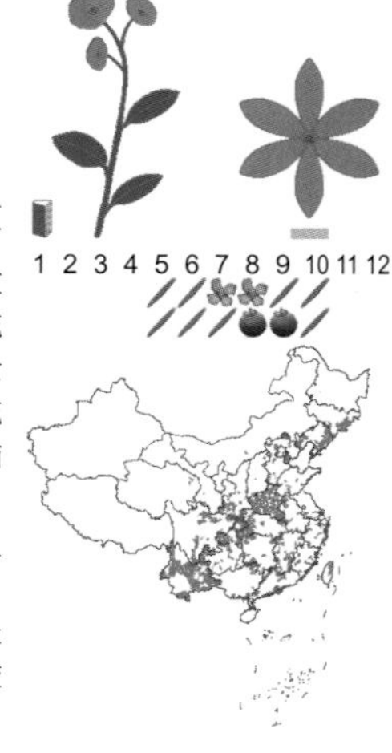

多年生草本；茎直立，叶互生，嵌叠状排列，剑形②。花序顶生，叉状分枝，每分枝的顶端聚生有数朵花①，花梗细，花梗及花序的分枝处均包有膜质的苞片，苞片披针形或卵圆形；花橙红色，散生紫褐色的斑点④，花被裂片6，2轮排列，外轮花被裂片倒卵形或长椭圆形，顶端钝圆或微凹，内轮较外轮花被裂片略短而狭；雄蕊3，花药条形；花柱圆形，顶端3裂，子房下位。蒴果倒卵形或长椭圆形，顶端无喙③。

产松原、吉林、通化、辽源、延边、白山。生于干山坡、草甸草原及向阳草地。

射干为多年生草本，根状茎横走，叶互生，嵌叠状排列，花序顶生叉状分枝，花橙红色，内轮较外轮花被裂片略短而狭，蒴果倒卵形。

1
3
2
4
1
2
3
4

山丹 细叶百合 百合科 百合属

Lilium pumilum

Coral Lily | shāndān

多年生草本；叶散生于茎中部，条形，中脉下面突出①。花单生或数朵排成总状花序，鲜红色，通常无斑点，下垂；花被片反卷②，蜜腺两边有乳头状突起；花丝无毛，花药长椭圆形，黄色，花粉近红色；子房圆柱形，柱头膨大，3裂②。

产长白山区、四平、白城、松原、长春。生于干燥石质山坡、岩石缝中及草地。

相似种：东北百合【*Lilium distichum*，百合科 百合属】多年生草本；茎有小乳头状突起。叶7~20枚轮生于茎中部，少数散生叶，倒卵状披针形至矩圆状披针形③。花2~12朵，排列成总状花序，苞片叶状③；花淡橙红色，具紫红色斑点④，花被片稍反卷。产长白山区；生于腐殖质的林下、林缘、草地、溪边及路旁。

山丹叶散生，条形，花鲜红色，通常无斑点；东北百合叶轮生，倒卵状披针形，花淡橙红色，有斑点。

毛百合 百合科 百合属

Lilium pensylvanicum

Dahurian Lily | máobǎihé

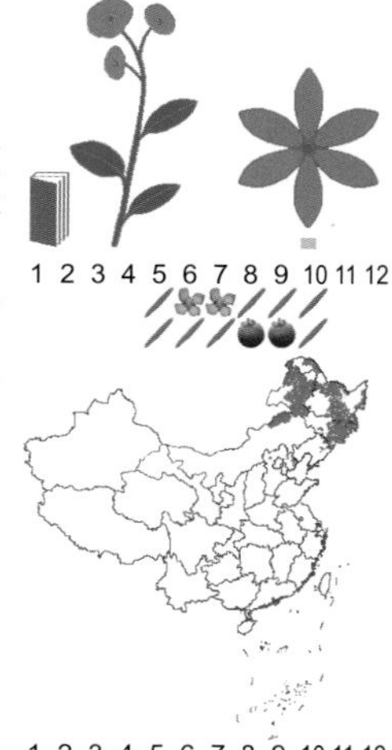

多年生草本；茎直立，有棱，叶散生，在茎顶端有4~5枚叶片轮生，狭披针形至披针形①，叶脉3~5条，基部有一簇白绵毛。苞片叶状，花梗有白色绵毛，花1~4朵顶生，橙红色或红色，有紫红色斑点②，外轮花被片倒披针形，外面有白色绵毛，内轮花被片稍窄；雄蕊向中心靠拢，花丝无毛，子房圆柱形，柱头膨大，3裂。

产长白山区。生于林下、林缘、灌丛、草甸、湿草地及山沟路边。

相似种：条叶百合【*Lilium callosum*，百合科 百合属】多年生草本；叶散生，条形③，有3条脉，无毛，边缘有小乳头状突起。花被片红色或淡红色，几无斑点④。产吉林、松原；生于富含腐殖质的林下、林缘、草地、溪边及路旁。

毛百合叶基部有一簇白绵毛，花被片有紫红色斑点；条叶百合叶基部无毛，花被片无斑点。

平贝母　百合科 贝母属

Fritillaria ussuriensis

Ussuri Fritillary | píngbèimǔ

多年生草本；茎直立。叶轮生或对生，条形至披针形，上部叶先端稍卷曲①。花钟形，1～3朵生于茎顶部，顶花常具4～6枚叶状苞片，苞片先端强烈卷曲①；花被片6，2轮排列，花被片外面淡紫褐色，内面淡紫色，散生黄色方格状斑纹②，外花被片比内花被片稍长而宽，蜜腺窝在背面明显凸出。

产通化、白山、延边、吉林、长春、辽源。生于腐殖质湿润肥沃的林中、林缘及灌丛草甸中。

相似种：大花卷丹【*Lilium leichtlinii* var. *maximowiczii*，百合科 百合属】多年生草本；叶散生，窄披针形③。总状花序，苞片叶状，披针形，花梗较长；花大而下垂，花被片6，披针形，反卷，橙红色，内面有紫黑色斑点④。产通化、白山；生于灌丛、草地、林缘及沟谷。

1 2 3 4 5 6 7 8 9 10 11 12

平贝母花不反卷，外面淡紫褐色，内面淡紫色，散生黄色方格状斑纹；大花卷丹花被片反卷，橙红色，内面有紫黑色斑点。

苦马豆　豆科 苦马豆属

Sphaerophysa salsula

Alkali Swainsonpea | kǔmǎdòu

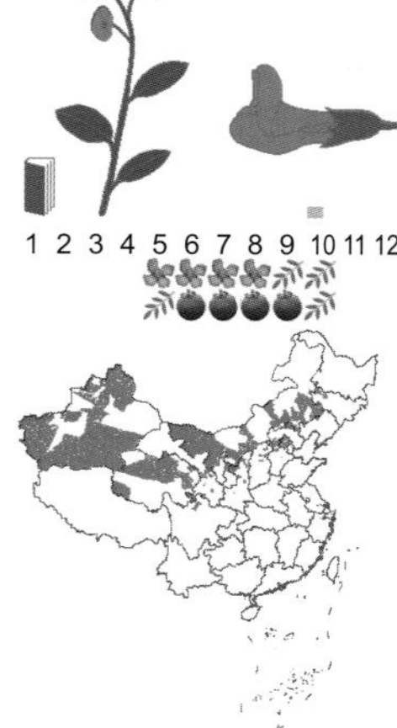

半灌木或多年生草本；羽状复叶，小叶倒卵形至倒卵状长圆形①，小叶柄短。总状花序常较叶长，生6～16花②，苞片卵状披针形，小苞片线形至钻形；花萼钟状，萼齿三角形；花冠初呈鲜红色③，后变紫红色，旗瓣瓣片近圆形，向外反折，翼瓣较龙骨瓣短，连柄长12毫米，先端圆，基部具长3毫米微弯的瓣柄及长2毫米先端圆的耳状裂片，龙骨瓣长13毫米，宽4～5毫米。荚果椭圆形至卵圆形，膨胀，先端圆④。

产白城、松原。生于山坡、草原、荒地、沙滩、戈壁绿洲、沟渠旁及盐池周围。

苦马豆为半灌木或多年生草本，羽状复叶，小叶倒卵形，总状花序常较叶长，花冠红色，荚果椭圆形至卵圆形，膨胀。

地榆　蔷薇科 地榆属

Sanguisorba officinalis

Official Burnet | dìyú

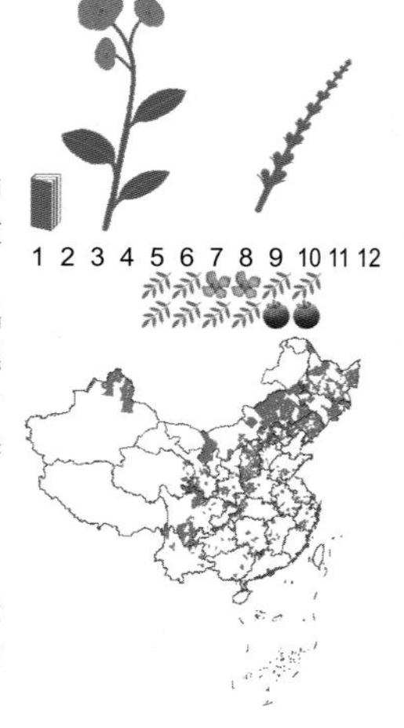

多年生草本；根纺锤形。基生叶为羽状复叶，有小叶4～6对②，小叶片有短柄，卵形或长圆状卵形；茎生叶较少，小叶片几无柄，长圆形至长圆披针形，狭长。穗状花序椭圆形、圆柱形或卵球形，直立①，从花序顶端向下开放，花序梗光滑或偶有稀疏腺毛；苞片膜质，披针形，顶端渐尖至尾尖，比萼片短或近等长，背面及边缘有柔毛；萼片4枚，紫红色③，椭圆形至宽卵形，顶端常具短尖头。果实包藏在宿存萼筒内，外面有斗棱④。

全省广泛分布。生于山坡、柞树林缘、草甸、灌丛及林间草地。

地榆为多年生草本，根纺锤形，基生叶为羽状复叶，穗状花序椭圆形，萼片4枚，紫红色，果实包藏在宿存萼筒内。

山牛蒡　菊科 山牛蒡属

Synurus deltoides

Synurus | shānniúbàng

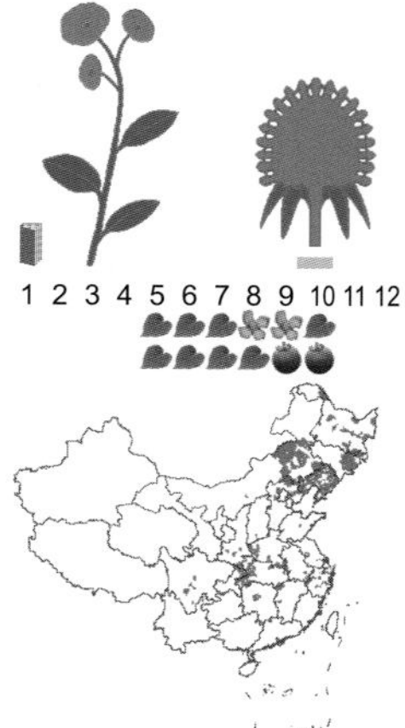

多年生草本；基部叶与下部茎叶有长叶柄，叶柄有狭翼，叶片心形、卵形、宽卵形、卵状三角形或戟形，不分裂，基部心形、戟形或平截，边缘有三角形或斜三角形粗大锯齿②；全部叶两面异色。头状花序大，下垂①，总苞球形；总苞片多层多数，通常13～15层，外层与中层披针形，内层绒状披针形，全部苞片上部长渐尖；小花全部为两性，管状，花冠紫红色③，花冠裂片不等大，三角形③。瘦果长椭圆形，浅褐色；冠毛褐色，冠毛刚毛糙毛状④。

全省广泛分布。生于山坡林缘、林下或草甸。

山牛蒡为多年生草本，叶柄有狭翼，叶片心形，全部叶两面异色，头状花序下垂，花冠紫红色，瘦果长椭圆形，冠毛褐色。

1
2
3
4
1
2
3
4

北重楼 藜芦科/百合科 重楼属

Paris verticillata

Verticillate Paris | běichónglóu

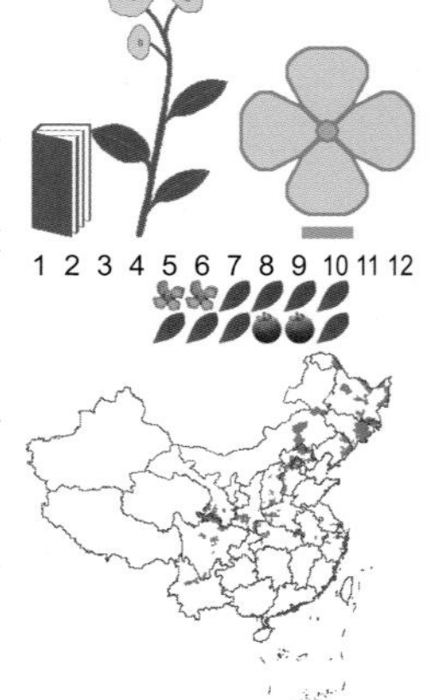

多年生草本；茎绿白色，有时带紫色②。叶5～8枚轮生，披针形或倒卵状披针形，近无柄①。外轮花被片绿色，极少带紫色，叶状，通常4～5枚③，纸质，平展，倒卵状披针形、矩圆状披针形或倒披针形，先端渐尖，基部圆形或宽楔形；内轮花被片黄绿色，条形③；花丝基部稍扁平；子房近球形，紫褐色，顶端无盘状花柱基，花柱具4～5分枝，分枝细长，并向外反卷。蒴果浆果状，不开裂④，直径约1厘米，具几颗种子。

产长白山区。生于腐殖质肥沃的山坡林下、林缘、草丛、阴湿地及沟边。

北重楼为多年生草本，叶5～8枚轮生，外轮花被片4～5枚，绿色，内轮花被片黄绿色，条形，蒴果浆果状。

人参 五加科 人参属

Panax ginseng

Chinese Ginseng | rénshēn

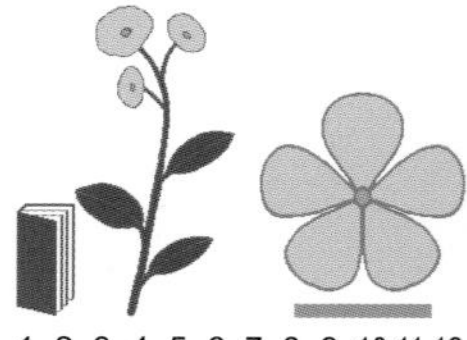

多年生草本；主根肉质，圆柱形或纺锤形。茎直立。叶为掌状复叶，小叶3～5①，叶片卵圆形或倒卵圆形，先端渐尖，边缘有重锯齿，叶柄长。伞形花序单个顶生，有花30～50朵，总花梗较叶长；花淡黄绿色②，萼边缘有5个三角形小齿，花瓣5，雄蕊5，花丝短。果实扁球形，鲜红色①。

产白山、延边、通化、吉林。生于肥沃、湿润、排水良好的以红松为主的针阔叶混交林下或针叶林下。

相似种：东北土当归【*Aralia continentalis*，五加科 楤木属】羽状复叶，羽片有小叶3～7③。圆锥花序大，顶生或腋生，分枝紧密；伞形花序有花多数。果实紫黑色④，宿存花柱中部以下合生，顶端离生，反曲。产长白山区；生于阔叶林或针阔叶混交林下、林缘及路旁。

人参叶为掌状复叶，果实鲜红色；东北土当归叶为二回或三回羽状复叶，果实紫黑色。

1
2
3
4
1
3
2
4

竹灵消　夹竹桃科/萝藦科 鹅绒藤属

Cynanchum inamoenum

Unpleasant Swallow-wort | zhúlíngxiāo

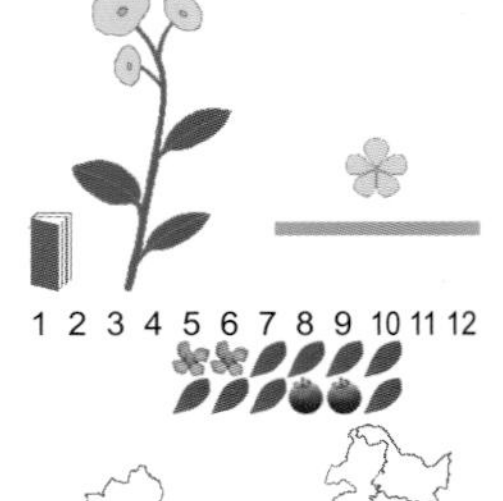

多年生直立草本；叶披针形，有短柄，顶端急尖①，基部近心形，在脉上近无毛或仅被微毛，有边毛；侧脉约5对。伞形聚伞花序，着花8～10朵，花黄绿色②，花萼裂片披针形，急尖，近无毛；花冠辐状，无毛，裂片卵状长圆形，钝头，副花冠较厚，裂片三角形，短急尖②。

产通化。生于山地疏林、灌丛、山间多石质地及山坡草地上。

相似种：合掌消【*Cynanchum amplexicaule*，夹竹桃科/萝藦科 鹅绒藤属】叶对生，无柄，倒卵状椭圆形，先端急尖，基部下延近抱茎③。多歧聚伞花序顶生及腋生，花冠黄绿色或棕黄色④，副花冠5裂，扁平。产白城、松原、白山、通化；生于山坡草地、田边、湿地及沙滩草丛中。

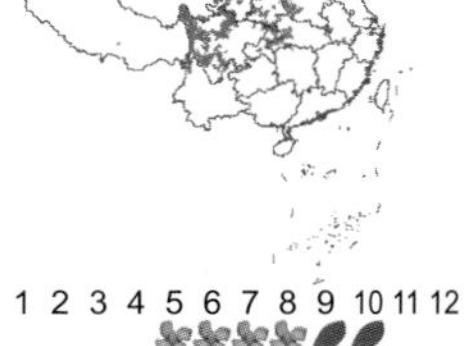

竹灵消叶广卵形，基部近心形；合掌消倒卵状椭圆形，基部下延近抱茎。

唢呐草　虎耳草科 唢呐草属

Mitella nuda

Naked Miterwort | suǒnàcǎo

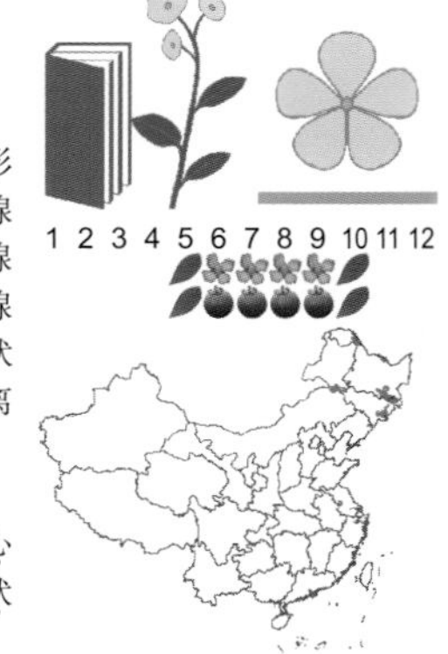

多年生草本；茎无叶，或仅具1叶，被腺毛；基生叶1～4枚，叶片心形至肾状心形，基部心形②，不明显5～7浅裂，边缘具齿牙，两面被硬腺毛，叶柄被硬腺毛；茎生叶与基生叶同形，被硬腺毛，具短柄。总状花序，疏生数花①，花梗被短腺毛；萼片近卵形，先端稍渐尖，单脉；花瓣羽状9深裂，裂片通常线形③。蒴果之2果瓣最上部离生，被腺毛。种子黑色而具光泽，狭椭球形④。

产白山、延边。生于林下或水边。

唢呐草为多年生草本，基生叶1～4枚，叶片心形至肾状心形，边缘具齿牙，两面被硬腺毛，总状花序，花两性，蒴果被腺毛。

轮叶八宝　景天科 八宝属

Hylotelephium verticillatum

Verticillate Stonecrop | lúnyèbābǎo

多年生草本；叶轮生，叶长圆状披针形①，先端急尖，钝，基部楔形，边缘有整齐的疏牙齿，叶有柄。聚伞状伞房花序顶生，花多数，密集成近半球形，苞片卵形；萼片5，三角状卵形，花瓣5，淡绿色至黄白色②，长圆状椭圆形，先端急尖，基部渐狭，分离；雄蕊10，心皮5，倒卵形至长圆形，有短柄，花柱短。果为蓇葖果。

产吉林。生于山坡草丛中或沟边阴湿处。

相似种：白八宝【*Hylotelephium pallescens*，景天科 八宝属】多年生草本；叶互生，有时对生，长圆状卵形或椭圆状披针形③，几无柄，全缘或上部有不整齐的波状疏锯齿，叶面有多数红褐色斑点。复伞房花序，顶生，花瓣5，白色至浅红色（③左下），直立，披针状椭圆形。产长白山区；生于林下草地、河边石砾滩及湿草甸。

轮叶八宝叶轮生，花淡绿色至黄白色；白八宝叶互生，花白色至浅红色。

狭叶荨麻　螯麻子　荨麻科 荨麻属

Urtica angustifolia

Narrow-leaf Nettle | xiáyèqiánmá

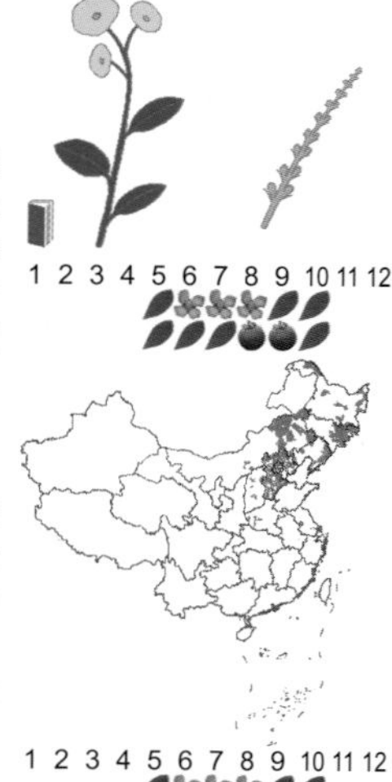

多年生草本；茎四棱形。叶对生，披针形至披针状条形①，边缘有粗牙齿或锯齿，叶柄短，疏生刺毛和糙毛，托叶每节4枚。雌雄异株，花序圆锥状，有时分枝短而少近穗状，雄花近无梗；花被片4，在近中部合生，裂片卵形，外面上部疏生小刺毛和细糙毛。瘦果卵形或宽卵形，双凸透镜状②。

产长白山区、长春。生于沟边、河岸、路旁、阴坡阔叶林内、针阔叶混交林下或林下稍湿地。

相似种：珠芽艾麻【*Laportea bulbifera*，荨麻科 艾麻属】叶互生，卵形至披针形③；托叶长圆状披针形，先端2浅裂。花序雌雄同株，圆锥状，序轴上生短柔毛和稀疏的刺毛。瘦果近半圆形，扁平，偏斜④。产长白山区；生于山坡草地、阴坡阔叶林内、针阔叶混交林下。

狭叶荨麻叶对生，瘦果卵形，双凸透镜状；珠芽艾麻叶互生，瘦果扁平，偏斜。

1
2
3
1
2
3
4

皱叶酸模 蓼科 酸模属

Rumex crispus

Curly Dock | zhòuyèsuānmó

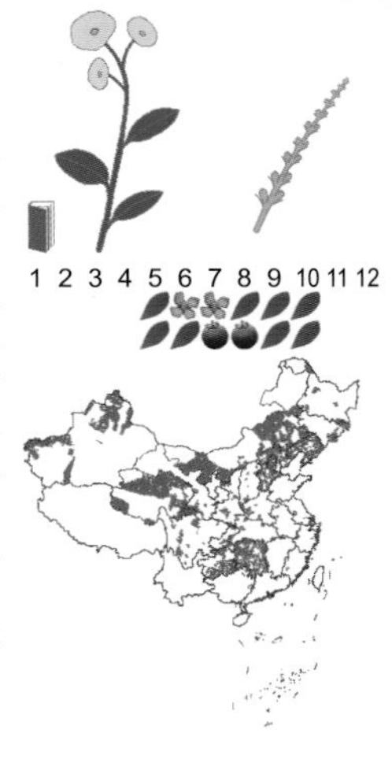

多年生草本；茎直立。基生叶披针形或狭披针形，顶端急尖，基部楔形，边缘皱波状②；茎生叶较小，狭披针形；托叶鞘膜质，易破裂。花序狭圆锥状，花序分枝近直立或上升①；花两性，淡绿色③，花梗细，中下部具关节，关节果时稍膨大；花被片6，外花被片椭圆形，内花被片圆卵形，果时增大，网脉明显，顶端稍钝，基部近截形，边缘近全缘，全部具小瘤。瘦果卵形，顶端急尖，具3锐棱④，暗褐色，有光泽。

产长白山区。生于田边、路旁、湿地、荒地及沟边。

皱叶酸模为多年生草本，基生叶披针形，边缘皱波状，花序狭圆锥状，花两性，淡绿色，瘦果卵形，具3锐棱。

东北南星 山苞米 天南星科 天南星属

Arisaema amurense

Amur Arisaema | dōngběinánxīng

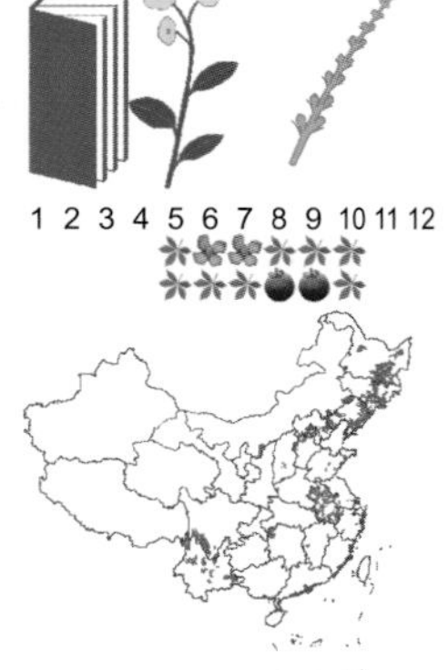

多年生草本；块茎小，近球形。鳞叶2，线状披针形，锐尖，膜质；叶1枚，叶片鸟足状分裂，裂片5枚，倒卵形或椭圆形，先端渐尖①，中裂片与侧裂片具共同的柄。花序柄短于叶柄，白绿色，檐部直立，卵状披针形，渐尖，绿色或紫色具白色条纹；肉穗花序轴常于果期增大。浆果红色②。

产长白山区、四平、长春。生于林间、林间空地、林缘、林下及沟谷。

相似种：细齿南星【*Arisaema peninsulae*，天南星科 天南星属】多年生草本；鳞叶3，呈褐色，先端有紫斑③。叶2枚，叶片鸟足状分裂，裂片长椭圆形或倒卵状长圆形，先端狭细尾尖③。果序长圆锥形，浆果干时橘红色，卵球形④。产白山、通化、吉林；生于林下、林缘及灌丛中。

东北南星叶1枚，裂片5枚，先端渐尖；细齿南星叶2枚，裂片5～14枚，先端狭细尾尖。

1
2
3
4
1
2
3
4

狐尾藻 小二仙草科 狐尾藻属

Myriophyllum verticillatum

Whorled Water Milfoil | húwěizǎo

多年生粗壮沉水草本；茎多分枝。叶通常4片轮生，水中叶较长，丝状全裂，无叶柄①，裂片8～13对，互生。花单性、雌雄同株或杂性，单生于水上叶腋内，每轮具4朵花，花无柄，比叶片短；雌花生于水上茎下部叶腋中，萼片与子房合生，顶端4裂，裂片较小，花丝丝状，开花后伸出花冠外②。果实广卵形，残存萼片及花柱。

产松原、四平、延边、白山。生于池沼、湖泊及水泡子。

相似种：穗状狐尾藻【*Myriophyllum spicatum*，小二仙草科 狐尾藻属】多年生沉水植物；叶常5片轮生，丝状全细裂③。花两性，常4朵轮生，由多数花排成顶生或腋生的穗状花序生于水面上，如为单性花，则上部为雄花，下部为雌花，中部有时为两性花④。产延边；生于池塘、河沟、沼泽中。

狐尾藻叶通常4片轮生，花单生于水上叶腋；穗状狐尾藻叶常5片轮生，穗状花序由多数花排成。

狼毒大戟 大戟科 大戟属

Euphorbia fischeriana

Fischer Euphorbia | lángdúdàjǐ

多年生草本；茎单一。茎下部叶由鳞片状至卵状长圆形，互生，向上渐大，逐渐过渡，上部茎生叶轮生①；总苞叶同茎生叶，常5枚，次级总苞叶常3枚，卵形①。花序单生二歧分枝的顶端，总苞钟状，雄花多枚，伸出总苞之外。蒴果卵球状，花柱宿存②。

产长白山区、西部草原。生于林下、灌丛、草地及干燥的石质山坡上。

相似种：林大戟【*Euphorbia lucorum*，大戟科 大戟属】茎上部叶互生，蒴果脊上稀疏被瘤至鸡冠状突起③。产长白山区；生于林缘、路旁、山坡、灌丛及河岸旁。**乳浆大戟**【*Euphorbia esula*，大戟科 大戟属】茎上部叶互生，蒴果光滑无突起④。产全省各地；生于路旁、山坡、林下、河沟边。

狼毒大戟茎上部叶轮生；林大戟茎上部叶互生，蒴果脊上稀疏被瘤至鸡冠状突起；乳浆大戟茎上部叶互生，蒴果光滑无突起。

地构叶 大戟科 地构叶属

Speranskia tuberculata

Tubercle-fruit Speranskia | dìgòuyè

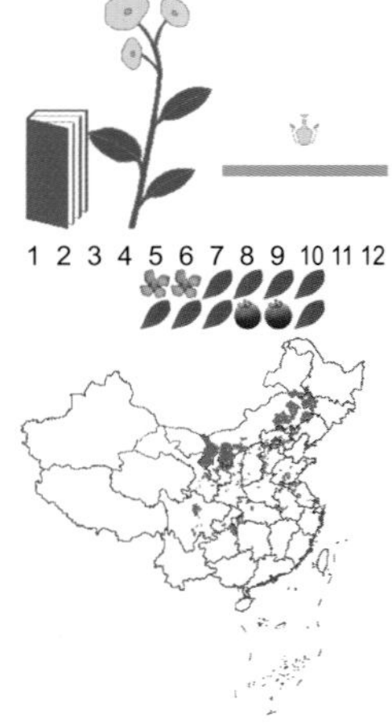

多年生草本；茎直立。叶卵状披针形，边缘具疏离圆齿或有时深裂。总状花序①，位于花序中部的雌花的两侧有时具雄花1～2朵，苞片卵状披针形或卵形；雄花：2～4朵生于苞腋，共萼裂片卵形，外面疏被柔毛②，花瓣倒心形，具爪，雄蕊8～15枚，花丝被毛③；雌花：1～2朵生于苞腋，花萼裂片卵状披针形，顶端渐尖，疏被长柔毛，花瓣与雄花相似，具脉纹，花柱3，各2深裂，裂片呈羽状撕裂。蒴果扁球形，被柔毛和具瘤状突起④。

产白城、松原、长春。生于草原沙质地、干燥山坡、草甸及灌丛中。

地构叶为多年生草本，茎直立，叶卵状披针形，总状花序顶生，花瓣短小，蒴果扁球形。

铁苋菜 海蚌含珠 大戟科 铁苋菜属

Acalypha australis

Asian Copperleaf | tiěxiàncài

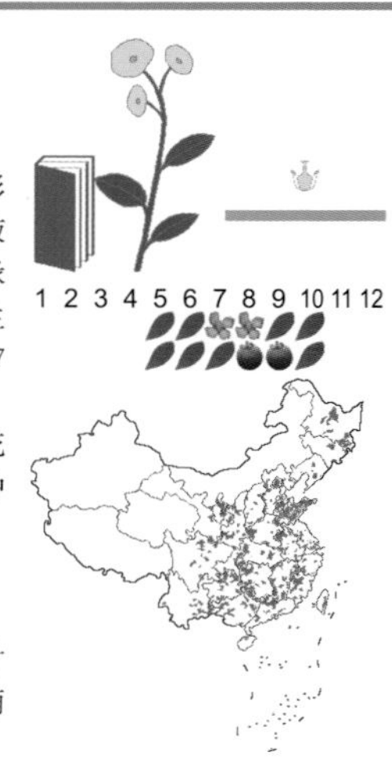

一年生草本；叶膜质，近菱状卵形或阔披针形①，边缘具圆锯齿，托叶披针形。雌雄花同序，腋生，雌花苞片1～4枚，卵状心形，花后增大，边缘具三角形齿，苞腋具雌花1～3朵，花梗无；雄花生于花序上部②，雄花苞片卵形，苞腋具雄花5～7朵，簇生；雄花：花蕾时近球形，花萼裂片4枚，卵形，雄蕊7～8枚；雌花：萼片3枚，长卵形，花柱3枚，撕裂成5～7条③。蒴果具3个分果爿④，种皮平滑。

产长白山区、长春、松原。生于田野、路旁、荒地及住宅附近，为常见的田间杂草。

铁苋菜为一年生草本，叶菱状卵形或阔披针形，边缘有锯齿，花雌雄同序，腋生，无花瓣，蒴果具3个分果爿。

林金腰

虎耳草科 金腰属

Chrysosplenium lectus-cochleae

Goldsaxifrage | línjīnyāo

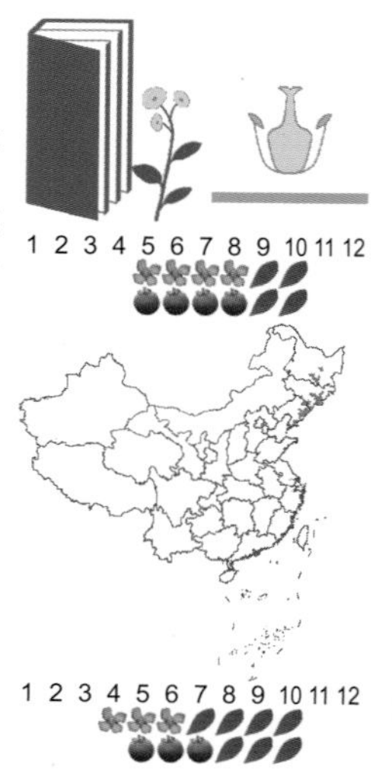

多年生草本；叶对生，近扇形，先端钝，边缘具圆齿，基部楔形，两面无毛或多少具褐色柔毛，顶生者近阔卵形、近圆形至倒阔卵形①。聚伞花序，花序分枝疏生柔毛，苞叶近阔卵形、倒阔卵形至扇形，花梗疏生柔毛，花黄绿色①，萼片在花期直立，近阔卵形。蒴果，2果瓣明显不等大，有喙②。

产白山、延边、通化。生于林下、林缘阴湿处或石隙。

相似种：毛金腰【*Chrysosplenium pilosum*，虎耳草科 金腰属】多年生草本；叶对生，具褐色斑点，近圆形，先端钝圆，边缘具不明显波状圆齿③。聚伞花序，苞叶近扇形，萼片具褐色斑点，阔卵形至近阔椭圆形，先端钝，花绿色④，雄蕊8，子房半下位，无花盘。产地同上；生于林下阴湿地。

林金腰叶近扇形，边缘具圆齿，花黄绿色；毛金腰叶近圆形，边缘具不明显波状圆齿，花绿色。

中华金腰

虎耳草科 金腰属

Chrysosplenium sinicum

Chinese Goldsaxifrage | zhōnghuájīnyāo

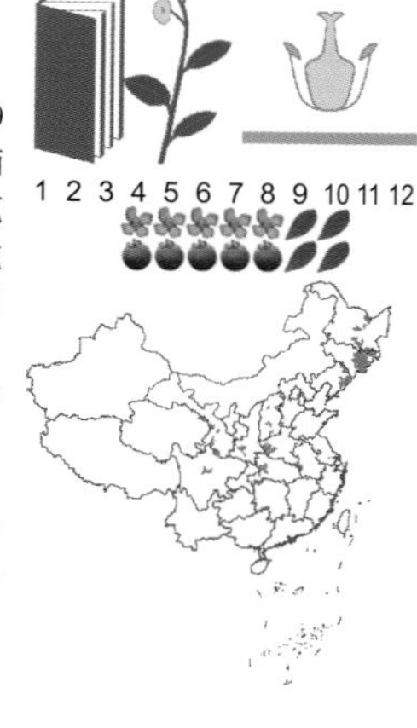

多年生草本；不育枝发达，出自茎基部叶腋。其叶对生，叶片近圆形，先端钝圆，边缘具11～29钝齿③，基部宽楔形至近圆形，两面无毛；叶柄长。聚伞花序，具4～10花①，花序分枝无毛；苞叶阔卵形、卵形至近狭卵形②，边缘具5～16钝齿，花黄绿色，萼片在花期直立④，阔卵形至近阔椭圆形，先端钝，雄蕊8，子房半下位，无花盘。蒴果2果瓣明显不等大，叉开。种子黑褐色，椭球形至阔卵球形，被微乳头突起，有光泽。

产长白山区。生于林下或山沟阴湿处。

中华金腰为多年生草本，不育枝发达，叶对生，叶片近圆形，聚伞花序，花黄绿色，蒴果果瓣叉开。

扯根菜 扯根菜科/虎耳草科 扯根菜属

Penthorum chinense

Chinese Ditch Stonecrop | chěgēncài

多年生草本；茎不分枝。叶互生，无柄或近无柄，披针形至狭披针形①，先端渐尖，边缘具细重锯齿，无毛。聚伞花序具多花，花序分枝与花梗均被褐色腺毛，苞片小，卵形至狭卵形，花小型，黄白色②，萼片5，革质，三角形，无毛，单脉，无花瓣，雄蕊10，花柱5～6。蒴果红紫色。

产长白山区、松原。生于湿草地、沟谷、溪流旁及河边。

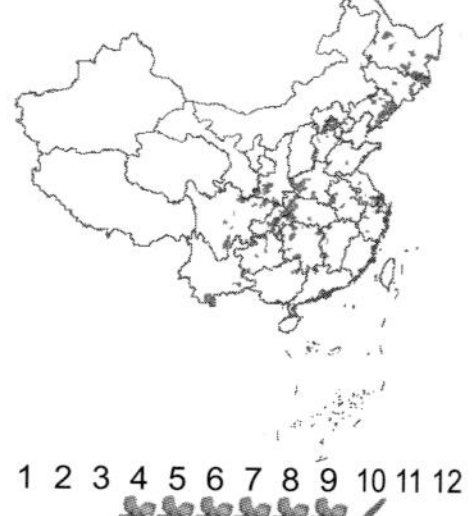

相似种：杉叶藻【*Hippuris vulgaris*，车前科/杉叶藻科 杉叶藻属】水生草本，茎直立，不分枝。叶轮生，1轮4～12片，条形③，不分裂，略弯曲或伸直，生于水中的较长而脆。花小，通常两性，较少单性，无花梗，单生于叶腋，无花被。核果椭圆形④。产长白山区、西部草原；生于沼泽、池塘或溪流中。

扯根菜叶互生，聚伞花序具多花；杉叶藻叶4～12片轮生，花单生叶腋。

唐松草 毛茛科 唐松草属

Thalictrum aquilegiifolium* var. *sibiricum

Siberian Columbine Meadow-rue | tángsōngcǎo

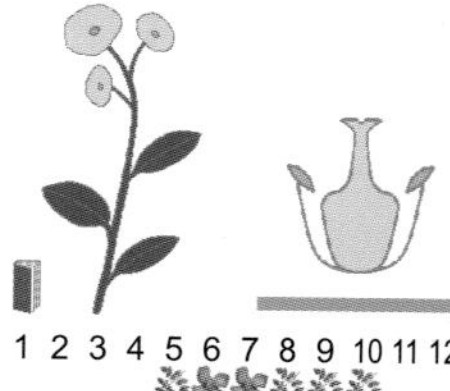

多年生草本；茎生叶为三至四回三出复叶①；小叶草质，扁圆形，叶柄有鞘，托叶膜质，不裂。圆锥花序伞房状，有多数密集的花①；萼片白色或外面带紫色，宽椭圆形，早落；雄蕊多数，花药长圆形，顶端钝，花丝上部倒披针形，比花药宽或稍窄②，下部丝形；心皮6～8，有长心皮柄，花柱短，柱头侧生。瘦果倒卵形，有3条宽纵翅。

产长白山区、四平。生于山地阔叶林下、林缘湿草地及草坡。

1 2 3 4 5 6 7 8 9 10 11 12

相似种：瓣蕊唐松草【*Thalictrum petaloideum*，毛茛科 唐松草属】复叶；小叶倒卵形3浅裂至3深裂，有短柄。复单歧聚伞花序伞房状③，萼片4，白色，卵形，早落，无花瓣，雄蕊多数，花丝倒披针形，比花药宽④。产白城、松原、延边、通化、吉林；生于林缘、灌丛及草甸。

唐松草花丝上部比花药宽或稍窄；瓣蕊唐松草花丝上部比花药宽。

蛇足石杉

石松科/石杉科 石杉属

Huperzia serrata

Toothed clubmoss | shézúshíshān

多年生土生植物；茎直立或斜生，二至四回二叉分枝，枝上部常有芽胞①。叶螺旋状排列，疏生，平伸，狭椭圆形，向基部明显变狭，通直，基部楔形，下延有柄，先端急尖或渐尖②，边缘平直不皱曲，有粗大或略小而不整齐的尖齿，两面光滑，有光泽，中脉突出明显，薄革质②。孢子叶与不育叶同形；孢子囊生于孢子叶的叶腋，两端露出，肾形，黄色③。

产长白山区。生于山顶岩石上或针阔叶混交林下阴湿处。

蛇足石杉为多年生土生植物，茎二至四回二叉分枝，叶螺旋状排列，狭椭圆形，孢子叶与不育叶同形，孢子囊生于孢子叶的叶腋，肾形，黄色。

多穗石松

石松科 石松属

Lycopodium annotinum

Club-moss | duōsuìshísōng

多年生土生植物；匍匐茎细长横走，侧枝斜立，一至三回二叉分枝①。叶螺旋状排列，密集，披针形，基部楔形，下延，无柄，先端渐尖，不具透明发丝，边缘有锯齿，革质，中脉腹面可见，背面不明显①。孢子囊穗单生于小枝顶端，直立，圆柱形，无柄②。孢子叶阔卵状，先端急尖，边缘膜质，啮蚀状。

产白山、延边、通化。生于针阔叶混交林、针叶林下。

相似种：东北石松【*Lycopodium clavatum*，石松科 石松属】匍匐茎被稀疏的全缘叶，侧枝直立，二叉分枝③。叶螺旋状排列，密集，披针形，基部下延，无柄，先端具透明发丝③。孢子囊穗2～3个集生于长达12厘米的总柄④。产地同上；生于阴坡的针阔叶混交林和针叶林下。

多穗石松孢子囊穗单生于小枝顶端，无柄；东北石松孢子囊穗2～3个集生于长12厘米的总柄。

1
3
2
1
3
2
4

玉柏　石松科 石松属

Lycopodium obscurum

Rare Clubmoss | yùbǎi

多年生土生植物；匍匐茎地下生，细长横走，棕黄色；侧枝斜升或直立①，下部不分枝，单干，上部二叉分枝，稍扁压，形成扇形、半圆形或圆柱状。叶螺旋状排列②，稍疏，斜立或近平伸，线状披针形③，基部楔形，下延，无柄，先端渐尖，具短尖头，边缘全缘，中脉略明显，革质。孢子囊穗单生于小枝顶端，直立，圆柱形，无柄，孢子叶阔卵状，具啮蚀状齿③；孢子囊生于孢子叶腋，内藏，圆肾形，黄色④。

产白山、通化、延边。生于山地针阔叶混交林、针叶林下及亚高山沼泽地上。

玉柏为多年生土生植物，匍匐茎地下生，侧枝斜升或直立，单干，上部二叉分枝，叶螺旋状排列，线状披针形，孢子囊生于孢子叶腋，圆肾形，黄色。

卷柏　还魂草　卷柏科 卷柏属

Selaginella tamariscina

Tamarisk-like Spikemoss | juǎnbǎi

多年生土生或石生；呈垫状①。主茎短或长，直立，下着须根；各枝丛生，直立，干后拳卷②，密被覆瓦状叶，各枝扇状分枝至2～3回羽状分枝。叶小，异型，交互排列③；侧叶披针状钻形，基部龙骨状，先端有长芒，远轴的一边全缘，宽膜质，近轴的一边膜质缘极狭，有微锯齿③；中叶两行，卵圆披针形，先端有长芒，斜向。孢子囊穗生于枝顶，四棱形④；孢子叶三角形，先端有长芒，边缘有宽的膜质；孢子囊肾形，大小孢子的排列不规则。

产全省各地。生于向阳干燥裸露岩石或石缝中。

卷柏为多年生土生或石生，主茎极短，顶端丛生分枝，如莲座状，枝叶干时内卷，叶小，异型，交互排列，孢子囊穗生于枝顶，孢子囊肾形。

1
3
2
4
1
3
2
4

木贼　木贼科 木贼属

Equisetum hyemale

Rough Horsetail | mùzéi

多年生大型植物；地上枝多年生，枝一型①，节间绿色，不分枝或直基部有少数直立的侧枝；脊的背部弧形或近方形，无明显小瘤或有小瘤2行；鞘筒黑棕色或顶部及基部各有一圈或仅顶部有一圈黑棕色，鞘齿披针形。孢子囊穗卵状，顶端有小尖突，无柄②。

产长白山区。生于针阔叶混交林、针叶林下阴湿地及潮湿的林间草地。

相似种：节节草【*Equisetum ramosissimum*，木贼科 木贼属】主枝多在下部分枝，常形成簇生状③；侧枝有脊5～8条，脊上平滑或有1行小瘤或有浅色小横纹。叶轮生，退化连接成筒状鞘，鞘口随棱纹分裂成长尖三角形的裂齿，齿短。孢子囊穗紧密，矩圆形④，无柄。产白城、松原；生于潮湿路旁、溪边及沙地上。

木贼主枝不分枝，脊的背部无小瘤或有小瘤2行；节节草主枝多分枝，脊上平滑或有1行小瘤。

劲直阴地蕨　瓶尔小草科/阴地蕨科 阴地蕨属

Botrychium strictum

Erect Moonworts | jìnzhíyīndìjué

多年生土生植物；总叶柄淡绿色，有毛①，多汁草质，营养叶片为广三角形；侧生羽片7～9对，对生，斜出，下部三对张开②，相离，但各羽片彼此密接，基部一对最大；一回小羽片约12对，斜出，密接，互生，末回裂片长圆形，钝头，第二对羽片起向上逐渐缩短；叶为薄草质，平滑，干后为绿色，叶脉明显。孢子叶自营养叶的基部生出③，长几等于营养叶或较短；孢子囊穗线状披针形，一回羽状，小穗密集，向上④。

产通化、延边、吉林。生于针阔叶混交林、针叶林下等土质较肥沃的地方。

劲直阴地蕨为多年生土生植物，总叶柄淡绿色，营养叶为广三角形，叶脉明显，孢子叶长几等于营养叶或较短，孢子囊穗线状披针形。

1
2
3
4
1
2
3
4

桂皮紫萁　紫萁科 桂皮紫萁属

Osmundastrum cinnamomeum

Cinnamon fern | guìpízǐqí

多年生土生植物；叶二型，即不育叶和孢子叶①，不育叶的柄坚强，干后为淡棕色；叶片长圆形或狭长圆形，渐尖头，二回羽状深裂②；下部的对生，平展，上部的互生，向上斜，披针形，渐尖头；基部截形，裂片15对，长圆形，圆头，中脉明显，侧脉羽状，斜向上，每脉二叉分歧②；叶为薄纸质，干后为黄绿色，幼时密被灰棕色茸毛，成长后变为光滑。孢子叶比营养叶短而瘦弱，遍体密被灰棕色茸毛，叶片强度紧缩，羽片裂片缩成线形，背面满布暗棕色的孢子囊③。

产长白山区。生于林下、林缘、灌丛、沟谷边及湿地。

桂皮紫萁为多年生土生植物，叶二型：不育叶为二回羽状深裂，羽片无柄；孢子叶比营养叶短而瘦弱，背面布满孢子囊。

蕨　碗蕨科/蕨科 蕨属

Pteridium aquilinum* var. *latiusculum

Western Brackenfern | jué

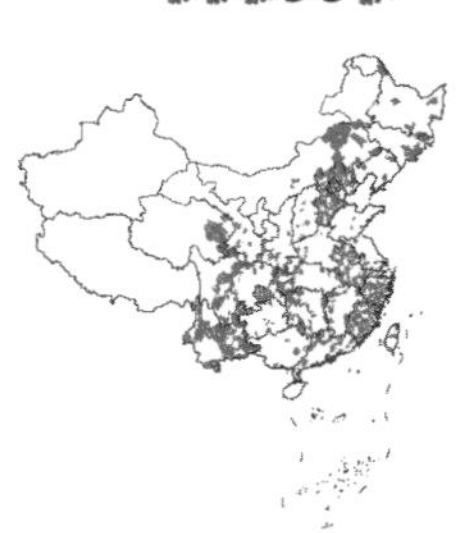

多年生土生植物；叶每年春季从根状茎上长出，幼时拳卷②，成熟后展开，有长而粗壮的叶柄；叶片轮廓三角形至广披针形，为2～4回羽状复叶①，对生或近对生；小羽片约10对，互生，斜展，披针形；裂片10～15对，长圆形，钝头或近圆头①；中部以上的羽片逐渐变为一回羽状，长圆披针形，基部较宽，对称；叶脉稠密③。叶干后近革质或革质，暗绿色；叶轴及羽轴均光滑，小羽轴上面光滑，下面被疏毛，少有密毛，各回羽轴上面均有深纵沟1条，沟内无毛。孢子囊群线形③。

产长白山区。生于腐殖质肥沃的林下、荒山坡、林缘及灌丛。

蕨为多年生土生植物，叶幼时拳卷，叶片二至四回羽状，叶脉稠密，叶轴及羽轴均光滑，孢子囊群线形。

1
3
2
1
2
3

银粉背蕨 五角叶粉背蕨 凤尾蕨科/中国蕨科 粉背蕨属

Aleuritopteris argentea

Silvery Aleuritopteris | yínfěnbèijué

多年生岩生植物；根状茎直立或斜升，先端被披针形、棕色、有光泽的鳞片①。叶簇生，叶柄红棕色，有光泽②；叶片五角形，长宽几相等，先端渐尖；羽片3～5对，基部三回羽裂，中部二回羽裂，上部一回羽裂③；基部一对羽片直角三角形，小羽片3～4对，以圆缺刻分开，基部以狭翅相连；基部下侧一片最大③，裂片三角形或镰刀形。孢子囊群较多；囊群盖连续，膜质，黄绿色，全缘④。

产长白山区。生于石灰质山坡或岩石缝隙中。

银粉背蕨为多年生岩生植物，叶簇生，叶柄棕色，叶片五角形，二至三回羽状分裂，孢子囊群沿叶边缘连成线形，囊群盖膜质，绿色，全缘。

掌叶铁线蕨 凤尾蕨科/铁线蕨科 铁线蕨属

Adiantum pedatum

Northern Maidenhair Fern | zhǎngyètiěxiànjué

多年生土生植物；叶簇生或近生，柄栗色或棕色②；叶片阔扇形，从叶柄的顶部二叉成左右两个弯弓形的分枝，再从每个分枝的上侧生出4～6片一回羽状的线状披针形羽片；中央羽片最长，侧生羽片向外略缩短，奇数一回羽状①；小羽片20～30对，互生，斜展，基部小羽片略小，扇形或半圆形③；叶脉多回二歧分叉，直达边缘，两面均明显④。孢子囊群每小羽片4～6枚；囊群盖长圆形或肾形，淡灰绿色或褐色，膜质，全缘，宿存④。

产长白山区。生于阔叶林或针阔叶混交林下及林缘。

掌叶铁线蕨为多年生土生植物，叶簇生或近生，叶片阔扇形，弓形分枝，羽片指状排列，叶脉多回二歧分叉，孢子囊群每小羽片4～6枚，囊群盖长圆形或肾形，膜质。

东北蹄盖蕨　蹄盖蕨科 蹄盖蕨属

Athyrium brevifrons

Short Fronds Lady Fern | dōngběitígàijué

多年生土生植物；叶簇生，叶柄黑褐色，叶片卵形至卵状披针形，中部羽片披针形至线状披针形、阔披针形①。孢子囊群长圆形、弯钩形或马蹄形②，生于基部上侧小脉，每裂片1枚，在基部较大裂片上往往有2～3对；囊群盖同形，浅褐色，膜质，边缘啮蚀状，宿存；孢子周壁表面无褶皱。

产长白山区。生于杂木林、针阔叶混交林下及林缘湿润处。

相似种：禾秆蹄盖蕨【*Athyrium yokoscense*，蹄盖蕨科 蹄盖蕨属】多年生土生植物；叶簇生，叶片长圆状披针形，叶柄禾秆色，羽片深羽裂至二回羽状，小羽片浅羽裂③。孢子囊群近圆形或椭圆形④；孢子周壁表面有明显的褶皱。产长白山区；生于石缝、疏林及灌丛中。

1 2 3 4 5 6 7 8 9 10 11 12

东北蹄盖蕨叶柄黑褐色，孢子囊群盖有较大裂片，孢子周壁表面无褶皱；禾秆蹄盖蕨叶柄禾秆色，孢子囊群盖全缘，孢子周壁表面有明显的褶皱。

新蹄盖蕨　蹄盖蕨科 角蕨属

Cornopteris crenulatoserrulata

Neoathyrium | xīntígàijué

多年生土生植物；根状茎粗壮横走，先端及叶柄基部疏被浅褐色卵状披针形、膜质大鳞片②。叶远生，叶柄下部粗壮①，基部不变尖削，直径可达7～9毫米；叶片三角状卵形，二回羽状，小羽片羽状深裂③；羽片10～15对，阔披针形或长圆状披针形；下部羽片有短柄，近对生，斜展，基部2对羽片最大，一回羽状，小羽片8～20对③；叶脉在裂片上面不明显，羽状④，主脉稍曲折，侧脉二叉。孢子囊群圆形或椭圆形，背生于小脉中部④。孢子二面体型。

产白山、延边、通化。生于植被较为原始的林下、灌丛、高山草甸、林缘。

新蹄盖蕨为多年生土生植物，根状茎粗壮横走，叶远生，叶片二回羽状，叶脉在裂片上面不明显，孢子囊群背生于小脉中部。

1
3
2
4
1
2
3
4

过山蕨 铁角蕨科 铁角蕨属

Asplenium ruprechtii

Siberian Walking Fern | guòshānjué

1 2 3 4 5 6 7 8 9 10 11 12

多年生岩生植物①；根状茎短小，直立，先端密被小鳞片，鳞片披针形。叶簇生①，基生叶不育，较小，椭圆形，钝头，基部阔楔形；能育叶较大，披针形，全缘或略呈波状，基部楔形或圆楔形以狭翅下延于叶柄，先端渐尖；叶脉网状，仅上面隐约可见②；叶草质，干后暗绿色，无毛③。孢子囊群线形或椭圆形，在主脉两侧各形成不整齐的1～3行④，通常靠近主脉的1行较长；囊群盖向主脉开口，囊群盖狭，同形，膜质，灰绿色或浅棕色。

产长白山区。生于湿润的岩石缝隙中。

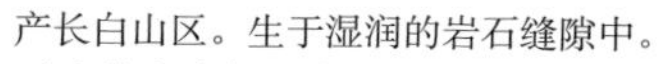

过山蕨为多年生岩生植物，叶簇生，叶片单一，叶脉网状，叶轴顶端延伸成鞭状，芽孢着地成新植株，孢子囊群线形或椭圆形。

荚果蕨 球子蕨科 荚果蕨属

Matteuccia struthiopteris

Ostrich Fern | jiáguǒjué

多年生土生植物；根状茎粗壮。叶簇生①，二型：不育叶叶柄褐棕色，叶片椭圆披针形至倒披针形，二回深羽裂；羽片40～60对③，互生或近对生，斜展，中部羽片最大，披针形②。能育叶较不育叶短，有粗壮的长柄，叶片倒披针形，一回羽状；羽片线形，两侧强度反卷成荚果状，呈念珠形，深褐色，包裹孢子囊群；小脉先端形成囊托，位于羽轴与叶边之间，孢子囊群圆形，成熟时连接成线形；囊群盖膜质④。

产长白山区。生于林下溪流旁、灌丛中、林间草地及林缘等肥沃阴湿处。

荚果蕨为多年生土生植物，叶簇生，二型，营养叶二回深羽裂，能育叶羽片线形，两侧强度反卷成荚果状，呈念珠形，孢子囊群圆形，成熟时连接成线形。

1
3
2
4
1
2
3
4

球子蕨　　球子蕨科 球子蕨属

Onoclea sensibilis

Sensitive Fern | qiúzǐjué

1 2 3 4 5 6 7 8 9 10 11 12

多年生土生植物；根状茎长而横走。叶疏生③，二型：不育叶略呈三角形②，向上深禾秆色，圆柱形，叶片阔卵状三角形或阔卵形，先端羽状半裂，向下为一回羽状；羽片5～8对，披针形，基部一对或下部1～2对较大，长8～12厘米，有短柄，边缘波状浅裂，向上的无柄；基部与叶轴合生，边缘波状或近全缘，叶轴两侧具狭翅，叶脉明显②。能育叶较不育叶叶柄粗壮，叶片强度狭缩，二回羽状，羽片狭线形①。孢子囊群圆形，囊群盖膜质，紧包着孢子囊群④。

产长白山区。生于草甸或湿灌丛中。

球子蕨为多年生土生植物，叶疏生，二型；不育叶呈三角形，能育叶二回羽状，小羽片反卷成念珠状，成熟时开裂。

粗茎鳞毛蕨　　鳞毛蕨科 鳞毛蕨属

Dryopteris crassirhizoma

Thick-rhizome Wood Fern | cūjīnglínmáojué

1 2 3 4 5 6 7 8 9 10 11 12

1 2 3 4 5 6 7 8 9 10 11 12

多年生土生植物；根状茎粗大。叶簇生，叶柄连同根状茎密生鳞片，叶柄深麦秆色；叶片长圆形至倒披针形，叶二回羽状深裂；羽片通常30对以上，线状披针形，向两端羽片依次缩短，羽状深裂①。孢子囊群圆形，通常生于叶片背面上部，背生于小脉中下部；囊群盖圆肾形或马蹄形②。

产长白山区。生于混交林、阔叶林的林下、林缘及灌丛中等肥沃湿润处。

相似种：香鳞毛蕨【*Dryopteris fragrans*，鳞毛蕨科 鳞毛蕨属】多年生土生植物；叶簇生，叶片长圆披针形，二回羽状至三回羽裂，披针形，钝尖至急尖头，小羽片矩圆形，边缘具锯齿或浅裂③。孢子囊群圆形，背面具腺体；囊群盖膜质，圆形至圆肾形④。产白山、延边、通化；生于岩缝中及砾石坡。

粗茎鳞毛蕨叶长50～120厘米，囊群盖背面无腺体；香鳞毛蕨叶长10～25厘米，囊群盖背面具腺体。

1
2
3
4
1
3
2
4

戟叶耳蕨　鳞毛蕨科　耳蕨属

Polystichum tripteron

Trifid Holly Fern　|　jǐyè'ěrjué

多年生土生或岩生植物；叶簇生，叶片戟状披针形，具3枚椭圆披针形的羽片；中央羽片较大，有长柄，一回羽状，有小羽片25～30对；小羽片镰状披针形，上侧截形，具三角形耳状突起，边缘有锯齿及裂片，顶端有芒状小刺尖①。孢子囊群圆形，生于小脉顶端；囊群盖圆盾形，边缘略呈啮蚀状，早落②。

产长白山区。生于林下多岩石的阴湿地上。

相似种：鞭叶耳蕨【*Polystichum craspedosorum*，鳞毛蕨科　耳蕨属】多年生土生或岩生植物；叶一回羽状，小羽片14～26对，镰状矩圆形③。叶纸质，叶轴基部边缘有纤毛状的鳞片，先端延伸成鞭状，顶端有芽孢能萌发新植株。孢子囊群通常位于羽片上侧边缘呈一行；囊群盖大，圆形④。产长白山区；生于林中阴湿处的钙质岩石上。

戟叶耳蕨叶三出羽状，小羽片镰状披针形，孢子囊呈啮蚀状，早落；鞭叶耳蕨叶一回羽状，小羽片镰状矩圆形，孢子囊盖大，圆形。

乌苏里瓦韦　水龙骨科　瓦韦属

Lepisorus ussuriensis

Ussuri Lepisorus　|　wūsūlǐwǎwéi

多年生岩生或附生植物；根状茎细长横走，密被鳞片。叶着生变化较大，相距3～22毫米；叶柄禾秆色，或淡棕色至褐色；叶片单一①，线状披针形，向两端渐变狭，短渐尖头①，或圆钝头，基部楔形，下延；干后上面淡绿色，下面淡黄绿色，或两面均为淡棕色，边缘略反卷，纸质或近革质②；主脉上下均隆起，小脉不显。孢子囊群圆形，位于主脉和叶边之间③，彼此相距约等于1～1.5个孢子囊群体积，幼时被星芒状褐色隔丝覆盖④。

产长白山区。生于岩石上、石缝中或枯木及树皮上。

乌苏里瓦韦为多年生岩生或附生植物，根状茎细长横走，叶片单一，线状披针形，孢子囊群圆形，幼时被褐色隔丝覆盖。

1
3
2
4
1
2
3
4

中文名索引
Index to Chinese names

Z

学名（拉丁名）索引
Index to scientific names

按科排列的物种列表
Species checklist order by families

阿福花科 Asphodelaceae
- 北黄花菜 *Hemerocallis lilioasphodelus*
- 大苞萱草 *Hemerocallis middendorffii*
- 小黄花菜 *Hemerocallis minor*

白花丹科 Plumbaginaceae
- 二色补血草 *Limonium bicolor*

百合科 Liliaceae
- 七筋姑 *Clintonia udensis*
- 猪牙花 *Erythronium japonicum*
- 平贝母 *Fritillaria ussuriensis*
- 条叶百合 *Lilium callosum*
- 垂花百合 *Lilium cernuum*
- 东北百合 *Lilium distichum*
- 大花卷丹 *Lilium leichtlinii* var. *maximowiczii*
- 毛百合 *Lilium pensylvanicum*
- 山丹 *Lilium pumilum*

柏科 Cupressaceae
- 杜松 *Juniperus rigida*

报春花科 Primulaceae
- 东北点地梅 *Androsace filiformis*
- 北点地梅 *Androsace septentrionalis*
- 海乳草 *Glaux maritima*
- 狼尾花 *Lysimachia barystachys*
- 矮桃 *Lysimachia clethroides*
- 黄连花 *Lysimachia davurica*
- 箭报春 *Primula fistulosa*
- 胭脂花 *Primula maximowiczii*
- 岩生报春 *Primula saxatilis*
- 樱草 *Primula sieboldii*
- 七瓣莲 *Trientalis europaea*

茶藨子科 Grossulariaceae
- 长白茶藨子 *Ribes komarovii*
- 东北茶藨子 *Ribes mandshuricum*
- 尖叶茶藨子 *Ribes maximowiczianum*

车前科 Plantaginaceae
- 杉叶藻 *Hippuris vulgaris*
- 柳穿鱼 *Linaria vulgaris* subsp. *chinensis*
- 大穗花 *Pseudolysimachion dauricum*
- 白兔尾苗 *Pseudolysimachion incanum*
- 茶菱 *Trapella sinensis*
- 草本威灵仙 *Veronicastrum sibiricum*

扯根菜科 Penthoraceae
- 扯根菜 *Penthorum chinense*

柽柳科 Tamaricaceae
- 柽柳 *Tamarix chinensis*

唇形科 Lamiaceae
- 藿香 *Agastache rugosa*
- 多花筋骨草 *Ajuga multiflora*
- 麻叶风轮菜 *Clinopodium urticifolium*
- 香青兰 *Dracocephalum moldavica*
- 毛建草 *Dracocephalum rupestre*
- 活血丹 *Glechoma longituba*
- 尾叶香茶菜 *Isodon excisus*
- 夏至草 *Lagopsis supina*
- 野芝麻 *Lamium barbatum*
- 益母草 *Leonurus japonicus*
- 细叶益母草 *Leonurus sibiricus*
- 荨麻叶龙头草 *Meehania urticifolia*
- 大叶糙苏 *Phlomoides maximowiczii*
- 块根糙苏 *Phlomoides tuberosa*
- 山菠菜 *Prunella asiatica*
- 黄芩 *Scutellaria baicalensis*
- 黏毛黄芩 *Scutellaria viscidula*
- 毛水苏 *Stachys baicalensis*
- 华水苏 *Stachys chinensis*
- 百里香 *Thymus mongolicus*

酢浆草科 Oxalidaceae
- 白花酢浆草 *Oxalis acetosella*
- 山酢浆草 *Oxalis griffithii*

大戟科 Euphorbiaceae
- 铁苋菜 *Acalypha australis*
- 乳浆大戟 *Euphorbia esula*
- 狼毒大戟 *Euphorbia fischeriana*
- 林大戟 *Euphorbia lucorum*
- 地构叶 *Speranskia tuberculata*

大麻科 Cannabaceae
- 葎草 *Humulus scandens*

豆科 Fabaceae
- 紫穗槐 *Amorpha fruticosa*
- 两型豆 *Amphicarpaea edgeworthii*
- 达乌里黄芪 *Astragalus dahuricus*
- 斜茎黄芪 *Astragalus laxmannii*
- 草木樨状黄芪 *Astragalus melilotoides*
- 蒙古黄芪 *Astragalus membranaceus* var. *mongholicus*
- 湿地黄芪 *Astragalus uliginosus*
- 红花锦鸡儿 *Caragana rosea*
- 豆茶山扁豆 *Chamaecrista nomame*
- 野大豆 *Glycine soja*
- 刺果甘草 *Glycyrrhiza pallidiflora*
- 甘草 *Glycyrrhiza uralensis*
- 米口袋 *Gueldenstaedtia verna*
- 拟蚕豆岩黄芪 *Hedysarum vicioides*
- 羽叶长柄山蚂蟥 *Hylodesmum oldhamii*
- 长柄山蚂蟥 *Hylodesmum podocarpum*
- 花木蓝 *Indigofera kirilowii*
- 鸡眼草 *Kummerowia striata*
- 大山黧豆 *Lathyrus davidii*
- 三脉山黧豆 *Lathyrus komarovii*
- 山黧豆 *Lathyrus quinquenervius*
- 胡枝子 *Lespedeza bicolor*
- 短梗胡枝子 *Lespedeza cyrtobotrya*
- 朝鲜槐 *Maackia amurensis*
- 天蓝苜蓿 *Medicago lupulina*
- 紫苜蓿 *Medicago sativa*
- 白花草木樨 *Melilotus albus*
- 草木樨 *Melilotus officinalis*
- 长白棘豆 *Oxytropis anertii*
- 多叶棘豆 *Oxytropis myriophylla*
- 葛 *Pueraria montana* var. *lobata*
- 刺槐 *Robinia pseudoacacia*
- 苦参 *Sophora flavescens*
- 苦马豆 *Sphaerophysa salsula*
- 披针叶野决明 *Thermopsis lanceolata*
- 野火球 *Trifolium lupinaster*
- 红车轴草 *Trifolium pratense*
- 白车轴草 *Trifolium repens*
- 广布野豌豆 *Vicia cracca*
- 多茎野豌豆 *Vicia multicaulis*
- 歪头菜 *Vicia unijuga*

杜鹃花科 Ericaceae
- 喜冬草 *Chimaphila japonica*
- 杜香 *Ledum palustre*
- 独丽花 *Moneses uniflora*
- 松下兰 *Monotropa hypopitys*

球果假沙晶兰 *Monotropastrum humile*
红花鹿蹄草 *Pyrola asarifolia* subsp. *incarnata*
兴安鹿蹄草 *Pyrola dahurica*
肾叶鹿蹄草 *Pyrola renifolia*
牛皮杜鹃 *Rhododendron aureum*
兴安杜鹃 *Rhododendron dauricum*
迎红杜鹃 *Rhododendron mucronulatum*
笃斯越橘 *Vaccinium uliginosum*
越橘 *Vaccinium vitis-idaea*
防己科 Menispermaceae
蝙蝠葛 *Menispermum dauricum*
凤尾蕨科 Pteridaceae
掌叶铁线蕨 *Adiantum pedatum*
银粉背蕨 *Aleuritopteris argentea*
凤仙花科 Balsaminaceae
东北凤仙花 *Impatiens furcillata*
水金凤 *Impatiens noli-tangere*
红豆杉科 Taxaceae
东北红豆杉 *Taxus cuspidata*
胡桃科 Juglandaceae
胡桃楸 *Juglans mandshurica*
胡颓子科 Elaeagnaceae
中国沙棘 *Hippophae rhamnoides* subsp. *sinensis*
葫芦科 Cucurbitaceae
盒子草 *Actinostemma tenerum*
裂瓜 *Schizopepon bryoniifolius*
赤瓟 *Thladiantha dubia*
虎耳草科 Saxifragaceae
落新妇 *Astilbe chinensis*
大落新妇 *Astilbe grandis*
大叶子 *Astilboides tabularis*
林金腰 *Chrysosplenium lectus-cochleae*
毛金腰 *Chrysosplenium pilosum*
中华金腰 *Chrysosplenium sinicum*
唢呐草 *Mitella nuda*
槭叶草 *Mukdenia rossii*
镜叶虎耳草 *Saxifraga fortunei* var. *koraiensis*
长白虎耳草 *Saxifraga laciniata*
腺毛虎耳草 *Saxifraga manchuriensis*
斑点虎耳草 *Saxifraga nelsoniana*
花蔺科 Butomaceae
花蔺 *Butomus umbellatus*
花荵科 Polemoniaceae
中华花荵 *Polemonium chinense*
桦木科 Betulaceae
辽东桤木 *Alnus hirsuta*
硕桦 *Betula costata*
岳桦 *Betula ermanii*
白桦 *Betula platyphylla*
千金榆 *Carpinus cordata*
榛 *Corylus heterophylla*
毛榛 *Corylus mandshurica*
槐叶蘋科 Salviniaceae
槐叶蘋 *Salvinia natans*
蒺藜科 Zygophyllaceae
蒺藜 *Tribulus terrestris*
夹竹桃科 Apocynaceae
罗布麻 *Apocynum venetum*
合掌消 *Cynanchum amplexicaule*
潮风草 *Cynanchum ascyrifolium*
白薇 *Cynanchum atratum*
鹅绒藤 *Cynanchum chinense*
竹灵消 *Cynanchum inamoenum*
地梢瓜 *Cynanchum thesioides*
萝藦 *Metaplexis japonica*
杠柳 *Periploca sepium*
金丝桃科 Hypericaceae
黄海棠 *Hypericum ascyron*
赶山鞭 *Hypericum attenuatum*
金粟兰科 Chloranthaceae
银线草 *Chloranthus japonicus*
堇菜科 Violaceae
鸡腿堇菜 *Viola acuminata*
双花堇菜 *Viola biflora*
南山堇菜 *Viola chaerophylloides*
球果堇菜 *Viola collina*
大叶堇菜 *Viola diamantiaca*
裂叶堇菜 *Viola dissecta*
毛柄堇菜 *Viola hirtipes*
白花堇菜 *Viola lactiflora*
东北堇菜 *Viola mandshurica*
东方堇菜 *Viola orientalis*
紫花地丁 *Viola philippica*
早开堇菜 *Viola prionantha*
斑叶堇菜 *Viola variegata*
锦葵科 Malvaceae
苘麻 *Abutilon theophrasti*
野西瓜苗 *Hibiscus trionum*
紫椴 *Tilia amurensis*
辽椴 *Tilia mandshurica*
景天科 Crassulaceae
白八宝 *Hylotelephium pallescens*
长药八宝 *Hylotelephium spectabile*
轮叶八宝 *Hylotelephium verticillatum*
狼爪瓦松 *Orostachys cartilaginea*
钝叶瓦松 *Orostachys malacophylla*
黄花瓦松 *Orostachys spinosa*
费菜 *Phedimus aizoon*
吉林费菜 *Phedimus middendorffianus*
长白红景天 *Rhodiola angusta*
库页红景天 *Rhodiola sachalinensis*
桔梗科 Campanulaceae
聚花风铃草 *Campanula glomerata* subsp. *speciosa*
紫斑风铃草 *Campanula punctata*
羊乳 *Codonopsis lanceolata*
党参 *Codonopsis pilosula*
山梗菜 *Lobelia sessilifolia*
桔梗 *Platycodon grandiflorus*
菊科 Asteraceae
牛蒡 *Arctium lappa*
狗娃花 *Aster hispidus*
圆苞紫菀 *Aster maackii*
全叶马兰 *Aster pekinensis*
东风菜 *Aster scaber*
紫菀 *Aster tataricus*
三脉紫菀 *Aster trinervius* subsp. *ageratoides*
翠菊 *Callistephus chinensis*
丝毛飞廉 *Carduus crispus*
野菊 *Chrysanthemum indicum*
甘菊 *Chrysanthemum lavandulifolium*
刺儿菜 *Cirsium arvense* var. *integrifolium*
烟管蓟 *Cirsium pendulum*
绒背蓟 *Cirsium vlassovianum*
屋根草 *Crepis tectorum*
驴欺口 *Echinops davuricus*
线叶菊 *Filifolium sibiricum*
菊芋 *Helianthus tuberosus*
泥胡菜 *Hemisteptia lyrata*
猫耳菊 *Hypochaeris ciliata*
欧亚旋覆花 *Inula britannica*
旋覆花 *Inula japonica*
中华苦荬菜 *Ixeris chinensis*
麻花头 *Klasea centauroides*
钟苞麻花头 *Klasea centauroides* subsp. *cupuliformis*

翅果菊 *Lactuca indica*
山莴苣 *Lactuca sibirica*
大丁草 *Leibnitzia anandria*
蹄叶橐吾 *Ligularia fischeri*
狭苞橐吾 *Ligularia intermedia*
全缘橐吾 *Ligularia mongolica*
火媒草 *Olgaea leucophylla*
漏芦 *Rhaponticum uniflorum*
草地风毛菊 *Saussurea amara*
风毛菊 *Saussurea japonica*
美花风毛菊 *Saussurea pulchella*
华北鸦葱 *Scorzonera albicaulis*
鸦葱 *Scorzonera austriaca*
额河千里光 *Senecio argunensis*
麻叶千里光 *Senecio cannabifolius*
林荫千里光 *Senecio nemorensis*
伪泥胡菜 *Serratula coronata*
长裂苦苣菜 *Sonchus brachyotus*
兔儿伞 *Syneilesis aconitifolia*
山牛蒡 *Synurus deltoides*
白花蒲公英 *Taraxacum albiflos*
蒲公英 *Taraxacum mongolicum*
东北蒲公英 *Taraxacum ohwianum*
红轮狗舌草 *Tephroseris flammea*
狗舌草 *Tephroseris kirilowii*
湿生狗舌草 *Tephroseris palustris*
女菀 *Turczaninovia fastigiata*
款冬 *Tussilago farfara*
卷柏科 Selaginellaceae
卷柏 *Selaginella tamariscina*
壳斗科 Fagaceae
槲树 *Quercus dentata*
蒙古栎 *Quercus mongolica*
兰科 Orchidaceae
杓兰 *Cypripedium calceolus*
紫点杓兰 *Cypripedium guttatum*
大花杓兰 *Cypripedium macranthos*
掌裂兰 *Dactylorhiza hatagirea*
手参 *Gymnadenia conopsea*
山兰 *Oreorchis patens*
绶草 *Spiranthes sinensis*
狸藻科 Lentibulariaceae
弯距狸藻 *Utricularia vulgaris* subsp. *macrorhiza*
藜芦科 Melanthiaceae
北重楼 *Paris verticillata*
吉林延龄草 *Trillium camschatcense*
尖被藜芦 *Veratrum oxysepalum*
莲科 Nelumbonaceae
莲 *Nelumbo nucifera*
蓼科 Polygonaceae
叉分蓼 *Koenigia divaricata*
酸模叶蓼 *Persicaria lapathifolia*
红蓼 *Persicaria orientalis*
扛板归 *Persicaria perfoliata*
箭头蓼 *Persicaria sagittata*
刺蓼 *Persicaria senticosa*
戟叶蓼 *Persicaria thunbergii*
皱叶酸模 *Rumex crispus*
列当科 Orobanchaceae
草苁蓉 *Boschniakia rossica*
大黄花 *Cymbaria daurica*
山罗花 *Melampyrum roseum*
列当 *Orobanche coerulescens*
黄花列当 *Orobanche pycnostachya*
野苏子 *Pedicularis grandiflora*
返顾马先蒿 *Pedicularis resupinata*
穗花马先蒿 *Pedicularis spicata*
红纹马先蒿 *Pedicularis striata*
松蒿 *Phtheirospermum japonicum*
阴行草 *Siphonostegia chinensis*
鳞毛蕨科 Dryopteridaceae
粗茎鳞毛蕨 *Dryopteris crassirhizoma*
香鳞毛蕨 *Dryopteris fragrans*
鞭叶耳蕨 *Polystichum craspedosorum*
戟叶耳蕨 *Polystichum tripteron*
柳叶菜科 Onagraceae
柳兰 *Chamerion angustifolium*
水珠草 *Circaea canadensis* subsp. *quadrisulcata*
露珠草 *Circaea cordata*
柳叶菜 *Epilobium hirsutum*
月见草 *Oenothera biennis*
龙胆科 Gentianaceae
高山龙胆 *Gentiana algida*
达乌里秦艽 *Gentiana dahurica*
长白山龙胆 *Gentiana jamesii*
秦艽 *Gentiana macrophylla*
龙胆 *Gentiana scabra*
朝鲜龙胆 *Gentiana uchiyamai*
扁蕾 *Gentianopsis barbata*
花锚 *Halenia corniculata*
瘤毛獐牙菜 *Swertia pseudochinensis*
麻黄科 Ephedraceae
草麻黄 *Ephedra sinica*
马齿苋科 Portulacaceae
马齿苋 *Portulaca oleracea*
马兜铃科 Aristolochiaceae
北马兜铃 *Aristolochia contorta*
木通马兜铃 *Aristolochia manshuriensis*
细辛 *Asarum heterotropoides*
汉城细辛 *Asarum sieboldii*
牻牛儿苗科 Geraniaceae
牻牛儿苗 *Erodium stephanianum*
东北老鹳草 *Geranium erianthum*
毛蕊老鹳草 *Geranium platyanthum*
鼠掌老鹳草 *Geranium sibiricum*
线裂老鹳草 *Geranium soboliferum*
老鹳草 *Geranium wilfordii*
毛茛科 Ranunculaceae
两色乌头 *Aconitum alboviolaceum*
黄花乌头 *Aconitum coreanum*
北乌头 *Aconitum kusnezoffii*
蔓乌头 *Aconitum volubile*
类叶升麻 *Actaea asiatica*
红果类叶升麻 *Actaea erythrocarpa*
侧金盏花 *Adonis amurensis*
辽吉侧金盏花 *Adonis ramosa*
黑水银莲花 *Anemone amurensis*
毛果银莲花 *Anemone baicalensis*
二歧银莲花 *Anemone dichotoma*
多被银莲花 *Anemone raddeana*
阴地银莲花 *Anemone umbrosa*
白山耧斗菜 *Aquilegia japonica*
尖萼耧斗菜 *Aquilegia oxysepala*
耧斗菜 *Aquilegia viridiflora*
驴蹄草 *Caltha palustris*
兴安升麻 *Cimicifuga dahurica*
单穗升麻 *Cimicifuga simplex*
短尾铁线莲 *Clematis brevicaudata*
褐毛铁线莲 *Clematis fusca*
棉团铁线莲 *Clematis hexapetala*
齿叶铁线莲 *Clematis serratifolia*
辣蓼铁线莲 *Clematis terniflora* var. *mandshurica*
翠雀 *Delphinium grandiflorum*
宽苞翠雀花 *Delphinium maackianum*

拟扁果草 *Enemion raddeanum*
菟葵 *Eranthis stellata*
长叶碱毛茛 *Halerpestes ruthenica*
碱毛茛 *Halerpestes sarmentosa*
朝鲜白头翁 *Pulsatilla cernua*
白头翁 *Pulsatilla chinensis*
兴安白头翁 *Pulsatilla dahurica*
深山毛茛 *Ranunculus franchetii*
毛茛 *Ranunculus japonicus*
匍枝毛茛 *Ranunculus repens*
唐松草 *Thalictrum aquilegiifolium* var. *sibiricum*
瓣蕊唐松草 *Thalictrum petaloideum*
长白金莲花 *Trollius japonicus*
短瓣金莲花 *Trollius ledebourii*
长瓣金莲花 *Trollius macropetalus*
茅膏菜科 Droseraceae
圆叶茅膏菜 *Drosera rotundifolia*
猕猴桃科 Actinidiaceae
软枣猕猴桃 *Actinidia arguta*
狗枣猕猴桃 *Actinidia kolomikta*
葛枣猕猴桃 *Actinidia polygama*
木兰科 Magnoliaceae
天女花 *Oyama sieboldii*
木樨科 Oleaceae
花曲柳 *Fraxinus chinensis* subsp. *rhynchophylla*
水曲柳 *Fraxinus mandshurica*
暴马丁香 *Syringa reticulata* subsp. *amurensis*
红丁香 *Syringa villosa*
木贼科 Equisetaceae
木贼 *Equisetum hyemale*
节节草 *Equisetum ramosissimum*
瓶尔小草科 Ophioglossaceae
劲直阴地蕨 *Botrychium strictum*
葡萄科 Vitaceae
乌头叶蛇葡萄 *Ampelopsis aconitifolia*
东北蛇葡萄 *Ampelopsis glandulosa* var. *brevipedunculata*
山葡萄 *Vitis amurensis*
漆树科 Anacardiaceae
盐麸木 *Rhus chinensis*
千屈菜科 Lythraceae
千屈菜 *Lythrum salicaria*
欧菱 *Trapa natans*
荨麻科 Urticaceae
珠芽艾麻 *Laportea bulbifera*
狭叶荨麻 *Urtica angustifolia*
茜草科 Rubiaceae
蓬子菜 *Galium verum*
蔷薇科 Rosaceae
龙牙草 *Agrimonia pilosa*
东北杏 *Armeniaca mandshurica*
山杏 *Armeniaca sibirica*
假升麻 *Aruncus sylvester*
郁李 *Cerasus japonica*
黑樱桃 *Cerasus maximowiczii*
山樱花 *Cerasus serrulata*
毛樱桃 *Cerasus tomentosa*
沼委陵菜 *Comarum palustre*
毛山楂 *Crataegus maximowiczii*
山楂 *Crataegus pinnatifida*
蛇莓 *Duchesnea indica*
槭叶蚊子草 *Filipendula glaberrima*
蚊子草 *Filipendula palmata*
东方草莓 *Fragaria orientalis*
路边青 *Geum aleppicum*
山荆子 *Malus baccata*
稠李 *Padus avium*
斑叶稠李 *Padus maackii*
蕨麻 *Potentilla anserina*
委陵菜 *Potentilla chinensis*
狼牙委陵菜 *Potentilla cryptotaeniae*
莓叶委陵菜 *Potentilla fragarioides*
三叶委陵菜 *Potentilla freyniana*
金露梅 *Potentilla fruticosa*
东北扁核木 *Prinsepia sinensis*
东北李 *Prunus ussuriensis*
秋子梨 *Pyrus ussuriensis*
刺蔷薇 *Rosa acicularis*
山刺玫 *Rosa davurica*
长白蔷薇 *Rosa koreana*
牛叠肚 *Rubus crataegifolius*
库页悬钩子 *Rubus sachalinensis*
地榆 *Sanguisorba officinalis*
小白花地榆 *Sanguisorba tenuifolia* var. *alba*
珍珠梅 *Sorbaria sorbifolia*
水榆花楸 *Sorbus alnifolia*
花楸树 *Sorbus pohuashanensis*
土庄绣线菊 *Spiraea pubescens*
绣线菊 *Spiraea salicifolia*
林石草 *Waldsteinia ternata*
茄科 Solanaceae
曼陀罗 *Datura stramonium*
天仙子 *Hyoscyamus niger*
挂金灯 *Physalis alkekengi* var. *franchetii*
龙葵 *Solanum nigrum*
球子蕨科 Onocleaceae
荚果蕨 *Matteuccia struthiopteris*
球子蕨 *Onoclea sensibilis*
忍冬科 Caprifoliaceae
蓝果忍冬 *Lonicera caerulea*
金花忍冬 *Lonicera chrysantha*
金银忍冬 *Lonicera maackii*
早花忍冬 *Lonicera praeflorens*
岩败酱 *Patrinia rupestris*
败酱 *Patrinia scabiosifolia*
蓝盆花 *Scabiosa comosa*
缬草 *Valeriana officinalis*
锦带花 *Weigela florida*
瑞香科 Thymelaeaceae
东北瑞香 *Daphne pseudomezereum*
草瑞香 *Diarthron linifolium*
狼毒 *Stellera chamaejasme*
伞形科 Apiaceae
东北羊角芹 *Aegopodium alpestre*
白芷 *Angelica dahurica*
朝鲜当归 *Angelica gigas*
峨参 *Anthriscus sylvestris*
北柴胡 *Bupleurum chinense*
大叶柴胡 *Bupleurum longiradiatum*
毒芹 *Cicuta virosa*
蛇床 *Cnidium monnieri*
硬阿魏 *Ferula bungeana*
兴安独活 *Heracleum dissectum*
水芹 *Oenanthe javanica*
刺尖前胡 *Peucedanum elegans*
石防风 *Peucedanum terebinthaceum*
短果茴芹 *Pimpinella brachycarpa*
棱子芹 *Pleurospermum uralense*
红花变豆菜 *Sanicula rubriflora*
防风 *Saposhnikovia divaricata*
泽芹 *Sium suave*
小窃衣 *Torilis japonica*
桑科 Moraceae
桑 *Morus alba*
山茱萸科 Cornaceae

瓜木 *Alangium platanifolium*
红瑞木 *Cornus alba*
灯台树 *Cornus controversa*
芍药科 Paeoniaceae
芍药 *Paeonia lactiflora*
草芍药 *Paeonia obovata*
十字花科 Brassicaceae
山芥 *Barbarea orthoceras*
白花碎米荠 *Cardamine leucantha*
草甸碎米荠 *Cardamine pratensis*
浮水碎米荠 *Cardamine prorepens*
毛萼香芥 *Clausia trichosepala*
花旗杆 *Dontostemon dentatus*
葶苈 *Draba nemorosa*
糖芥 *Erysimum amurense*
菥蓂 *Thlaspi arvense*
石松科 Lycopodiaceae
蛇足石杉 *Huperzia serrata*
多穗石松 *Lycopodium annotinum*
东北石松 *Lycopodium clavatum*
玉柏 *Lycopodium obscurum*
石竹科 Caryophyllaceae
毛蕊卷耳 *Cerastium pauciflorum* var. *oxalidiflorum*
头石竹 *Dianthus barbatus* var. *asiaticus*
石竹 *Dianthus chinensis*
老牛筋 *Eremogone juncea*
浅裂剪秋罗 *Lychnis cognata*
剪秋罗 *Lychnis fulgens*
丝瓣剪秋罗 *Lychnis wilfordii*
狗筋蔓 *Silene baccifera*
长柱蝇子草 *Silene macrostyla*
白玉草 *Silene vulgaris*
繸瓣繁缕 *Stellaria radians*
薯蓣科 Dioscoreaceae
穿龙薯蓣 *Dioscorea nipponica*
水龙骨科 Polypodiaceae
乌苏里瓦韦 *Lepisorus ussuriensis*
东北多足蕨 *Polypodium sibiricum*
有柄石韦 *Pyrrosia petiolosa*
睡菜科 Menyanthaceae
睡菜 *Menyanthes trifoliata*
荇菜 *Nymphoides peltata*
睡莲科 Nymphaeaceae
芡 *Euryale ferox*
萍蓬草 *Nuphar pumila*
睡莲 *Nymphaea tetragona*
松科 Pinaceae
杉松 *Abies holophylla*
臭冷杉 *Abies nephrolepis*
黄花落叶松 *Larix olgensis*
长白鱼鳞云杉 *Picea jezoensis* var. *komarovii*
红皮云杉 *Picea koraiensis*
赤松 *Pinus densiflora*
红松 *Pinus koraiensis*
檀香科 Santalaceae
槲寄生 *Viscum coloratum*
蹄盖蕨科 Athyriaceae
东北蹄盖蕨 *Athyrium brevifrons*
禾秆蹄盖蕨 *Athyrium yokoscense*
新蹄盖蕨 *Cornopteris crenulatoserrulata*
天门冬科 Asparagaceae
知母 *Anemarrhena asphodeloides*
绵枣儿 *Barnardia japonica*
铃兰 *Convallaria keiskei*
东北玉簪 *Hosta ensata*
舞鹤草 *Maianthemum bifolium*
鹿药 *Maianthemum japonicum*
小玉竹 *Polygonatum humile*
玉竹 *Polygonatum odoratum*
天南星科 Araceae
东北南星 *Arisaema amurense*
细齿南星 *Arisaema peninsulae*
水芋 *Calla palustris*
铁角蕨科 Aspleniaceae
过山蕨 *Asplenium ruprechtii*
通泉草科 Mazaceae
弹刀子菜 *Mazus stachydifolius*
碗蕨科 Dennstaedtiaceae
蕨 *Pteridium aquilinum* var. *latiusculum*
卫矛科 Celastraceae
南蛇藤 *Celastrus orbiculatus*
卫矛 *Euonymus alatus*
白杜 *Euonymus maackii*
瘤枝卫矛 *Euonymus verrucosus*
梅花草 *Parnassia palustris*
雷公藤 *Tripterygium wilfordii*
无患子科 Sapindaceae
髭脉槭 *Acer barbinerve*
东北槭 *Acer mandshuricum*
色木槭 *Acer pictum* subsp. *mono*
紫花槭 *Acer pseudosieboldianum*
茶条槭 *Acer tataricum* subsp. *ginnala*
青楷槭 *Acer tegmentosum*
三花槭 *Acer triflorum*
五福花科 Adoxaceae
接骨木 *Sambucus williamsii*
修枝荚蒾 *Viburnum burejaeticum*
鸡树条 *Viburnum opulus* subsp. *calvescens*
五加科 Araliaceae
东北土当归 *Aralia continentalis*
辽东楤木 *Aralia elata* var. *glabrescens*
刺五加 *Eleutherococcus senticosus*
无梗五加 *Eleutherococcus sessiliflorus*
刺楸 *Kalopanax septemlobus*
人参 *Panax ginseng*
五味子科 Schisandraceae
五味子 *Schisandra chinensis*
香蒲科 Typhaceae
水烛 *Typha angustifolia*
小香蒲 *Typha minima*
香蒲 *Typha orientalis*
小檗科 Berberidaceae
黄芦木 *Berberis amurensis*
细叶小檗 *Berberis poiretii*
红毛七 *Caulophyllum robustum*
朝鲜淫羊藿 *Epimedium koreanum*
牡丹草 *Gymnospermium microrrhynchum*
鲜黄连 *Plagiorhegma dubium*
小二仙草科 Haloragaceae
穗状狐尾藻 *Myriophyllum spicatum*
狐尾藻 *Myriophyllum verticillatum*
绣球科 Hydrangeaceae
光萼溲疏 *Deutzia glabrata*
小花溲疏 *Deutzia parviflora*
东北山梅花 *Philadelphus schrenkii*
旋花科 Convolvulaceae
打碗花 *Calystegia hederacea*
旋花 *Calystegia sepium*
欧旋花 *Calystegia sepium* subsp. *Spectabilis*
银灰旋花 *Convolvulus ammannii*
田旋花 *Convolvulus arvensis*
圆叶牵牛 *Ipomoea purpurea*
北鱼黄草 *Merremia sibirica*
鸭跖草科 Commelinaceae

鸭跖草 *Commelina communis*
亚麻科 Linaceae
野亚麻 *Linum stelleroides*
叶下珠科 Phyllanthaceae
一叶萩 *Flueggea suffruticosa*
罂粟科 Papaveraceae
白屈菜 *Chelidonium majus*
地丁草 *Corydalis bungeana*
东紫堇 *Corydalis buschii*
堇叶延胡索 *Corydalis fumariifolia*
巨紫堇 *Corydalis gigantea*
黄紫堇 *Corydalis ochotensis*
全叶延胡索 *Corydalis repens*
珠果黄堇 *Corydalis speciosa*
齿瓣延胡索 *Corydalis turtschaninovii*
荷青花 *Hylomecon japonica*
野罂粟 *Papaver nudicaule*
长白山罂粟 *Papaver radicatum* var. *pseudoradicatum*
榆科 Ulmaceae
春榆 *Ulmus davidiana* var. *japonica*
裂叶榆 *Ulmus laciniata*
雨久花科 Pontederiaceae
雨久花 *Monochoria korsakowii*
鸢尾科 Iridaceae
射干 *Belamcanda chinensis*
野鸢尾 *Iris dichotoma*
玉蝉花 *Iris ensata*
马蔺 *Iris lactea*
燕子花 *Iris laevigata*
溪荪 *Iris sanguinea*
囊花鸢尾 *Iris ventricosa*
远志科 Polygalaceae
瓜子金 *Polygala japonica*
远志 *Polygala tenuifolia*
芸香科 Rutaceae
白鲜 *Dictamnus dasycarpus*
北芸香 *Haplophyllum dauricum*
黄檗 *Phellodendron amurense*
泽泻科 Alismataceae
东方泽泻 *Alisma orientale*
野慈姑 *Sagittaria trifolia*
紫草科 Boraginaceae
山茄子 *Brachybotrys paridiformis*
紫草 *Lithospermum erythrorhizon*
紫筒草 *Stenosolenium saxatile*
砂引草 *Tournefortia sibirica*
紫萁科 Osmundaceae
桂皮紫萁 *Osmundastrum cinnamomeum*
紫葳科 Bignoniaceae
角蒿 *Incarvillea sinensis*

后记 Postscript

也许是命运注定，我这生肯定与植物有缘！我的名字叫周繇，繇是一个多音字，当它读yáo时，按照许慎的《说文解字》，当“草木旺盛”的意思讲。我从小就生活在长白山脚下，周围都是一些漂亮的花草。那妩媚动人的大花杓兰、那风姿绰约的锦带花、那雍容华贵的迎红杜鹃、那柔美如画的柳兰、那娇媚绝伦的草芍药、那端庄秀雅的毛百合、那姿色撩人的燕子花、那亭亭玉立的白桦……至今还经常出现我的甜美梦境之中。也许是耳濡目染的结果，从小我就对植物产生了浓厚的兴趣。在那个多梦的花季中，期盼自己有一天把这些可爱的植物写进书里，为后人留下一个清晰、生动、鲜活的记忆。

上了中学后，我对周围的花草更加喜爱了，几乎达到了痴迷的程度，甚至影响了我正常的学业。我对自己有这样的评价：“自幼不爱读古诗，常入深山无人知。情系芳草谈奥秘，原来竟是一花痴。”许多人见到这首自嘲诗后，纷纷建议我参加高考时报考生物系的植物学专业。

经过一段艰难的打拼后，我终于走进了象牙塔，如愿以偿地学习了植物分类学和植物资源学。在植物方面知识的“家底”逐渐殷实了，于是，儿时想写书的理念在内心便潜滋暗长了。可是，当时使用的是光学照相机，用的是胶片。对一个收入微薄的人来讲，摄影是一个奢侈而又遥远的梦想！没有办法，我只好把绝大多数的精力都用在了文学创作上，尽管我用了许多溢美之词，但还是显得那样苍白与无奈！大家读了我的作品后，只感觉辞藻特别华丽，大脑中对所讴歌赞美的植物还是没有一个具体的印象！于是，缺少清晰、生动、鲜活的照片，已经成为我创作的瓶颈。

进入到21世纪，随着数码时代的到来，摄影技术发生了一次颠覆性的革命。昔日只有高大上群体享受的专利，如今已经进入寻常百姓之家了。再加上网络、交通、印刷等诸多条件的改善，著书立说的伟大机会终于来临了！于是，我一发不可收拾，经常一个人在遮天蔽日的茫茫林海中穿行，在怪石嶙峋陡峭的山崖上攀登，在险象环生泥泞的沼泽中跋涉，在广袤草原的烈日暴晒下记录……每年至少保证有160天的野外考察时间，并且把这种工作常态化了！

收集图像异常艰苦，远远超出了人们的想象。我这样评价自己的工作：“独恋芳草犹爱花，常年漂泊在天涯。披星戴月走华夏，茫茫神州是我家。”每年的端午节、中秋节、国庆节甚至连自己的生日，都是一个人在外地度过的！就这样，经过14年拍摄，自己建立的植物图像库也逐渐丰满了起来，屈指一算，大约有30万张照片了，已经具备独立出书的基本条件了！可是，不论是在人气方面，还是在知识水平方面，都与出版高质量的著作存在很大的差距。特别是缺少一个展示自己摄影作品的平台。

正在我一筹莫展之际，东北林业大学的郑宝江教授主动伸出了援助之手，把中国科学院植物研究所分配给他的《中国常见植物野外识别手册——吉林册》一书任务转交给了我，使我也能像这套丛书的其他编写者一样，担负起传承中华民族植物文化的使命。

本书在撰写过程中，一直受到马克平研究员的高度关注和精心指导。刘冰博士、肖翠博士及张凤秋老师在百忙之中为本书付出了巨大的心力，积极帮助修改，并提出了许多中肯的建议，使本书的编写质量有了很大的提高。在此，向多年来默默支持我工作的专家、学者、教授及广大的植物爱好者表示深深的谢意。

出版《中国常见植物野外识别手册——吉林册》一书，能为家乡吉林做一点事，为广大植物爱好者提供一本简洁、轻便且能快速识别野生植物的参考资料，是我多年来的梦想。下面，我用一首《浪淘沙》表达多年来对吉林省野生植物研究的执着和热爱。

考察吉林省植物有感

考察鏖战急，马不停蹄。黎明寻花在草原，黄昏觅草宿山区。纵横千里。

夜半点灯起，寒浸薄衣。千挑万选定图片，字斟句酌解质疑。创造神奇。

周　繇

2020年10月18日

图片版权声明